实戰智慧館 481

彼得・杜拉克的管理聖經

The Practice of Management

彼得・杜拉克（Peter F. Drucker） 著
齊若蘭 譯

導讀推薦

一部歷久彌新的管理經典

許士軍（逢甲大學人言講座教授）

知識代表人類最珍貴的一種遺產，往往保存在留傳後世的偉大著作中，啟迪世人，彌久常新。不過，這類著作多有關文學、歷史或哲學思想方面，屬於管理領域的似乎相較起來要少得多。一方面，固因管理學本身發展歷史的短暫，另一方面，也和管理的應用本質有關。然而在這領域內的少數經典之作中，彼得・杜拉克在一九五四年所出版的《彼得・杜拉克的管理聖經》（*The Practice of Management*）一書，毫無疑問的，可稱為其中歷久彌新的一本鉅著。在此所稱的「鉅著」，並非指它的篇幅，而是它對於今天我們所認識的「管理」和「管理學」所產生的奠基性影響。

認識杜拉克，為什麼要讀這本書？

在半世紀前，確已存在某些創新的管理思想和具體做法，並且對生產力的提升帶來重大貢獻，但是它們主要針對管理或管理工作的某些層面而言。尤其在一般人的心目中，管理不過是指組織內的某些職位而已。然而在《彼得・杜拉克的管理聖經》一書中，杜拉克自世界、社會、企業和個人各層次探討管理所具有的特殊價值和地位，而且視管理為貫穿這些層次的功能、工作和職責。借用《追求卓越》（*In Search of Excellence*）作者之一的湯姆・畢德斯（Tom Peters）的話：「在杜拉克之前並無真正管理學的存在。」在相當程度內，他心中所指的，應該就是這一著作。

杜拉克在繼《企業的概念》（*Concept of the Corporation*）出版後八年才推出《彼得・杜拉克的管理聖經》這本書，前者主要以當時的通用汽車公司為藍本，首次探討諸多重要的管理問題，如高階管理階層的功能、經理人發展、勞力和顧客關係等等，面對當時美國企業界影響最大的，就是他所描述有關通用汽車公司所實施的分權制度。

在相當大程度內，《彼得・杜拉克的管理聖經》是將《企業的概念》書中所開啟的「管理」予以系統化和更深刻地剖析。由於這番總結的努力，書中所提出的許多重要概念，又發展為杜拉克日後許多重要著作的主題。其中包括一九六四年出版的《成效管理》（*Managing for Results*）、一九七三年的《管理的使命／管理的責任／管理的實務》（*Management: Tasks, Responsibilities, Practices*），以及一九八〇年的《動盪時代的管理》（*Managing in Turbulent Times*）等等。由此可見這部《彼得・杜拉克的管理聖經》在杜拉克眾多管理著作中所居之承啟地位。

管理是關係人類與世界前途的決定性因素

在杜拉克的歷史觀中，管理不僅代表工業體系中掌握一組織績效的功能，更是一個具有關鍵地位的社會經濟制度。他甚至認為，在戰後的歲月中，管理的發展關係整個世界和人類的前途走向。

處於一九五〇年代的世界局勢是：在歐洲，共產勢力淹沒整個東歐和中歐國家；在亞洲，中國大陸陷入鐵幕不久，朝鮮半島經過一番血戰後，維持了一個勉強的和局；在世界其他原屬西方殖民地和眾多第三世界國家，除了依然在貧窮與落後的泥沼中掙扎外，也正面臨他們終將倒向西方或共產陣營的歧途。在這種情勢下，杜拉克以一位先知者的眼光和使命感提出他的診斷和處方。

首先，他對於當時自由世界的領袖——美國的建議是：如果要避免重蹈一八八〇年英國的覆轍，只有依靠卓越的管理能力和不斷提升的管理績效；其次，他認為歐洲能否自戰後的廢墟中重新站立，恢復昔日的繁華，也是取決於其管理績效。至於開發中國家的前途如何，和他們能否儘快培養出有能力而盡責的管理階層有密切的關係。在杜拉克的眼光中，管理絕不是只為企業創造利潤的工具，甚至不是為了績效，而是關係到世界和平及人類前途的決定性因素。也許就是由於這種信念的驅使，使他在眾多的學科領域中，選擇了管理為他的最愛，孜孜一生地從事有關管理理念與實務的闡發。

從整體觀點看管理如何創造績效

杜拉克探討「管理」，既不同於泰勒的科學管理，針對作業性工作，講求分工的效率，近乎解剖學的處理；也不同於費堯，為了發展原理原則的需要，將完整的管理區分為不同性質的功能。他是以追求整體績效為鵠的，將管理應用到企業、經理人、員工及其工作三個層次上。

一、管理始於認識企業

杜拉克曾經明白地表示，管理本身不是目的，而是為企業創造績效的器官。因此討論管理必先討論企業。

多年來，人們所認識的企業，只是一種追求利潤的手段或工具；所謂「利潤最大化」或「邊際成本等於邊際收入」的決策法則，在杜拉克看來，不但和企業的目的、功能等無關，更糟的是，它們已導致社會對於企業的敵視。

杜拉克是第一位將企業當作一個個體來看的人，他認識到，企業是以市場和消費者為對象、為他們創造經濟效益的組織，它也是提供人類和社會就業機會的組織，它更是扎根於社會和社區的公共利益而有所貢獻的組織。換句話說，企業的生存和存在目的，不是在於企業本身，而是在於企業之外的社會中。

五十年來，杜拉克在本書中所說出的一句話：「企業的目的，只有一個正確而有效的定義——創造顧客。」至今已成為對於企業的意義和價值的最佳說明。也基於這一觀念，杜拉克認為，企業的兩大生產性功能是行銷和創新，所有其他工作都只是成本。這些看法，不但歷久不衰，反而隨著時間而使人們更加體會它們所代表的真諦。

二、管理經由經理人

所謂「經理人」，即在企業內負責運用和整合各種資源以創造企業績效任務的人。事實上，一個被賦予管理職位或權力的人，未必會自然而然地有效擔負這任務，因此這群經理人本身也是有待管理的。

和許多傳統管理理論不同，杜拉克對於經理人的管理，反對依靠他們上司的指導和控制，認為應讓他們主動地採取行動以實現所期望的結果，因此，他不贊成嚴密的監督以及「控制幅度」的掌握。他也不認為，可經由態度和行為的改變或加強溝通以達到目的。他主張建立起一個有效的管理結構以引導管理者的願景和努力方向——這也就是日後獲得管理理論界和實務界普遍接受並發揚光大的「目標管理」之由來。

基本上，他認為公司內的每一位管理者（從最高主管到基層領班）都應該明白自己努力的明確目標，這些目標不是自己隨意制定的，而應該衍生自企業的整體目標。換句話說，每一個經理人所訂定的目標，都應該包括有他對於達成公司「所有經營目標」的貢獻。就這方面看，杜拉克並不反對企業的任務和活動應該是自上而下規劃的。

但是，杜拉克較具見地的看法是：在整合經理人的工作時，乃是自下而上進行的。他說：「從結構上和組織上看，一切職責都要以前線經理人為中心，只有前線經理人不能自己完成的，才交給上一級管理階層。」這是杜拉克所強調的「目標管理」的精神所在：讓經理人透過這一管理機制以實施「自我控制」，而非作為遂行「驅策管理」的手段。

三、員工是一個「全人」，不是機械

本書中以長達八章的篇幅討論管理的最後一個功能：對企業員工和工作的管理。首先，在此所謂「員工」，包括技術工人到公司執行副總裁在內。其次，對於這些員工的看法，也是杜拉克和一般觀念極大不同之點就是，他將他們看待為一個個活生生的人；他們有成就感和參與感這些需求，希望能在工作職務中獲得滿足，而不是一雙雙「工作的手」，只要憑著工作結果支付薪資即可打發。

由於杜拉克將工作者當作一個個「全人」看待，因此管理他們，除了要他們的手，更要關懷他們的心和腦。也就是要講求人性和符合人性，以創造能夠激發積極工作動機的環境，這是他筆下所認為管理工作者面臨的最核心、最困難，也是最急迫的任務。

其次，他認為，人不同於機械或其他物質資源，人力資源是可以培育發展的。傳統上所揭櫫的「公平勞力換取公平報酬」，對於員工和公司都是不適當的，因為這種想法和做法，並不能激發員工的高昂工作動機和優異的績效成果。公司應該給予員工具有挑戰性的工作以幫助員工自我成長，這也是管理上的一大任務。

科學管理的對與錯

值得在此特別指出的，乃是杜拉克對於科學管理的評析。我們不要忘記，在二十世紀前半，正是科學管理表現「世界性成功」的時期，在一般人觀念中，科學管理就是管理，也就是美國人足以傲世的成就和貢獻。在當時，「如果誰抨擊了管理，誰就是抨擊了真正的美國」。在這種氣氛下，唯有杜拉克冷靜而中肯地指出「科學管理」的「對」與「錯」。

首先，科學管理的一個基本信念是，我們應該將工作分解為最簡單的單位動作，這是對的；然而說，每個動作最好由一位員工單獨完成，這是錯的。因為分析的原則並不適用於行動的原則，後者必須整合。人類的特殊能力和貢獻（不同於機械者）即在於整合各種動作，予以平衡、控制、測量和判斷。將分析視為行動的原則，等於將人視為機械，這是違反人性的想法和做法。

其次，科學管理主張將規劃和實施分離，這也是對的，因為二者性質不同，所需能力和條件也不同。但是堅持這兩類工作必須由不同的人擔任，則是錯的。在許多情況下，將規劃和實施用同樣的人擔任，如書中所描述ＩＢＭ的狀況，其生產力反可大大提升。

事實上，杜拉克所主張者，正是近年來在管理上所採行的「賦權」（empowerment）的做法，也是符合「創新」與「創業」管理的精神。五十年前，杜拉克即有這種眼光，實在令人欽佩。

「願景」、「組織創新」、「知識工作者」的前驅

《彼得．杜拉克的管理聖經》這本劃時代的管理學經典之作，能歷經半世紀而仍為人類誦讀，保持其暢銷書之地位而不墜，不是沒有理由的。主要的原因之一，在於書中所提出的許多觀點和主張，在當時，也許是隱晦不明的，然而歷經時間的磨練，卻愈發顯現其真知灼見的光彩。

在此僅舉出其中幾個例子：

在有關組織結構的討論中，他捨棄一般教科書中所採部門化和層級權責的模式，也不認為依傳統的經營功能（如製造、工程、銷售之類）來建構有什麼用處，而是強調組織設計應配合「企業是什麼？」的答案，他稱之為「活動分析」。事實上，這也是他在一九九五年出版的《巨變時代的管理》（*Managing in a Time of Great Change*）中所稱「打造經營理論」的濫觴。這種理論是建立在一企業之外在環境、使命和本身核心能力的假設上，也是隨時代實況而不斷檢討和調整。用目前最流行的名詞來說，就是所謂的「願景」（vision）。

同時，他在書中詳細比較「功能分權制」和「聯邦分權制」的優劣。他認為，後者具有創新和彈性、扁平化、培育領導人才等優點，是功能分權制所不及的。事實上，這種看法也

和今日企業所採的組織創新的潮流十分符合。

在本書第四篇有關「員工的管理」中，特別針對「專業人員」（第26章）予以討論。杜拉克已經發覺，這類專業人員既非一般員工，又和經理人有異。他擁有專業知識和能力，能夠判斷該做什麼和如何做，不待他人支配和控制。他預測，這類人員在企業中今後不但人數成長快速，而且地位日趨重要，因此，如何管理這類人員將是企業所面臨的最困難問題之一。事實上，當時他所關切的人員，也就是日後他在《後資本主義社會》（*Post-Capitalist Soceity*）與其他書中所稱之「知識工作者」，成為今後企業擁有的最珍貴資源。

近年國人對於杜拉克先生的思想和著作深感興趣，過去曾經出版的經典之作，仍獲讀者的愛戴，歷久不衰，這在日新月異的管理世界以及管理書籍中可稱異數，其中尤以這本《彼得・杜拉克的管理聖經》為最。這次遠流出版公司因應時局重新推出經典新裝版，以一番新面貌出現，相信可讀性更高，實在是喜愛管理和杜拉克人士的一大佳音。

推薦序

閱讀杜拉克，讓團隊成功向上

Miula（M觀點創辦人）

講起彼得．杜拉克，可以說是企業管理界的巴菲特也不為過，甚至我們可以說，所謂的管理學這門學問，完完全全就是彼得．杜拉克創造出來的，所以他也有一個稱號，叫做「現代管理學之父」。而他的書對所有立志成為專業經理人的人來說，絕對是必讀必修的功課。由於我曾經擔任過多年的高階專業經理人，所以杜拉克的每一本書，我幾乎都非常深入地閱讀過。雖然稱不上是杜拉克的鐵粉，但他所提出的管理理論，對於我從事公司管理與企業經營方面的想法，有著非常深的影響。

到底什麼是管理？學了管理學之後能夠幹什麼？這其實是對管理學這門學科很常發出的疑問。很多人對管理學有兩極化的誤解。第一種誤解，就是覺得學了管理學之後，可以去管一間公司，管一些人；念了企管系，畢業之後就要直接當主管。當然，這些人最後都會很失望，因為他們會發現，學了企管，不代表有人要讓你管。而另外一種誤解則是反過來的極端，就是認為管理學是一套學了完全無用的東西，離企業實務太遠，在實際工作場合根本無法使用。就我的看法，這兩種想法都沒有抓到管理學的核心。

管理的本質，其實在於如何能夠有效地創造出一間企業的競爭力。而所謂的管理理論，必須配合實務做出最適當的調整，才能夠發揮真正的威力。也就是說，你無法只靠理論就把一間公司管理好，因為你所學習到的不見得能直接套用在公司的情境上。但另一方面，如果你完全揚棄管理理論中的概念，純粹憑實務經驗管理公司，其實會繞很遠的路，事倍功半，讓自己的公司一團亂。

我自己見過一些實戰型的創業老闆，在接觸了杜拉克的管理理論之後，就像被閃電打中一樣，突然開竅，看見了自己在公司管理上那個欠缺的要素，找到了那些他們一直無法解決的問題關鍵。最後，他們將企管的理論配合公司的特性，找到了一個解法，讓公司的競爭力獲得大幅提升。

所以，管理學其實是任何想要在企業領域成功的人，絕對必學的學問。畢竟，當你到了一個層級以上，就無法只靠個人的卓越能力來作戰了。如何管理好一個企業，如何讓你的團隊成功，才是持續往上的關鍵。

《彼得．杜拉克的管理聖經》這本書，其實是杜拉克一生管理觀念的精華，非常適合任何想要完整理解與學習管理這門學問的人，作為一輩子持續閱讀的材料。當你在不同的管理階層，有著不同的管理經歷，你對於這本書的理解也會完全不同。如果可以的話，我會推薦你每過五年把這本書重新拿出來讀一次，絕對會有不同的學習與體悟。

推薦序

領導力與新願景

胡忠信（政治評論家、歷史學者）

「現在是提升領導品質的時候了！」一七七六年華盛頓在美國獨立建國時，有感而發地說出這一句話。領導品質就是建立核心價值觀，擬訂願景與目標，鼓舞團隊精神與士氣，勇於承擔責任，建立公信力，不斷自我改造與終身學習。領導力就是不斷自問：「到底我的目標是什麼？上述目標又如何落實？」

彼得．杜拉克所著的《彼得．杜拉克的管理聖經》，是經典中的經典，是企業管理的教戰守則，也是終身學習的人文對話錄。有了這本書的問世，才有「管理學」這門學問的出現。杜拉克承襲了希臘、羅馬、基督教三大學術傳統，運用於二十世紀的工業化，又投射於二十一世紀的未來學，《彼得．杜拉克的管理聖經》是每一個有志於管理工作者的必備經典，也是不斷省思與回饋的人文鉅著。

領導是做正確的事，不斷改進，追求卓越。領導者要善於宏觀性、哲學性思考，透過班底進行微觀管理。領導者要「對事不對人」，先問：「事情的真相是什麼？」再問：「誰對誰錯？」領導者要發揮人格領導力，以理服人，以德服人，不斷自我檢討：「我對組織的回饋是什麼？」「我是不是勇於投入與犧牲自我利益？」唯有自我塑造成標竿人物，成為組織中的靈魂動力，領導者才能知人、識才、用人，將團隊績效發揮到極限，不斷挑戰巔峰。

領導就是「英雄的旅程」，決心做自己就是英雄，英雄是遵循內心直覺的喜悅，以淑世救人為業。為了達此高尚的目的，領導者就是追求「神聖的自由」，這是公民與道德的自由，它重視人群的團結，其本質是公正的、善良的，是必須冒險去維護的；領導者要揚棄「墮落的自由」，其本質是為所欲為，不能忍受規章制度，這是真理與和平的敵人。

有英雄氣概的領導人，必然具備四大要件：一、誠實，二、具有願景，三、懂得鼓舞人心，四、能力卓越。領導力與新願景就是「以身作則，使別人願意為大家共同的願景，努力奮鬥的藝術」。彼得．杜拉克正是透過他的諄諄教誨，告訴我們既要尊重個人也要有團隊精神，捍衛人性共有的道德基礎，遵守法律與秩序，追求公平與正義，坦誠與別人溝通以建立共識，為社區、社會、企業、國家，乃至全世界，營造更美好的生活環境。

有願景、懂得鼓舞人心的領導者，是說故事的高手，他進行「觀念革命」，「觀念的君主就是未來的君主」。企業家正是透過有效的管理傳達訊息，將自己與企業、國家的命運結合，保持理性、感性、意志的和諧。領袖就是希望的化身，激發大家的創意與想像，面對真實的我，使大家成為文明法治的「企業公民」。

《彼得．杜拉克的管理聖經》一方面提供了概念式、宏觀性的思考方法，但也強調經營者須具備克制、勇氣、忠誠、禮貌、愛心的「企業家英雄素質」。新競爭時代的領導者永遠要挑戰現狀，挑戰社會精英，透過實力、人際關係、領導力的三重歷練，成為值得信賴與尊敬的企業領袖。

莎士比亞說：「有人天生偉大，有人奮鬥而偉大，有些人的偉大是別人捧出來的。」企業家沒有天生偉大，也不需要別人力捧，而是在逆境中冒險求勝，在逆水中游泳以鍛鍊心智。這本書正是企業家逆中求勝的方法論寶典。

「溫故而知新」，與彼得・杜拉克進行心靈對話，以杜拉克為老師，沒有比研讀經典自我教育更重要了。當領導與管理成為一種生活的核心，成為思想簡潔的工作方式，進而培養速度、品質、卓越的新領導力，正是研讀這本書的最終目的與學習成果。

「管理」恆久「遠」，「經典」永傳「流」

郭水義（中華電信總經理）

彼得・杜拉克全名彼得・斐迪南・杜拉克（Peter Ferdinand Drucker），出生於一九〇九年的奧匈帝國首都維也納。他出生的時間，正值第一次世界大戰前，也是舊新帝國主義交替、動盪的年代。

杜拉克移民美國後，成為作家、管理顧問，以及教授。他不僅是管理學先驅，更自許為社會生態觀察家，一生寫作不斷，造就了對世人深遠的影響，這個影響力至今仍持續不墜，歷久而彌新。

彼得・杜拉克「奇」書

在杜拉克的著作中，最具代表性的就是這本《彼得・杜拉克的管理聖經》。這本劃時代的傳「奇」經典書籍，暢銷超過一甲子，許多真知灼見，愈是歷經時間淬鍊，愈彰顯其價值所在。這些洞見與獨特之處包括：

這是第一本將管理視為整體，系統性論述管理的三項任務——管理企業、管理經理人、管理員工和工作的著作。

這是第一部提出如今人人耳熟能詳的「目標管理」及「企業社會責任」等概念的著作。

這本書提出「組織的精神」，是倡導「企業文化」的著作。

這本書是企業領導人永恆的管理導師。

第一本真正的「管理」著作

這本書不僅開啟了現代管理學，也是過去幾十年商業企管暢銷書的源頭。《追求卓越》的作者湯姆．畢德斯曾說：「在杜拉克之前，並無真正管理學的存在。」享譽國際的《從A到A^+》（*Good to Great*）作者吉姆．柯林斯（Jim Collins）稱本書「或許是有史以來最重要的一本管理著作」。在這個不斷追求創新與精進的年代，杜拉克的管理巨著深獲各方肯定，更彰顯出他的經典價值。

杜拉克也是全球企業領導人最重要的管理導師之一，包括奇異電器（General Electric）執行長傑克．威爾許（Jack Welch）、微軟創辦人比爾．蓋茲（Bill Gates）、英特爾創辦人安迪．葛洛夫（Andy Grove）等都深受他影響。在日本更是全民瘋讀杜拉克。他的洞察力和先知灼見，連索尼（Sony）創辦人盛田昭夫及優衣庫（Uniqlo）社長柳井正等，都深受他啟發。柳井正一有煩惱，就回頭翻閱杜拉克在書中敘述的顧客創造學。相信未來還會有更多企業領導人，持續奉杜拉克為管理導師。

精闢地概論管理的本質與企業的目的

杜拉克在本書中先從管理的本質開頭概論，說明「管理始於認識企業。管理本身不是目的，而是為企業創造績效的器官」。接著闡明「企業的目的不是追求利潤極大化，利潤只是檢驗企業效能的指標」、「關於企業的目的，只有一個正確而有效的定義：創造顧客」，以及「任何企業都有兩個基本功能，而且也只有這兩個基本功能：行銷和創新」。

《彼得．杜拉克的管理聖經》是第一部提出「企業社會責任」概念的著作。杜拉克在序言中寫道：「在本書面世以前，還沒有人聽過『企業社會責任』這個名詞。」這幾句經典的開場語句，已深深烙印在讀者的記憶中。

奇異電器前執行長傑克．威爾許是二十世紀經典的傳奇管理人物。他的管理風格明顯受到杜拉克的影響。威爾上任後曾向杜拉克諮詢有關企業成長的課題，杜拉克給他一個簡單的問題：「假設你是投資人，你會想買奇異電器的哪些事業？」杜拉克再向他提出兩個問題：「如果奇異不是已經跨入這個產業了，那麼今天你還會選擇這一行嗎？」「如果答案是否定的，你現在會怎麼做？」這些大哉問對威爾許產生了決定性的影響。

透過目標管理（ＭＢＯ），管理經理人

安迪．葛洛夫是二十世紀另一位經典的傳奇管理人物，他也曾表示自己是受杜拉克目標管理與自我控制的啟發，並將他的目標設定系統命名為iMBO，意指「英特爾目標管理」（Intel Management By Objectives）。葛洛夫運用這套方法時，除了談目標，也談「關鍵結果」（Key Results）的連結。因此，《ＯＫＲ：做最重要的事》一書作者約翰．杜爾（John Doerr）為避免混淆，於是擷取葛洛夫所用的詞，將這套方法簡稱為ＯＫＲ（Objectives and Key Results，目標與關鍵結果），並於書中尊稱葛洛夫為「ＯＫＲ之父」。

ＯＫＲ就是打造Google奇蹟的團隊工作法。Google創辦人賴瑞．佩吉（Larry Page）說：「如果當初創立Google時就有這本書可以參考，那該有多好！」管理方法一脈相承，不斷發展，可見杜拉克的目標管理對現代經營管理影響之深遠。

企業經營航程的燈塔，巨變時代管理的羅盤

從國際企業管理概念的承襲，再回望我所熟悉的電信領域。

中華電信經營團隊在順應環境變遷與掌握市場脈動商機下，參與並經歷一次又一次重大變革，包括從國營改制到民營、從獨佔到競爭、從語音到數據（速率從kbps到Mbps到Gbps）、從２Ｇ、３Ｇ、４Ｇ到今年５Ｇ、從通訊（ＣＴ）到資通訊（ＩＣＴ）、從基礎建

設到平台建置到應用服務等等，我們很榮幸躬逢其盛，見證世代的發展！電信事業近幾年來更面臨幾項挑戰：傳統業務及服務飽和萎縮，舊新技術進行世代轉移，各種創新技術及應用服務將如雨後春筍般推陳出新。

為了持續順應環境變遷、持續掌握商機，中華電信在二〇一九年啟動了策略轉型計畫，揭櫫「以客戶為中心之價值創造理念」，期待從心態上、行為上及體質上做根本性的改變。

歷經過去這一路來的重大改變，以及面對未來的轉型需求，杜拉克的著作始終都是我們經營管理階層遵循的寶典。特別是《彼得．杜拉克的管理聖經》帶給我們不少啟發，我僅舉幾例說明如下：

「以人為本」：民營化過程中，我們提出了諸多照顧員工福利的方案。公司的核心價值為「以溝通為志業、熱誠服務、品質與榮譽感」，都是以人為出發點。

「企業社會責任」：中華電信在二〇〇七年出版了國內第一本企業社會責任報告書。

「強化公司治理與董事會組成」：配合公司發展方向，在兼顧多元的學經歷背景與性別平衡下，我們選任合適的董事與獨立董事。除了董事長與總經理外，經營團隊沒有擔任董事，完全符合杜拉克所說的：董事會必須保持超然的立場。

「授權」：儘可能將決策權放到最低層級，愈接近行動的現場愈好。

「當責」：強化高階經理人的當責，並另訂高階經理人的績效管理辦法。

「主管培育」：推動高階人才培育（Executives Development Program，ＥＤＰ），把接

班人計畫納入高階經理人的最重要任務。

「獎勵卓越績效和特殊貢獻」：訂定企業化獎金及員工酬勞，將經營利潤分享全體員工；並適度獎勵卓越績效和特殊貢獻者，打造激發積極工作的環境。

「從關鍵三問落實未來願景」：我們將持續遵循杜拉克指引的關鍵三問。中華電信因應5G時代到來，期許成為「智慧生活的領導者，數位經濟的賦能者」。我們將持續落實「廣結盟」策略，發展創新服務，打造集團未來成長動能。

追求卓越的祕笈，企業長青的寶典

企業界的先進們，如果您正在「追求卓越」，《彼得．杜拉克的管理聖經》就是武功秘笈。如果您期待「基業長青」，這本書更是最佳寶典！

身為彼得．杜拉克的長期讀者與追隨者，我很榮幸受到遠流出版公司邀請，為讀者撰寫推薦序文，分享我閱讀一系列管理書籍的小小心得，我深感幸運與喜悅。經典書籍再現，實是讀者之福。

各位愛好閱讀的朋友，如果你已經遍覽諸多的經典管理書籍，那絕對不能錯過這「全面探討管理學的第一本著作」。如果您剛打開管理學之門，在眾多寶典當中，若不知從何開始，不妨就翻開這本書吧！

推薦序

正是時候讀杜拉克

楊士範（The News Lens 關鍵評論網媒體集團共同創辦人暨內容長）

我必須先自首，在這本書之前，我並沒有讀過彼得．杜拉克的原著（連翻譯本都沒有），讀過的，多半是延伸出來的著作、文章，比如說之前曾紅極一時的《如果高校棒球女子經理讀了彼得．杜拉克》。

而我會在這次一收到遠流來信邀約推薦《彼得．杜拉克的管理聖經》就立刻答應，其實主要是因為前陣子我看了另外一本管理相關的書，佛瑞蒙德．馬利克（Fredmund Malik）的《管理的本質》，讓我更加思索起一般在管理學界被推崇為「現代管理學之父」的杜拉克，到底他的原典著作又是如何一番光景？

閱讀的過程，再次證明，經典被稱為經典有其原因；而也再次證明，閱讀經典有時候也是要看每個人的機緣。

我的意思是，如果我是念管理學的學生，或者我是十幾年前剛開始工作，僅是需負責一些日常事物的工作者時，我還會對這本書有這麼多感觸和想法嗎？我無法確定，但能確定的是，因為我現在肩負的任務，每日每夜在思索的商業和企業概念，讓我讀起這本書，常常讀一頁就需要思索一陣子。

多數的人，不管有沒有讀過彼得．杜拉克的書，大概都會有一個印象：「啊，不就是管理學界的大師嗎？」我原先也是這樣想。但我在看這本《彼得．杜拉克的管理聖經》時，腦中一直浮現的是，杜拉克應該是哲學家吧，我在讀的應該是管理界的孫子兵法吧？

這本書初次出版於一九五四年，距離現在已經有六十六年了，但是作為一個二十一世紀的現代讀者，一個擁有各種華麗管理術語、工具、方法或書籍的當代各種領域／單位的管理者，依然可以從中得到心得和領悟。

仔細思索，這真的是令人難以置信地偉大。六十六年來整個現代企業應該早已經歷了天翻地覆的轉變，在當時不要說網路，連電腦都尚未普及，但是回頭看，我們可以理解，這本書想要談的是更大、更高的原則和概念性的東西，而這些原則和概念，不管在哪個年代，使用哪些現代化的工具，無妨，都是可以套用的。因為他試著要提出和說明的是更哲學性的問題：企業是什麼？企業的目的是什麼？我們的事業是什麼？管理在做什麼？什麼是生產？諸如此類。

比如說，我們常常在一些地方聽到「企業的目的是要創造（股東）利潤最大化」，但是在杜拉克的眼中完全錯誤，他覺得企業的目的只有一個正確而有效的定義，那就是「創造顧客」。

比如說，他會問顧客買的到底是什麼？汽車顧客買的是移動的工具、身份地位還是一種安全感？購買瓦斯爐的顧客其實買的是一種簡單烹調食物的方式，所以他的競爭對手包含了提供簡單烹調方式的廠商，會不會也包含能快速提供食物的企業，比方說現在的外送產業？

我在閱讀這本書時，常常就有上面這種一邊看，一邊思考的過程；而這種提供給讀者和管理者思考方式的刺激和改變，是在閱讀本書時常常有的感覺。

杜拉克寫這本書的時候年約四十五歲，我距離這個年紀也已不遠，自覺現在讀他的書是非常好的時機，相信我接下來也會迫不及待去尋找他其他經典著作。拿起本書的讀者們，我不曉得你的年齡、背景和工作行業，但無論如何，如果你喜歡甚至熱愛思考各種情境和問題的本質、原則和原因，或許現在也正是時候讀一讀杜拉克。

推薦序

永遠的「管理聖經」

詹文明（杜拉克管理學家）

一九五四年十一月六日，彼得．杜拉克嘔心瀝血完成了《彼得．杜拉克的管理聖經》這本鉅著，即發明「management」（管理或管理學）這個名詞，因此改變了這個世界，「管理」就成了二十世紀最偉大的社會創新，也為杜拉克奠定了「管理教父」的歷史地位。很多學者均認為，這是到目前為止條理最清晰的管理名著之一。

杜拉克總結他對思潮的貢獻是：「我是第一位認清企業經營的目的不在企業本身，而是在企業外部（也就是創造與滿足顧客）的人；第一位認清決策過程重要性的人；第一位認清組織架構應該追隨策略的人。我也是第一位認清，或至少是首先指出，有效的管理必須認清目標管理與自我控制的人。」

杜拉克認為，「目標管理與自我控制」完全可以被稱為一種管理哲學。為此，杜拉克也被世人尊稱為——二十世紀最具影響力的管理哲學思想家。

「目標」這個管理名詞是杜拉克發明的，因此「目標管理之父」也就非杜拉克莫屬。

《彼得．杜拉克的管理聖經》之所以如此命名，就是在強調「假如你只讀一本管理書，那麼就該讀這本」。因為本書提供了觀念、原則和工具，是一套極具系統化的管理知識。本書問世後，不僅在美國一炮而紅，在全球各地都非常成功，包括在歐洲、拉丁美洲，尤其在日本更備受重視。的確，日本人認為本書的觀念奠定了他們經濟成功與工業發展的基石。

杜拉克以其深厚的人文素養，強調人的理想性、價值觀及判斷力，成了組織績效表現的關鍵資源。因此，唯有找對人，擺對位置，從旁協助，才可能有「對」的成果。杜拉克對人總是以正面（用人之長）評價，對事則是以負面（高標要求）評估，是各類組織唯一最高的指導原則。

《彼得．杜拉克的管理聖經》一書即以管理的本質切入——就經理人的角色、職務、功能的認知及其未來面臨的挑戰，有著精闢獨到的見解，掀開了管理的奧祕與實務。

本書以「管理企業、管理經理人、管理員工與工作」等三項管理的任務，貫串整本書的主軸和精髓，加上八個關鍵成果領域、三個經典的問句，以及組織的精神豐富其內涵，成為這本書之所以不朽的經典之作。

第一篇杜拉克先以一個企業的實例點出了：我們的事業是什麼？我們的事業將是什麼？我們的事業究竟應該是什麼？以及企業的目標、成果與生產的原則。

第二篇對經理人的管理，杜拉克以福特汽車的故事，闡述了「目標管理與自我控制」的有效性管理，同時也呈現出組織精神（即企業文化）的完整性。

第三篇則透過活動、決策與關係等三項分析，深入管理的結構最終的檢驗標準——績效，同時也說明了五種組織結構之優缺點，與適用的大、中、小型企業及其限制條件。

第四篇員工和工作的管理，杜拉克以其「績效為核心的整體觀」，主張雇用整個人而不是一雙手，以ＩＢＭ的故事，描述了創新的實踐價值，使員工有成就與滿足感，進而創造巔峰績效的組織。

最後，作者對經理人的意涵包括其工作、決策及未來經理人是什麼？尤其一再主張「責任」的重要性與必要性。

管理是觀念而非技術，自由而非控制。管理是實務而非理論，績效而非潛能。管理是責任而非權力，貢獻而非升遷。管理是機會而非問題，簡單而非複雜。能為《彼得・杜拉克的管理聖經》做序，實為榮幸之至。而該書中文的翻譯，則是廣大讀者的一大福音。

推薦序

創業前後都該讀的執行長手冊

詹益鑑（UC Berkeley 訪問學者 & AppWorks 共同創辦人）

讀書做序對愛書而長期寫作的我並不是難事，論及行銷、創新與企管的領域更是我長年從事的主題，但受邀推薦這本管理學巨著，一方面深感榮幸，另一方面卻又是極其艱難。

榮幸之處不需贅言，艱難之處除在於本書對企業管理的論述既深又廣，實務案例深刻易懂，經典文句隨處可摘；再者出版至今已逾六十五年，全球企管菁英與商管師生可謂人手一本，書摘導讀論述成千上萬，絕無攀比超越之可能。

但從新創切入，或許是一個難得機會。無論是從投資人或創業者的角度，企業管理都是新創事業成敗的關鍵。在剛投入創投業跟自己創業時，也曾多次翻閱這本管理聖經，多年後再次重讀經典，滋味實在大不相同。

彼得・杜拉克被稱為管理學之父，除了是最早提出企業管理與知識工作者概念的巨擘，半個多世紀前的觀察與思維，時至今日依然適用於不同規模與階段的企業，才是本書最讓人驚訝與折服之處。

舉例來說，軟體與網路產業最常提倡的精實創業、敏捷開發，還有目標管理方法OKR，核心精神都可以在強調行銷、創新與人本的這本書中找到。談到企業的本質，更是一語道破長期習於生產思維與代工模式而忽略行銷與創新的台灣產業弊病。

企業的目的是創造顧客，功能是行銷跟創新，事業該由顧客定義，固然是暮鼓晨鐘，但最難能可貴的是，杜拉克先生提出管理是尋求資源的效率最佳化，而非獲利極大化的觀念。因為企業首要之務是求生存，獲利是為了涵蓋營運面對的風險，而非創造最大的超額利潤。

此外，不同規模的企業並非逐步拓展而是量子現象的說法，更讓我完全同意。二十年來看過近千個新創公司的興衰成敗，殘酷的事實是高速成長的企業與執行長難以培養跟複製。如同栽培樹苗，環境固然重要，但挑對樹種跟株苗，配上對的土壤跟菌種，才是長成大樹的關鍵。

最後，在用人與組織方面，從沒有犯過大錯的人必然是平庸之輩，到組織的目的是「讓平凡人做不平凡的事」，以及中小企業必須盡最大努力引進外部觀點等，都是創業與投資的關鍵要素，但本書出版之時創投產業才正萌芽。

在新創領域我們常說，想法不值錢，執行力才是關鍵。本書所涵蓋的企業、經理人與員工，從行銷、創新到生產力、獲利目標，再到流程、組織與社會責任，通通都是創業者跟經理人必須面對與成長的課題。無論你是否有好點子，先把執行力練起來，都會讓你內力大增。而這本管理聖經，就是打通任督二脈的武功祕笈。

彼得・杜拉克自序

全面探討管理學的第一本著作

本書於一九五四年首度面世之前，已經有少數人撰寫並出版過企管書籍。我自己就在一九四六年出版了第一部管理著作《企業的概念》（*Concept of the Corporation*, New York: John Day）。巴納德（Chester I. Barnard）的《高階主管的功能》（*The Functions of the Executive*, Cambridge, Mass.: Harvard University Press）則更早幾年，在一九三八年問世。

傅蕾特（Mary Parker Follett）在一九二〇年代和一九三〇年代初期完成了許多篇管理論文，並於一九四一年結集出版，書名是《動態管理》（*Dynamic Administration*, New York: Harper & Brothers）。

出生於澳洲的哈佛大學教授梅育（Elton Mayo）分別在一九三三年和一九四五年出版了兩本關於工作和員工的短篇論述：《工業文明中人的問題》（*The Human Problems of an Industrial Civilization*, New York: Macmillan），以及《工業文明中的社會問題》（*The Social Problems of an Industrial Civilization*, Cambridge, Mass.: Harvard University Press）。

費堯（Henry Fayol）的《工業管理與一般管理》（*Industrial and General Administration*, London, England: Pitman）首先於一九一六年在巴黎出版，英文譯本則在一九三〇年於倫敦面世。泰勒（Frederick W. Taylor）的《科學管理》（*Scientific Management*, New York: Harper & Brothers）推出的時間甚至還更早，早在一九一一年就出版，而且後來又加印了許多次。

這些管理著作迄今仍然擁有廣大的讀者，而且也當之無愧。每一本著作都代表一項重大的成就，每一位作者都為管理學奠定了堅實而持久的基礎；在他們各自的領域中，迄今還沒有人能超越他們的成就。在我們稱為「組織心理學」和「組織發展」的領域中，巴納德和傅蕾特的著作提供了最佳指引，無人能出其右。當我們談到「品管圈」和「員工參與度」時，也只能呼應梅育早在四、五十年前就已提出的觀念。費堯的用語雖然陳腐，但他對於管理和組織的洞見卻仍然饒富新意和原創性。而自從我完成《企業的概念》後，管理學界對於高階主管的功能和政策，迄今仍然沒有提出什麼新的創見。當我們想要了解知識工作者的工作內容，並學習如何提升知識工作的生產力時，我們甚至還要回頭研讀泰勒的著作。

儘管如此，本書仍然是第一本真正的「管理」著作，是第一本視管理為整體，率先說明管理是企業的特殊功能、管理者肩負了明確責任的管理書籍。早期的所有管理書籍都只探討管理的某個層面——例如巴納德在《高階主管的功能》中討論溝通問題，或我在《企業的概念》中討論高階主管的功能、組織結構和公司政策。

本書則討論「管理企業」、「管理經理人」和「管理員工和工作」，這幾個重點分別是本書第一篇、第二篇和第四篇的標題；同時也談到「管理的結構」（第三篇），以及「做決策」（第28章）。本書一方面探討「管理的本質」，經理人的角色、職務和所面對的挑戰，另一方面也從人的角度來看經理人，探討擁有管理職位、執行管理工作的男、女經理人：他們需具備什麼資格，如何發展管理能力，以及他們的責任和價值。本書還專闢一章來談「組織的精神」（第13章），目前針對「企業文化」的所有討論內容幾乎都可以在本章中找到。本書也是率先探討「目標」、定義「關鍵成果領域」、說明如何設定目標，並運用目標來引導企業方向及評估績效的第一本著作。的確，「目標」這個管理名詞可能是本書發明的——至少在之前的各種論述中都不曾出現過。此外，本書也是兼顧管理現有企業和創新未來企業的第一本著作。

或許更重要的是，本書是「第一本」將管理視為整體的管理書籍。過去的管理書籍——甚至今天大多數的企管書籍，都只探討管理的某個層面。的確，他們通常都只看到企業的內在：組織、政策、組織內部的人群關係、組織中的權威等等。而本書卻從三個面向來描繪企業：首先，作為一個機構，企業生存的目的是對外（在市場上為顧客）產出經濟成果；其次，企業是雇用人員、由人組成的社會「組織」，必須培育員工，支付員工薪資，組織員工以發揮生產力，並因此需要一定程度的治理，建構價值體系，建立權責之間的關係；第三，企業是扎根於社會和社區的「社會機構」，因而受公共利益所影響，因此本書也探討「企業的社會責任」——在本書面世之時，還沒有人聽過這個名詞。

由此可見，本書在三十年前，就開創了今天我們所謂的管理「學門」。這樣的發展並非偶然，也絕不是靠運氣，而是本書的使命和初衷。

撰寫本書時，我已經累積了十年成功的顧問實務經驗。我的出身背景既非企業，也非管理。早年我曾經在銀行工作——在德國一年，英國三年。後來我成為作家和新聞記者，並且開課講授政府和政治學。在很偶然的情況下，我開始踏入管理領域。一九四二年，我出版了一本書《工業人的未來》（*Future of Industrial Man*），我在書中主張，早期社會中許多由家庭和社區擔負的社會任務，如今已經改由組織，尤其改由企業來承擔。全世界最大的製造公司通用汽車（General Motors）的一位高階主管注意到這本書，他在一九四三年秋末邀請我針對通用汽車的高階主管、公司結構和基本政策，進行深度研究。《企業的概念》就是脫胎自這項研究，這本書於一九四五年完成，一九四六年出版。

我發現這項研究工作既引人入勝，又令人深感挫敗。我找不到任何助力，不知從何準備。現有的寥寥數本有關企業和管理的書籍完全不敷使用，因為這些著作都只探討管理的某個層面，彷彿這些面向可以獨立存在，彼此互不相干。不禁令我回想起一本人體解剖書籍，裡面討論人體的某個關節——例如肘關節好了，卻完全不提及手臂，更不用說骨骼和肌肉了。更糟的是，管理的大多數層面都不曾有人做過任何研究。

然而在我看來，經理人的工作之所以如此有趣，完全是因為管理是涵蓋了三個面向的整體。我很快就明白，談管理時必須將三個面向都納入考慮：第一是成果和績效，因為這是企業存在的目的；第二必須考慮在企業內部共同工作的人所形成的組織；最後則要考慮外在的社會——也就是社會影響和社會責任的層面。然而以上大半的議題卻缺乏研究文獻，更遑論有關其關聯性的探討了。當時的許多書籍都熱中於討論政府政策對於企業的衝擊。的確，無論當時或現在，關於政府法令對企業影響的課程都大受歡迎，但是，究竟企業又對社會和社區帶來了什麼影響呢？關於公司財務的書籍不計其數，但我們卻看不到任何討論企業政策的著作。

結束了這項研究之後，我仍然繼續擔任通用汽車公司的顧問一段時間，後來其他大公司也陸續找我去擔任顧問，其中包括施樂百百貨公司（Sears, Roebuck）、契薩皮克俄亥俄鐵路公司（Chesapeake & Ohio Railroad）和奇異公司（General Electric）。我在每家公司都看到相同的情況：對於管理的職務、功能和挑戰完全缺乏研究、思考和知識，幾乎可以說是一片空白。於是我決定坐下來，先描繪出「黑暗大陸」——管理的整體架構，然後釐清拼圖中有待填補的失落片段是什麼，最後再將整體組合起來，成為有系統、有組織，但篇幅很短的一本書。

從事顧問工作的時候，我認識很多能幹的年輕人，他們有的位居中高階管理職位，有的才接下生平第一個重要職位，不是初為經理人，就是獨立的專業人才。他們都很清楚自己是經理人，但他們的前輩，二次大戰前活躍於職場的那一代通常都不清楚這個事實。這些奮發向上的年輕人知道他們需要系統化的知識，需要觀念、原則和工具，這些都是他們當時極端欠缺的。本書正是為他們而寫的。

這個世代令這本書一炮而紅，這個世代也令經理人的意義從「階級」轉變為工作、功能和責任。本書出版後，不但在美國一炮而紅，而且在全球各地也都非常成功，包括在歐洲、拉丁美洲，尤其在日本更備受重視。的確，日本人認為本書的觀念奠定了他們經濟成功和工業發展的基石。

我在後來出版的管理書籍中，更詳細深入地探討本書的各個主題。例如，《成效管理》（*Managing for Results*, 1964）是第一本有關企業策略的書籍，《有效能的經營者》（*The Effective Executive*, 1966）討論組織中的經理人如何自我管理，《管理的使命／管理的責任／管理的實務》（*Management: Tasks, Responsibilities, Practices*, 1973）則是為實際從事管理工作者所撰寫的系統化手冊，也是研讀管理學的學生的系統化教科書，因此內容盡可能詳實完整，有別於本書容易理解、重啟發性的特色。《動盪時代的管理》（*Managing in Turbulent Times*, 1980）進一步探討了本書提出的基本問題：我們的事業是什麼？我們的事業將是什麼？我們的事業究竟應該是什麼？但同時也探討在動盪時代中，企業如何兼顧創新與延續，化變動為契機。

管理科系的學生、立志成為經理人的年輕人，以及成熟的經理人，仍然視本書為打好管理學根基最重要的一本書。有一家全球最大銀行的董事長一再告訴部屬：「如果你只讀一本管理書籍，那麼就讀《彼得．杜拉克的管理聖經》好了。」我相信本書之所以如此成功，原因在於內容無所不包，又淺顯易懂。每一章都很短，卻又完整說明了管理的基本觀念。當然，這正符合撰寫本書的初衷：我希望提供曾經在客戶公司中與我共事過的經理人工作上所必須知道的一切，協助他們為高階管理職位預做準備；同時書中內容又要好讀而易懂，即使是忙碌的企業人都能在有限時間內抽空讀完。我相信，正因本書能兼顧這兩方面的需求，儘管本書問世後的三十年來，出版過的管理書籍如過江之鯽，本書仍持續暢銷，而且無論讀者是在政府部門或企業中服務，是否已經擔任企業主管或有志於管理工作，都把本書當成他們最喜愛的管理書籍。我希望在未來時光中，無論對新一代學生、奮發向上的年輕管理專才，或是實務經驗豐富的企業主管，本書仍然能發揮同樣的功能，產生同樣的貢獻。

一九八五年感恩節於美國加州克萊蒙市

彼得·杜拉克的管理聖經

目錄

第三篇 管理的結構

第四篇 員工和工作的管理

概論

管理的本質

1 管理階層的角色

2 管理階層的職務

3 管理階層面臨的挑戰

1 管理階層的角色

如果沒有經理人的領導，「生產資源」始終只是資源，永遠不會轉化為產品。經理人的素質與績效是企業唯一能擁有的有效優勢。

在每個企業中，經理人都是賦予企業生命、注入活力的要素。如果沒有經理人的領導，「生產資源」始終只是資源，永遠不會轉化為產品。在競爭激烈的經濟體系中，企業能否成功，是否長存，完全要視經理人的素質與績效而定，因為經理人的素質與績效是企業唯一能擁有的有效優勢。

在工業社會裡，經理人形成的管理階層也是個獨特的領導團體。我們不再討論「勞資」之間的關係，而是開始討論「管理階層」與「員工」之間的關係。「資本家的責任」以及「資本家的權利」等字眼已經從我們的辭彙中消失，取而代之的是「管理階層的責任」及「管理階層的特權」。事實上，我們正在建立完整而明確的「管理教育」體系。當艾森豪政府在一九五二年形成時，他們刻意組成一個「管理型的政府」。

管理階層逐漸成為企業中獨特而必需的領導機制是社會史上的大事。自從二十世紀初以來，很少見到任何新的基礎機制或新的領導團體，像企業管理階層一樣，在如此短的時間內快速誕生。在人類歷史上，也極少看到任何新階層這麼快就變得不可或缺；甚至更加罕見的是，這個新階層在形成過程中遭逢這麼小的阻力、這麼少的干擾，引發這麼少的爭議。

只要西方文化繼續存在，企業管理階層都將是社會基本而主要的機制。企業管理不只根植於現代工業系統的本質和現代企業的需求上（而工業系統必須將生產資源——包括人力和物力資源，託付給企業），也表達出現代西方社會的基本信念：相信透過系統化組織經濟資源，人類有可能控制自己的生活；相信經濟變遷能成為推動人類進步和社會正義的強力引擎。斯威夫特（Johathan Swift）早在二百五十年前就指出，凡是能在過去只長出一葉草的地方培養出二葉草的人，應該比任何只會空想的哲學家或形而上理論的建構者更有價值。

認為人類能利用物質來提升心靈的信念，不能只用傳統的「物質主義」說法一言蔽之，事實上，這個觀念和我們一般所理解的「物質主義」的意義不太一樣，這是嶄新、現代而且西方獨有的觀念。在過去，以及現代西方社會以外的世界中，許多人始終認為資源限制了人類的活動，限制了人類控制環境的能力，而不是視資源為機會或人類控制大自然的工具。大家總認為資源是老天的恩賜，而且是不可改變的。的確，除了現代西方社會之外，所有的社會都認為經濟變化將危害社會和個人，因此政府的首要之務就是保持經濟穩定不變。

管理階層的特殊功能，在於把單純的資源轉化為可以生產的資源，換言之，擔負起有系統地促進經濟發展的重任，因此企業管理反映了現代社會的基本精神。事實上，企業管理乃現代社會所不可或缺，這也說明了為何這個機制一旦出現，就迅速發展，而且鮮少聽到任何異議。

管理的重要性

在未來數十年中，無論在美國或自由世界，經理人的能力、操守和績效都會成為決定性的要素，同時對管理的需求也會持續高漲。

無限期的「冷戰」狀態，不但造成經濟的沉重負擔（唯有靠經濟不斷發展，才承受得起這份重擔）；而且必須在滿足國家經濟需求的同時，達到承平時期的經濟擴張。的確，如此一來，整個經濟體系必須擁有前所未有的超強能力，有辦法於極短時間內，在承平時期和戰爭時期的生產之間轉換自如。經濟體系能否滿足上述的要求決定了美國的生存，而要滿足這項要求則有賴經理人，尤其是大企業的管理階層，發揮效能。

今天，無論就經濟或社會發展而言，美國都居於領先地位，因此管理績效也就格外重要，要充分達到管理績效也格外困難。由於美國已經站上巔峰，接下來只有一條路：往下坡走。保持現有地位往往比向上爬的時候多花一倍的心力和技能。換句話說，目前美國所面臨的危險是，日後回顧時會發現一九五〇年的美國就好像一八八〇年的英國一樣——由於缺乏願景和不夠努力，註定要步向衰退。證據顯示，目前美國出現了寧可保持現狀而不要向前邁進的傾向，許多產業的資本設備都已老舊，只有在剛竄起的新產業中，生產力才會快速上升，在其他許多產業中，生產力不是下降，就是停滯不前。唯有超人一等管理能力和持續改善的管理績效能夠促使我們不斷進步，防止我們變得貪圖安逸，自滿而懶散。

而在美國以外的其他國家，企業經營管理階層更發揮了決定性的功能，管理的工作也更加艱鉅。歐洲能否恢復經濟繁榮，完全要視其能否發揮管理績效而定。過去遭受殖民統治的原料生產國究竟會像自由世界一樣成功地發展經濟，還是反而轉向共產體制，其實也有很大部分要看他們能否很快培養出有能力、負責任的經理人。的確，整個自由世界的未來，主要操之於有能力、有技術、負責任的經理人手上。

2 管理階層的職務

管理是個具有多重目標的機制，包含了管理企業，管理「經理人」，和管理員工與工作三項任務。如果忽略了其中任何一項任務，就不再有管理可言。

儘管管理如此重要，如此受矚目，並如此快速地興起，企業管理仍然是人類社會中最不為人所知、也最乏人理解的基本機制。即使是在企業上班的人也常常不曉得經理人在做什麼，以及經理人應該做什麼、如何做、為什麼要這樣做，和究竟做得好不好。的確，即使是素來頭腦清楚、見多識廣的企業員工（通常都包括肩負管理責任的人和專業人員），當他們想到「高層」辦公室中的狀況時，腦子裡浮現的畫面和中世紀地理學家所描繪的非洲荒誕景象往往十分相似：充斥著獨眼妖怪、雙頭侏儒、不死鳥和讓人摸不透的獨角獸。那麼，究竟什麼是企業管理階層，而他們的職務又是什麼呢？

常見的答案有兩種。第一種解釋是管理階層就是高層人士，「管理階層」這個名詞其實只是「老闆」比較婉轉的稱呼罷了。其他人為經理人下的定義則是：指揮別人工作的人，而且就像我們常聽到的口號——經理人的職責「就是推動其他人完成工作」。

但是，這些說法充其量都只是想辦法告訴我們哪些人屬於管理階層（甚至連這點都沒有說清楚），而沒有告訴我們管理階層到底是什麼，他們的職務為何。我們唯有藉著分析經理人的功能，來回答這個問題，因為管理階層是企業的「器官」❶，我們唯有透過分析其功能來描述它並定義它。

管理階層是企業的特殊器官，每當我們談到企業的時候，例如美國鋼鐵公司或英國煤炭局決定蓋一座新工廠、裁員或公平對待顧客，事實上，這些都屬於管理決策、管理行動、管理行為。企業的決策、行動和行為都通過經理人而為之——假如沒有管理階層，企業的存在就沒有效益可言。反之，無論企業在法律上的結構為何，任何企業都必須有管理階層才能生氣蓬勃、有效運作（就這方面而言，私人企業、英國的國營企業，例如郵局這類政府獨佔事業，以及蘇聯共產的「托辣斯」（trust）和「部」（ministry）都沒有什麼不同）。

管理階層是企業的特殊器官，這件事由於太過明顯，常常被視為理所當然。因此企業管理和其他所有機構的治理機制都不同。政府、軍隊或教會——事實上任何重要機構——都必須具備治理機制，其部分功能和企業管理十分類似。但是本書所探討的管理屬於企業管理的範疇，而企業之所以存在，是為了供應商品和服務。企業必須履行經濟責任，以促進社會發

❶譯註：杜拉克視社會和企業為有機體，因此管理階層就成了企業體的器官。

展，並遵循社會的政治信念和倫理觀念。但是，如果套用邏輯學家的說法，這些都屬於會限制、修正、鼓勵或阻礙企業經濟活動的附帶條件。企業的根本要素，決定企業本質的最重要原則，其實是經濟績效。

把經濟績效擺在第一位

在制定任何決策、採取任何行動時，企業經理人必須把經濟績效擺在第一位。經理人只能藉由所產生的經濟成果來證明自己存在的價值和權威。企業活動可能會產生許多卓越的非經濟性成果：為員工帶來幸福，對社區的福利和文化有所貢獻等，然而如果企業不能產出經濟成果，就是經理人失職。如果企業不能以顧客願意負擔的價格，供應顧客需要的產品，就是經理人失職。如果企業無法改進或至少保持經濟資源的生財能力，也是經理人失職。

就這個層面而言，企業管理是十分獨特的功能。軍方的參謀總部可能會很合理地自問，他們的基本軍事決策是否能符合國家的經濟結構和福祉，但是如果軍事考慮從一開始就以經濟需求為優先，那麼參謀總部就是嚴重的失職。在軍事決策中，決策所造成的經濟影響通常都是次要考慮，只是限制性的因素，而不是軍事決策的出發點或根本理由。身為軍事組織的特殊機制，參謀總部必須把軍事安全放在第一位，否則就是危險的怠忽職守。同樣的，儘管企業經理人必須考慮企業決策對於（無論是企業內外的）社會所造成的影響，但同時他們也需要把經濟績效擺在第一位。

因此，管理的第一個定義是，管理是經濟的器官，是工業社會所獨有的經濟器官。企業經理人的每一個行動、每一項決策和每一個考慮，都必須把經濟績效當成第一個優先考量的層面。

管理的首要之務是管理企業

上面這句話看似理所當然，但由此推出的結論卻是隱晦不明、也不太能為多數人所接受。這句話暗示了企業管理的侷限，以及對於創造性行動必須擔負的責任。也就是說，首先，我們無法將管理的技巧、能力和經驗轉移應用在其他機構的組織運作上。任何人都無法承諾或保證他一定能把管理企業的經驗成功地運用在政府的管理上。因此，走上企業管理這條路，並非為當官做準備，或為在軍隊、教會及大學中擔任領導人做準備。分析和行政的技巧、能力和經驗才是能夠移轉的共通能力。這些技能和經驗非常重要，但是對於各種非商業性機構的主要目標而言，卻只是次要的能力。過去二十年來，美國人一直激烈爭辯羅斯福究竟是一位偉大的總統，還是美國的禍害，但是大家卻很少提及羅斯福其實是個非常糟糕的行政官員，甚至連反對他最力的敵人都認為這件事並不相干。大家都把爭執焦點放在基本政治決策上，沒有人會聲稱這些基本決策完全要取決於他們能否以顧客願意負擔的價格，供應顧客需要的商品和服務，或能否繼續維持和改善生財資源。企業經理人重視的焦點在政治人物眼中，只不過是諸多因素之一而已。

第二個反面的結論是，管理絕不是一門精密的科學。的確，我們可以系統化地將經理人的工作分析和歸類；換句話說，管理工作具備了明顯的專業特質和科學的一面。管理一家企業絕非單憑直覺或天賦就能勝任；只要是資質普通的一般人都能系統化地分析和組織管理的要素和要求，並且學習管理。總而言之，本書假定「直覺型」經理人的時代已經過去，同時也假定經理人能夠在所有的管理領域中，透過系統化地研讀管理原理，獲取有組織的知識，以及分析自己在各個管理層面和工作領域的表現，提升管理績效。的確，這是改進管理技巧、效益和績效的最佳途徑。我們相信，經理人對於現代社會和公民的影響是如此之大，必須能夠嚴以律己，成為真正高水準的公共服務專業人才。

然而，經理人最大的考驗仍然在於經營績效。良好的經營成效，而非管理知識，才是真正的保證和目標。換句話說，儘管管理具備了科學和專業的要素，管理仍然是一種實務，而非一門科學或一種專業。對於我們的經濟或社會造成最大傷害的，莫過於企圖藉著核發管理「證照」或限定只有拿到特定學位的人才能擔任經理人，把管理變得更「專業化」。

反之，正因為好的管理要經歷這樣的考驗，因此成功的企業經營者才有辦法完成他的工作，無論他是不是好的經理人。任何人如果認真地想把管理變得更「科學」或變成一種「專業」，一定會開始設法除去那些「討厭的麻煩」，商業世界中的不可預測性——包括：風險、上下起伏、「無益的競爭」、消費者「不理性的選擇」等——而且在這個過程中，經濟的自由和成長的能力也隨之而去。早年有些提倡「科學管理」的先驅最後都要求經濟走向徹底的「卡特爾化」（聯合壟斷），其實並非偶然（甘特〔Henry Gantt〕就是最好的例子）。美國的「科學化管理」在海外造成的影響之一，是一九二〇年代德國的「合理化」運動，試圖透過企業聯合壟斷，塑造出更適合專業管理的環境；而在美國，「科學化管理」的信徒除了大力提倡「技術官僚主政」，還在羅斯福新政元年推動「全國復甦法案」的努力中扮演要角，試圖塑造全國性的超級聯合壟斷。

管理的權責無論在範圍或程度上都受到嚴重限制。的確，為了履行經營責任，企業經理人必須在企業內部展現社會權力和治理權力——對身為企業一分子的社會公民行使職權。由於企業的重要性，因此企業管理階層不可避免地也成為工業社會的領導團體之一。既然企業主管最重要的責任在於經濟績效，因此企業主管的職權僅限於履行其經濟責任的必要權力。如果經理人超出其追求經濟績效的責任，開始對公民行使管理職權，就是越權。此外，企業管理階層只是社會上眾多領導團體之一，就其自我利益而言，管理階層絕不可能、也不應該成為唯一的領導團體，只須承擔部分的社會責任，而非完全的社會責任——因此也只擁有部分、而非完全的社會權力。如果企業管理階層聲稱他們是唯一的領導團體，或甚至是勢力最大的領導團體，那麼他們不是遭到抵制，並在過程中被剝奪了大部分的合法職權，就是推波助瀾地促成獨裁統治，並因此剝奪了企業管理階層和其他團體在自由社會中應該享有的權力和地位。

但是，雖然管理階層是企業的器官，其活動範圍和發展潛力都因而受限，但同時企業經理人也擔負了創造性行動的重責大任。因為企業經理人必須管理，而管理不只是被動的適應性行為，而是主動採取行動，促使企業獲得期望的成果。

早期的經濟學家認為生意人的行為完全是被動的：如果他們把事業經營得很成功，表示他們能快速靈敏地因應外界發生的事件，經濟狀況乃是由完全客觀的力量所形成，生意人既無法控制外在經濟環境，也無法藉由他所採取的反應來影響經濟情勢。我們或許可以稱之為「商人」（trader）的觀念。

過去的商人即使不被視為寄生蟲，他們的貢獻在其他人眼中，仍然是純然機械性的——只是把資源轉移到更具生產力的用途上。在今天的經濟學家眼中，生意人理性地在各種方案和行動中做選擇。這不再只是機械性的概念，顯然生意人的選擇會對經濟造成實際的衝擊。但是，在目前有關「公司」的經濟理論和「追求最大利潤」的定理所形成的畫面中，經濟學家心目中的「生意人」儘管可以在各種不同的適應方式中有所選擇，卻仍然只是因應經濟發展而被動適應環境。

基本上，這是「投資者」或「理財者」的觀念，而非「管理者」或是「經理人」的觀念。當然，能夠快速、明智而理性地適應經濟變遷，是非常重要的，但是管理絕非僅是被動反應和適應，而隱含了一種企圖塑造經濟環境的責任，在經濟變動中主動規劃、開創和突破難關的責任，以及不斷鏟除經濟環境對企業活動限制的責任。因此，在管理企業時，可能性——經濟學家所謂的「經濟條件」，只是其中一根支柱，如何符合企業利益是另外一根支柱。雖然人類永遠也無法「主宰」環境，總是緊緊受到各種可能性的箝制，但經理人的特殊任務就是讓企業的希望先成為可能，然後再設法具體實現。經理人不僅是經濟動物，同時也是開創者。唯有當經理人能以有意識、有方向的行動主宰經濟環境、改變經濟環境時，才能算是真正的管理。因此企業管理也就是目標管理，這將是貫穿本書的重要觀念。

管理「經理人」

企業必須靠經營管理，才能達到經濟績效。因此，管理的次要功能是運用人力和物力資源，打造有生產力的企業。具體而言，這就是管理「經理人」的功能。根據定義，企業必須善用所有資源，得到的產出才會比投入的資源更多更好，獲得的整體必須大於（或至少不同於）部分的總和，產出大於所有投入的總和。

因此，企業不能只是機械性地組合資源，單單根據十九世紀經濟學家的概念（許多後代的學院派經濟學者迄今仍然抱著這種想法），依照邏輯順序組合資源，啟動資本，已經不夠了。今天我們真正需要的是資源的質變，單靠沒有生命的資源已不足以達成這個目標，必須仰賴良好的管理。

但是很明顯地，能夠發揮擴大效果的資源唯有人力資源，其他資源都依照機械法則而運作。其他資源可能被好好利用或沒有被好好利用，但得到的產出卻絕對無法大於投入的總和。反之，組合非人力資源的問題在於，需要將耗損必然造成的產出縮減，降到最低的程度。和人類所能掌握的其他資源比起來，唯有人類能夠自我成長和發展。唯有中世紀偉大的政治作家佛特思區爵士（Sir John Fortescue）所謂的自由人有方向、有焦點、經過統合的努力，才能產生真正的整體。的確，自從柏拉圖以來，「美好社會」的定義就是能讓整體大於部分的總和。

談到成長與發展時，隱含的意思是人類可以決定自己的貢獻是什麼。我們習慣上總是認定基層員工（有別於經理人）只是聽命行事，既沒有責任、也無法參與有關自己或他人工作的決策。這表示在我們眼中，基層員工和其他物質資源沒有什麼不同，而我們也根據機械法則來考量員工對於企業的貢獻。這是很嚴重的誤解。然而這種誤解和基層工作的定義無關，而是未能看清許多基層工作其實具有管理性質，或是如果改為管理性的工作，生產力會更高。換句話說，唯有管理「經理人」，才能造就企業。

我們用來描述有效運作且具生產力的企業所需活動的各種名詞，正足以證明前面說得對。我們談到「組織」——企業的正式結構時，其實是指經理人和管理功能的組織；無論磚頭水泥或基層員工在組織結構中都不佔有任何地位。我們談到「領導力」和公司「精神」，但領導力必須靠管理一群經理人來有效發揮，公司精神也必須透過管理階層的精神來塑造。我們討論公司「目標」和績效，但公司目標是管理人員的目標，公司績效也代表管理人員的績效。如果企業無法展現經營績效，當然不是把員工汰換掉，而是另外請個新總裁。

經理人也是企業最昂貴的資源。在大企業中，會不斷聽到某個具有十年或十二年工作經驗的優秀工程師或會計師，其價值相當於五萬美元的直接投資，加上他到目前為止對於公司的成功所立下的汗馬功勞。當然，這個數字純屬猜測，儘管誤差率可能不見得會超過會計師對於機器或工廠投資額和獲利率的精密估算。但是，即使實際數字沒有這麼大，仍然足以證實，雖然企業對經理人的投資從來沒有顯現在帳面上，卻超過企業對於其他任何資源的投資。因此企業經理人必須充分利用這筆投資。

因此，管理「經理人」也就是運用資源來打造企業，使資源能充分發揮生產力。而管理如此複雜多面，即使在很小的企業，如何管理「經理人」都是非常重要且複雜的任務。

管理員工和工作

管理的最後一項功能是管理員工與工作。工作必須有效執行，而企業用以執行工作的資源就是員工——從純粹的非技術性員工到藝術家、從手推推車的工人到執行副總裁都是企業員工。這表示企業必須好好組織安排工作，使之成為最適合人類的工作；同時也必須好好組織人員，使得員工在工作時能發揮最高的生產力和效益。這也表示應該將人力看成資源——也就是說，人力具備了獨特的生理特質、能力和限制，因此應該像處理其他資源（例如銅）一樣，給予同等的關注。但同時也應該將人力當成不同於其他資源的資源，每位員工都有自己的個性和公民權，能夠掌控自己是否要工作，以及做多做少和績效好壞，因此必須激勵、參與、滿足、誘因、報酬、領導、地位和功能。而唯有透過管理，才能滿足這些要求。因為必須透過工作和職務，在企業內部滿足員工的需求，而經理人則是活化企業的重要器官。

每個管理問題、管理決策和行動中還有一個共同要素——這個要素並非管理的第四個功能，而是管理的額外面向，那就是時間。經理人必須將目前的現況和長遠的未來都一併納入考慮。如果為了眼前的利潤而危害長期獲利，或甚至企業的生存，那麼就不是在解決管理的問題。如果管理決策為了絢麗的未來，而不惜在今天帶來災難，那麼也不是負責任的管理決策。許多經理人在位時能創造偉大的經營績效，但不在其位後，公司就後繼無力，快速衰敗，這種情況屢見不鮮，正是經理人無法平衡目前和未來，採取不負責任的管理行動的好例子。事實上，目前的「經濟成果」是虛幻的，是透過資本支出而達到的成果。每當無法同時滿足眼前的利益和長遠的利益，或至少在長短期之間求取平衡時，就會危害或摧毀企業的生財資源——資本。

由於管理關乎行動的決策，因此時間因素必然隱含在管理的考慮之中。行動的目標通常都是未來的成果。任何要負責「做」（而不僅僅是「知」）的人都會影響到企業的未來。但是為何在管理的職務中，時間因素顯得格外重要、也格外困難呢？原因有二：第一，經濟和技術進步有一個根本要素——證實決策的成效和收割成果所需的時間不斷延長。五十年前，愛迪生從根據構想展開實驗到建立工廠試產，需要花兩年的時間。今天，後繼者很可能需要花十五年的時間才辦得到。五十年前，新工廠預計在兩、三年內就能回收；今天每位員工的平均資本支出是一九〇〇年的十倍，然而在相同的產業中，卻可能要花十年或十二年的時間，才能完全回收。而像銷售團隊或經營團隊這類人的組織，甚至可能需要更長的時間才能建立起來，並回收當初的投資。

時間因素的第二個特性是，企業經理人必須能兼顧現在與未來。軍事將領也明白這兩種時間面向的重要性，但是他通常都不需要同時兼顧兩者。在承平時期，軍事將領根本不須考慮「現在」，現在的一切都是為未來的戰爭預做準備。但在戰時，他眼中只有最近的「未來」；他最關心的是如何贏得眼前的戰爭，把其他的一切完全排除在外。但是經理人必須現在就設法讓企業成功、賺錢，否則企業根本無法生存，更遑論享受未來了；經理人還必須同時讓企業能夠在未來成長繁榮，或者至少繼續生存，否則就有違經理人保持資源生產力的責任，並摧毀了企業的資本。唯一能拿來相提並論的例子，是政客在為公眾謀福祉的責任和連任的需要之間出現兩難困境——他必須先連任成功，才能對公眾福祉有所貢獻。但是政客可能會狡辯，對選民的承諾和當選後的作為不必完全一致。然而，企業經理人針對目前的成果所採取的行動，會直接影響到未來的成果，而他為了未來的成果而採取的行動——例如研究經費或對工廠的投資，也會深深影響目前立即可見的成果。

管理的整合性特質

管理的三大任務：管理企業、管理「經理人」，以及管理員工與工作，都能夠個別加以分析、研究和評估，並且區分目前與未來的狀況，但是在日常的管理工作中，則無法清楚區分三者，也無法把今天的決策和關乎未來的決策完全分開。任何管理決策都會影響到管理的三項任務，而且也必須將三者同時納入考慮。而影響未來的關鍵決策往往都是針對現況的決策——例如針對目前的研究經費、訴怨處理、人員升遷和解雇、維修標準或顧客服務所做的決策。

我們甚至不能說其中任何一項任務比其他任務更重要，或需要更高超的技術或能力。沒錯，提升經營績效是首要之務，這是企業的主要目標和存在目的。但是無論管理階層多麼懂得經營企業，如果企業不能健全運作，也就沒有經營績效可言。同理，如果沒有好好管理員工與工作，也是枉然。如果沒有好好管理「經理人」，獲得的經濟成果是虛幻的，反而會破壞企業的資本。如果沒有好好管理員工與工作，獲得的經濟成果同樣是虛幻的，不但會增加成本，讓企業完全喪失競爭力，還會製造階級仇恨和階級鬥爭，最後令企業根本不可能營運下去。

管理企業在三項任務中居於首位，因為企業是經濟機構，但是管理「經理人」和管理員工與工作也同樣重要，因為我們的社會不是經濟機構，因此十分關注能實現社會信念和目標的後兩項管理領域。

在本書中，我們將結合針對目前和未來的探討，但是也將個別討論這三項管理的任務：管理企業，管理「經理人」，和管理員工與工作。然而千萬不要忘了，在管理實務中，經理人的每個行動都在實踐這三項任務。我們必須牢記，事實上經理人所面臨的特殊狀況是，必須透過同一批員工履行職責和貫徹同樣的決策，來兼顧三項任務。的確，針對問題：「管理是什麼？管理階層又在做什麼事情？」我們唯有回答：管理是個具有多重目標的機制，包含了管理企業，管理「經理人」，和管理員工與工作三項任務。如果忽略了其中任何一項任務，就不再有管理可言——也不會有企業或工業社會了。

3

管理階層面臨的挑戰

任何企業如果希望將所有的責任和決策權都集中在高層身上，就好像蜥蜴時代的大型爬蟲類一樣，企圖以小小的中央神經系統來控制龐大的身軀，結果由於無法適應環境的快速變遷，終於慘遭滅絕。

在即將來臨、我們稱之為「自動化」的工業革命中，企業經理人的能力將面臨第一個大考驗，也將面對最艱鉅的任務。

今天，許多可怕的科幻小說都對自動化多所描繪，其中有關「按鈕工廠」的描述大概已經不算最荒誕的情節了（儘管基本上還是胡說八道）。一九三〇年代「規劃家」的口號在新科技推波助瀾下重新復活，新的廉價驚悚小說紛紛面世，試圖為讀者描繪出這場噩夢——在科技專家的天堂中，完全不需要人類來做決定、負責任或管理，「電腦」會自行操控按鈕，創造財富，並分配財富。

這類數學浪漫小說還特別指出，由於新科技需要龐大的資本支出，因此唯有大企業才負擔得起巨額投資。尤其在歐洲，我們被告知此後將不再有競爭，因而產生的大型獨佔企業勢必走向國家化；而且未來的按鈕工廠將不再有工人。（雖然始終沒有人告訴我們，假如每個人都被迫無所事事，那麼誰來購買工廠不斷吐出的商品？）未來的工廠唯一還需要的人力是純技術人員（電子工程師、理論物理學家、數學家）或清潔工，但卻不需要管理人員。沒錯，無論這群先知彼此間有多少歧見，他們對於這一點卻有很強的共識——未來的工廠不需要管理者。

難怪這類推測有許多都出自於控制型經濟和中央計畫型經濟的倡導者口中——在歐洲尤其如此。因為目前對於未來的一切預測都完全出自於規劃家昨天逼我們吞下的藥方。由於身在自由世界的我們不再認為規劃家開的藥方有效，他們企圖拿這是不可避免的趨勢為藉口，迫使我們服下同樣的藥方。

什麼是自動化？

然而所有這些主張、結論和恐懼都恰好和科技真正的意義背道而馳。的確，我們有充足的例證，例如煉油廠或合成橡膠廠的狀況。因此不須憑空臆測，我們就可以說明自動化是什麼，會帶來什麼影響。

自動化在本質上並不算「技術性」。就像其他技術一樣，自動化主要是各種觀念構成的體系，技術面是其結果，而非起因。

第一個觀念十分抽象：在看似變動的現象背後，其實隱藏著一種穩定而可預測的基本形態。第二個觀念是關於工作的本質。新科技不像早期的單件生產，強調技能是整合性的工作原則；也不像亨利．福特的大量生產觀念，以產品為導向，強調整廠原則，也就是整個工廠都採單一產品的大量生產模式。新科技強調的是流程，把流程看成整合而協調的整體，目標是產生最佳流程——能以最低的成本和最小的投入，穩定產出最多樣的產品。的確，流程中的變化和波動愈少，則能生產的產品種類可能就愈多。

最後，新科技包含了一種控制的觀念，試圖在手段和目的、投入和產出之間保持平衡。自動化要求預先建立起重要機制，因此，對於生產流程能夠有預先設定，並自我啟動的控制機制。

控制的機制可能非常簡單。

在一家壽險公司的理賠部門中，需要特殊處理的保險單，例如文件不全、缺乏數據、受益人不清楚、權利不明確等，都挑出來交由一位職員個別處理。任何人都可以在幾天內學會處理這些特殊案件（或設計一部機器來處理），但如此一來，九八%的正常保險單都能夠平穩而迅速地處理完畢，即使這些保險單的理賠方式、受益人之間的分配等可能還是有成千上萬種不同的情況，單純的另案處理就足以提供充分的控制，以確保流程順暢。

有時候，也可能需要複雜的控制機制，例如實施「回饋」的做法，將流程的成果回饋到前一個生產階段，以確保流程順暢，並在必要的時候修正流程。

最簡單的例子就是蒸汽引擎的「安全閥」，鍋爐中的大量蒸汽會將安全閥往上推，直到開啟的氣孔釋放了過量蒸汽，降低了鍋爐中的蒸汽氣壓，於是安全閥又下降至原本的位置，並關閉氣孔。在生物世界裡，腺體也是依據這個原則而運作，而高射砲的電子控制系統也利用了回饋原則。

不過，這類控制機制在自動化技術中只扮演次要角色，最重要的還是流程中內建的控制功能，透過剔除流程無法處理的狀況，或調整流程以產出計畫中的成果，而保持流程順暢。

唯有當經理人徹底思考了這些觀念後，才能有效應用各種機器和原理。

在反覆思考過這些觀念之後，就更可能將重複性的作業轉成機械化，也符合經濟效益。在生產流程中，我們可以利用機器餵物料給另外一部機器，改變物料在機器中的位置，並且把物料從一部機器輸送到另外一部機器。所有的物料處理工作——也就是構成大量生產作業的大部分非技術性的重複工作，都可以改成機械化作業。機器設定和例行檢定（例如機器是否過熱或工具鑽頭太鈍）等工作也可以如此改變。

不過，這種「機械化」卻不能代表自動化本身，只是「自動化」的結果，而不是自動化不可或缺的要素。有很多例子顯示，即使一條輸送帶都沒有，也能達到大量生產的成效，例如票據交換所中的支票分類工作。我們將會看到許多成功自動化的例子都沒有用到任何「自動化的工具」，更看不到任何一個「按鈕」。

所以，在自動化的過程中，技術、工具和原理都由任務決定，也因任務而異。自動化並非由這幾個因素所組成，自動化也不完全繫於技術、工具和原理的應用上。自動化是把工作組織起來的一種概念，因此既適用於銷售組織和行政作業，也同樣適用於工業生產上。

自動化和員工

許多人都認為，新科技出現後，機器人將取代人力，這種說法大錯特錯。

我的學生有一次對我說：「我負責操作類比式電腦已經有一段時間了，我仍然很震驚，竟然有這麼多生意人相信我是受這部機器所支配。」

事實上，（雖然一定會出現人力遭到取代的問題），新科技出現後，一定會雇用更多人，尤其是技術高超、訓練有素的人員。

二十年前，大家都認為大量生產的技術（即過去的工業革命）會導致許多人失業。今天，我們知道凡是引進大量生產技術的地方，工作機會都快速增加。但是許多人仍然相信，大量生產作業以非技術性員工取代了技術性員工，今天我們知道這種說法的謬誤。舉例來說，美國是最大規模採用大量生產方式的國家，但在不同種類的員工中，訓練有素的技術員無論在數量或比例上都成長最快。而過去那種純粹貢獻體力、真正的非技術性員工今天已經搖身一變為半技術性的機器操作員——具備較高的技能，受過比較好的教育，能創造更多的財富，生活水準更比過去大幅提升。

目前發生的技術改變將會把這個過程更往前推進一大步，不但不會導致勞力過剩，反而會需要大量技術高超、訓練有素的人力——需要經理人來思考規劃，需要訓練有素的技師和工人來設計新機具，並且生產、維修、操作這些機具。的確，我們幾乎可以確定，無論在任何國家，這樣的轉變如果要快速普及，主要障礙就在於受過訓練的人力不足。

同樣的，唯有大企業才能採行新技術的說法也是不正確的，更不用提新技術會排擠小公司和獨立企業，導致大企業獨佔市場的說法了。在某些產業中，新技術或許真的擴大了最具經濟效益的單位之規模。在其他許多產業中（例如生鐵的生產），很可能新技術反而能讓較小的生產單位具備經濟效益，即使並非必要。

最後，新技術將導致資本需求劇增的說法也不對。當然，每位「生產」工人的平均投資會上升，但由於企業將需要更多的技術人員和經理人，每位「員工」的平均投資卻完全不會增加。而且根據我們的經驗，似乎也沒有跡象顯示每單位產出的平均投資會大幅增加。

未來需要更多經理人

最重要的是，新技術將不會造成經理人過剩，或是純技術人員取而代之。相反的，未來會需要更多的經理人。管理的領域將會大幅擴大，許多現在被視為基層員工的人未來將必須有能力擔負起管理工作。絕大多數的技術人員都必須了解管理工作的內容，並且從經理人的角度來看事情和思考。無論在任何階層，對於經理人的責任、能力、願景與在不同風險中抉擇的能力，還有他的經濟知識和技能、管理「經理人」及管理員工和工作的能力，以及他的決斷力等各方面的要求將會愈來愈高。

新技術不但不會造成中央計畫型經濟和壟斷的情況（無論是國有化或私人企業的聯合壟斷），反而會要求高度的分權、彈性和自主管理。在新科技時代中，任何社會如果試圖排斥自主企業的自由管理作風，希望實施中央計畫型經濟，必定一敗塗地。任何企業如果希望將所有責任和決策權都集中在高層身上，就會像蜥蜴時代的大型爬蟲類一樣，企圖以小小的中央神經系統來控制龐大的身軀，結果由於無法適應環境快速變遷，終於慘遭滅絕。

基於以上種種理由，任何關於管理本質的描述都不能不把自動化納入討論。我傾向於相信，自動化不會像突如其來的洪水迅速將我們淹沒，而會如涓滴細流逐漸影響我們。但毋庸置疑，自動化的時代即將來臨。毫無疑問，在二十世紀下半葉，最先了解自動化也率先有系統應用自動化的工業國家，無論在生產力或財富上，都將領先群倫，就像二十世紀上半葉的美國，由於了解和應用大量生產方式，而取得全球領導地位。更不須懷疑的是，哪個國家的經理人最了解管理的真諦，並徹底實踐有效的管理，必將取得世界領導地位。

第一篇

管理企業

4 施樂百貨公司的故事

即使是施樂百的員工，都沒有幾個人了解他們帶動了多大的創新，以及他們的創新如何深深影響了美國人的購物習慣和市鎮景觀。今天美國郊區的購物中心被視為零售業的一大創新，其實只不過是仿效施樂百在一九三〇年代所發展出來的觀念和做法罷了。

表面上看來，企業管理的問題既然如此重要，企管書籍似乎早應如汗牛充棟，但實際上，今天幾乎看不到一本真正的企管書籍。

市面上倒是不乏有關不同管理功能的書籍，例如，生產與行銷、財務和工程、採購、人力資源、公共關係等等，這類書籍即使沒有成千上萬，至少也有幾百種，但是關於企業管理究竟是怎麼一回事、需要什麼條件、經理人應該做哪些事情，以及如何管理，到目前為止，仍然備受忽視。❷

這種情況並非偶然，而是反映出目前關於企業管理，非常缺乏站得住腳的經濟理論。但我們不打算立刻著手自行架構理論，而是應該先好好檢視企業實際的營運行為。要描繪企業的真實面貌，探討管理的意義，最佳的範例莫過於美國最成功的企業之一——施樂百百貨公司（Sears, Roebuck and Company）。❸

施樂百在二十世紀初開始發展成一家企業，當時他們看出美國農民代表了一個區隔而獨特的市場：由於農民與世隔絕的生活形態，他們無法接觸到既有的銷售通路；也由於農民不同於城市消費者的特殊需求，他們自成一個獨特的市場。儘管個別農民的購買力很低，但全體農民卻代表了幾乎從未被開發的龐大購買潛力。

為了接觸到廣大的農民，必須建立起全新的銷售通路，生產能夠滿足農民需求的商品，以低廉的價格大量供應農民，並且維持穩定的供應量。同時，供應商還必須保證產品品質可靠、誠實無欺，因為農家地處偏僻，農民不可能在交貨前先檢視商品，一旦被騙，也不可能尋求賠償。

為了開創施樂百的事業，必須先分析顧客與市場，尤其是了解農民對於「價值」的看法，此外還必須在五個領域有所創新。

---

❷ 我所知的唯一例外是諾思（Oswald Knauth）的文集《管理的企業》（*Managerial Enterprise*, New York: Norton, 1948）。也可參見狄恩（Joel Dean）的《管理經濟學》（Managerial Economics, New York: Prentice-Hall, 1951）。雖然狄恩關注的主題是如何將經濟學家的理論觀念與工具應用在企業管理上，這本書，尤其是前面的通論，是管理者必讀之作。

❸ 有關施樂百公司的資料，我主要取材自艾米特與哲克（Emmet & Jeuck）的《郵購目錄與收銀台：施樂百公司發展史》（*Catalogues and Counters: a History of Sears*, Roebuck & Co., Chicago: University of Chicago Press, 1950），是有史以來寫得最好的公司史之一。但是無論是歷史資料的詮釋或施樂百的現況分析，我都必須負完全的文責。

第一，必須建立系統化的商品規劃方式，換句話說，必須針對農民需要的特殊商品，找到適當的供應商，並以農民負擔得起的價格，供應符合農民所需的品質和數量。

其次，必須建立完整的郵購目錄，提供無法遠赴大都市購物的農民另一種選擇。因此，郵購目錄必須定期出刊，而不是每逢特價拍賣才偶一為之；同時還必須完全打破郵購業慣用的推銷手法，學著不要藉著誇張的吹噓，強迫推銷商品，而要提供商品的真實描述。設定的目標必須是：說服農民信賴這份郵購目錄和它背後的公司，因而創造永久的顧客；必須設法讓郵購目錄變成讓農民如願以償的「許願書」（wish book）。

第三，必須將行之有年的「買方自己當心」（貨品出門，概不退換）的觀念改為「賣方負責」的觀念，也就是施樂百著名的「不問理由，退貨還款」政策。

第四，必須設法快速交貨，以低廉的價格大量供應客戶所訂購的商品。因此必須建立郵購工廠，否則郵購事業根本不可能順利營運。

最後，必須建立起人力組織。當施樂百逐漸發展為企業時，所需的人力技能大都還付之闕如，例如，沒有熟悉這種經營方式的採購人才、沒有精通存貨控管的會計師、沒有懂得設計商品目錄的美術人才，一般職員更毫無處理大量顧客訂單的經驗。

施樂百公司以創辦人席爾斯（Richard Sears）的姓命名，但是將施樂百塑造為現代化企業的人卻不是席爾斯。事實上，施樂百的經營方式幾乎稱不上企業化經營。席爾斯是個精明的投機商人，他大量採購別人賠本拋售的商品，然後刊登眩目的廣告，一批批轉手賣出。他經手的每一筆買賣都自成完整的交易，買賣完成時，帳目立即結清，生意也隨之結束。席爾斯賺了很多錢，但這種經營方式永遠不可能建立起真正的事業，更遑論永續經營的企業了。事實上，不出幾年，他很可能就像許多以同樣方式經營的商場前輩一樣，慘遭淘汰出局。

羅森華德（Julius Rosenwald）才是讓施樂百蛻變成真正企業的人物，從他一八九五年接掌大權，到一九〇五年芝加哥郵購工廠開張為止，十年間，施樂百脫胎換骨。他系統化地開發商品貨源，發明了定期刊出真實訊息的郵購目錄，並推出「保證滿意，否則退款」的政策。他還建立了具高度生產力的人力組織，很早就懂得充分授權給主管，但要求經理人為成果負完全的責任。後來，他還讓每位員工分紅入股。因此，羅森華德不僅是施樂百之父，也是二十世紀美國「通路革命」（distribution revolution）之父，對經濟成長發揮了極大影響。

施樂百早期發展史上，只有一個重大貢獻不能歸功於羅森華德——芝加哥郵購工廠是由杜爾凌（Otto Doering）在一九〇三年設計的，比福特的第一座現代化大量生產的工廠還早了五年，福特的工廠將所有的工作分解成簡單的重複性作業、生產線、輸送帶、標準化而可相互替換的零件——尤其是經過規劃、擴及全廠的工作進度表。

在這樣的基礎上，到了第一次世界大戰末期，施樂百已經成長為全國性的大企業，施樂百的「許願書」（郵購目錄）是許多農家除了《聖經》之外，唯一必備的書籍。❹

❹ 的確，施樂百公司內部一直傳說亨利·福特在建造自己的工廠之前，曾經造訪施樂百新建好的郵購工廠，並詳加研究。

施樂百故事的第二個階段從一九二〇年代中期開始。施樂百發展史的第一章是由羅森華德一人所主導，第二章同樣的也有一位主導者：伍德將軍（General Robert E. Wood）。

一九二〇年代中期，當伍德進入施樂百公司時，施樂百原本的市場已經快速改變了。由於汽車普及，農民不再與世隔絕，可以開車進城購物。因此農村不再是個獨特區隔的市場，主要拜施樂百之賜，農民的生活方式與水準已經快速地被都市中產階級同化。

同時，龐大的都會市場也已誕生，而且就像二十五年前的農村市場一樣孤立而且供應不足。都市低收入家庭的生活水準和購物習慣，已經超越了過去「低階層」的生活方式，他們很快賺到錢，也產生了物質欲望，想要購買和中上階層相同的商品。換句話說，美國正快速融合成一個同質性的龐大市場——但是通路系統卻還是依據社會階層區隔市場。

伍德在加入施樂百之前，就做了市場分析。他決定把施樂百的經營重心轉移到零售商店上——希望能同時滿足有汽車代步的農民和城市人口。

於是，為了實現這項決策，施樂百再度推動一連串創新措施。為了找到供貨來源，並且向供應商採購商品，施樂百必須增加兩個新的功能：商品設計，以及開發能大量生產這些商品的製造商。「階級市場」商品（例如一九二〇年代的電冰箱）必須重新設計，以符合購買力有限的「大眾市場」的需求。施樂百通常都必須投入資金與培育管理人才，來開發新的供應商，生產這些商品。同時，他們也需要另外一項創新：建立新政策來處理施樂百與供應商之間的關係，尤其公司大半業務都仰賴施樂百訂單的供應商。施樂百必須自創商品規劃與研究的方法，並有系統地開發數百個能為大眾市場製造商品的供應商，而這項工作主要的幕後推手是豪瑟（T. V. Houser），他多年來一直擔任施樂百商品規劃部門副總裁。對於施樂百第二發展階段的大眾通路系統而言，商品規劃的重要性就好像郵購工廠和目錄在第一階段的重要性一樣，對於美國經濟發展也同樣有獨特的貢獻。

但是，踏入零售業也意味著必須找到能勝任愉快的商店店長。郵購銷售不需要培養管理商店的人才。直到二次大戰期間，施樂百跨入零售業的頭十到十五年間所遇到的最大瓶頸，就是缺乏管理人才。因此施樂百最系統化的創新措施就在於培育管理人才，而他們在一九三〇年代所推行的政策成為美國工業界管理人才培育計畫的起點。

要跨入零售連鎖體系，組織結構也必須大幅變革。郵購生意是高度中央集權的經營方式——或至少在施樂百是如此，但零售連鎖店不可能靠二千里外的總部來遙控，必須由當地主管自行管理。此外，過去只需要幾家郵購工廠，就可以供應全美的需求，但是如今施樂百在全美各地擁有七百家零售商店，每家店都在當地擁有自己的市場。因此施樂百在改採零售經營方式時，必須建立起聯邦分權化的組織結構和管理方法，以及店長績效評鑑制度，並且設法一方面維持公司整體的一致性，另一方面又容許分店擁有最大的管理自主權。同時，施樂百還得建立新的績效獎金制度，獎勵績效良好的店長。

最後，施樂百必須在選擇店面地點、零售店的建築風格和內部設施與商品展示上，都有所創新。傳統的零售店並不適合施樂百市場，跨入零售業並非只是在郊區找到地方開店，然後提供足夠的停車位這麼簡單。他們必須改變零售店的整個經營觀念。事實上，即使是施樂百的員工都沒有幾個人了解他們帶動了多大的創新，以及他們的創新如何深深影響了美國人的購物習慣和市鎮景觀。今天美國郊區的購物中心被視為零售業的一大創新，其實只不過是仿效施樂百在一九三〇年代所發展出來的觀念和做法罷了。

施樂百在一九二〇年代中期訂定了跨入零售業的基本政策，並在一九三〇年代初期推動根本創新。這也是為什麼從經濟大蕭條時期到二次世界大戰及戰後繁榮期，施樂百的營業額和利潤一直向上攀升。在制定這些基本政策三十年後，他們仍然落實這些政策。

直到今天，女性時尚業仍然沿用施樂百開創的商品規劃方式——有系統地設計優質商品，供應大眾市場，並且為了製造這些商品，系統化地培植能大量生產的製造商。傳統女性時裝廠商（紐約的「時裝區」）已經無法滿足大眾銷售通路的需求。可是，當施樂百有能力讓其他同樣傳統的產業轉型為大量生產、大量銷售時（而且今天在拉丁美洲仍然非常成功），他們要不是不能、要不就是不願意改變女性時裝業的生產體系。

施樂百還沒有完全成功轉型的領域還包括公關。在羅森華德的領導下，施樂百在公關上開創了許多新做法，施樂百的每位員工都認為公關非常重要。如果分析施樂百跨入零售業的主要因素，市場轉趨都市化（至少就購物習慣而言）是個重要因素，然而施樂百在對外宣傳中，始終還是強調「施樂百是農民的好朋友」。如果審視施樂百在市場上面對的現實，這種說法只不過反映出一種農村懷舊心態，完全不符合當前的市場需求。

伍德將軍於一九五四年春季卸下施樂百董事長的職位，由豪瑟接任。這項人事接班也象徵了一個時代的結束，施樂百現在要面對新的問題和新的機會。

曾經改變施樂百市場的汽車如今似乎再度掀起巨變。在美國大多數的城市中，開車變成非常不愉快的經驗，要找到停車位是如此困難，汽車很快就不再是購物者的好幫手，反而變成最大的敵人。同時，愈來愈多施樂百的典型顧客——家庭主婦，開始走入職場，過去的購物時間，她們如今忙於工作；要不然就是孩子還小，媽媽出外購物時乏人照顧。

如果以上解釋是正確的，這時候施樂百需要和過去兩次重大轉捩點一樣，進行市場與顧客分析。他們必須發展出新的目標，建立新形態的銷售組織，推銷員挨家挨戶推銷商品，各地分店變成接受訂單的總部。過去幾年挨家挨戶推銷的方式大行其道，或許已經預告了這種發展趨勢，企業必須建立新的組織觀念、新的薪資報酬制度和新的管理方式，以因應這樣的改變。正如同二十年前要找到能勝任的零售店店長很困難，今天如何找到適當的人才也成為新的難題。如何為購買施樂百產品的顧客服務到家，可能和四十年前「保證滿意，否則退款」的政策同樣重要。許多顧客的消費習慣可能又再度轉變為根據目錄訂購的方式——儘管他們現在可能不再依賴郵購方式，而是透過四處推銷的業務員和電話訂購。如此一來，郵購工廠必須在技術上有所改變，到目前為止，郵購工廠幾乎仍然採取五十年前杜爾凌發展出來的基本營運模式。無論顧客是透過郵件、電話或推銷員而下訂單，都必須建立起應用自動化和回饋原則的全自動化工廠，才能順利交貨。

即使是商品規劃都必須訂定新的目標；因為今天最重要的顧客——年輕的家庭主婦和媽媽通常都是職業婦女，他們在許多方面都和早期地處偏僻的美國農民一樣，形成一個獨特的市場。

換句話說，施樂百可能必須重新思考，他們究竟是在經營什麼樣的事業？他們的市場在哪裡？需要哪方面的創新？

5 企業是什麼？

從施樂百的故事中，我們得到的第一個結論是：企業是由人所創造，也靠人來管理，而不是由「經濟力量」所掌控。第二個結論是：我們不能單單從利潤的角度來定義或解釋企業。

從施樂百的故事中，我們得到的第一個結論是：企業是由人所創造，也靠人來管理，而不是由「經濟力量」所掌控。經濟力量限制了管理所做的事情。經濟力量一方面創造了新機會，讓企業經理人能有所作為，但另一方面，經濟力量本身卻不能決定企業是什麼或做什麼。我們常聽到的說法：「管理就是設法讓企業順應市場力量」，完全是無稽之談。經理人不僅是發現這些「力量」而已，還要靠自己的行動，創造這股力量。就好像五十年前，羅森華德把施樂百打造成一家真正的企業；二十五年前，伍德將軍改變施樂百的根本體質，在經濟蕭條和二次大戰期間，確保施樂百仍然成長壯大；今天，施樂百也必須仰仗某個人（或幾個人）的決策能力，來決定施樂百的興衰存亡。而且，每一家企業都會面臨相同的考驗。

第二個結論是：我們不能單單從利潤的角度來定義或解釋企業。

當問到企業是什麼時，一般生意人的答案通常是：「企業是營利的組織。」經濟學家的答案也如出一轍。但是這個答案不僅錯誤，而且答非所問。

同樣的，今天有關企業營運行為的經濟理論：「追求最大利潤」的理論，其實只是換個更複雜的說法來說明「低價買進，高價賣出」的傳統模式罷了。這個理論或許可以充分反映施樂百的經營方式，但我之所以說它完全錯誤，是因為這個理論不足以解釋施樂百或其他企業的營運方式，也無法說明他們應該如何經營企業。經濟學家在努力搶救這條定理時，清楚顯示了這點。今天研究企管理論的經濟學家中，狄恩可說是最傑出而多產的一位學者，但是他仍然沿用這條定理，而他所下的定義是：

> 經濟理論的基本假設是：每個企業的基本目標都是追求最大利潤。但是近年來理論家談到「追求最大利潤」時，普遍從長期的角度來看其涵義，指的是管理階層的收入，而非企業主的收入；包括非財務收入，例如為高度緊繃的高階主管增加休閒時間，以及培養管理階層之間的默契；容許特殊考量的空間，例如抑制競爭、維持管控、防止員工提出加薪要求及預防反托辣斯法等。這個觀念變得十分籠統而模糊，幾乎涵蓋我們大部分的人生目標。
>
> 這個趨勢反映了理論家逐漸了解許多公司，尤其是大型企業，不再從邊際成本和邊際營收的角度，採行追求最大利潤的原則……

當然，採用這種已經證明沒有存在價值的定理，已經毫無意義，也毫無用處。

這並不表示利潤和獲利率不重要，但確實指出，利潤不是企業和企業活動的目的，而是企業經營的限制性因素。利潤並不能解釋所有的企業活動與決策的原因，而是檢驗企業效能的指標。即使擔任公司董事的是天使，儘管他們對賺錢毫無興趣，還是必須關心企業的獲利率。同樣的，即使蘇聯官員在管理國營企業時，也不能忽視獲利問題。企業的問題不在於如何獲得最大利潤，而在於如何獲得充分的利潤，以因應經濟活動的風險，避免虧損。

觀念如此混淆的原因是，大家誤以為所謂「利潤動機」能說明商人的行為或是作為商業活動的指引。事實上，究竟有沒有利潤動機這回事，都還很值得懷疑，古典經濟學家發明這名詞來解釋經濟行為的意義。不過從來沒有任何證據顯示利潤動機確實存在，而我們很早就發現經濟學家企圖透過利潤動機解釋的經濟變化和經濟成長背後的真正因素何在。

但是究竟有沒有利潤動機這回事，其實對於了解企業行為，包括了解利潤和獲利情況，都毫不相干。比方說，史密斯為了獲利而經營企業這件事，其實只關係到他自己和他的公司，我們無法藉此了解史密斯做的事情以及經營績效如何；曉得在內華達沙漠探勘鈾礦的人一心只想發財，而不能幫助我們了解採礦者的工作；而曉得心臟科專家從事這一行是為了謀生或造福人類，也不能幫助我們了解心臟科專家的工作。同理，利潤動機以及衍生而來的「追求最大利潤」理論，和企業的功能、目的，以及企業管理的內容都毫無關係。

事實上，更糟的是，這個觀念還帶來危害。我們的社會之所以會誤解利潤的本質，對於利潤懷有根深柢固的敵意，視之為工業社會最危險的疾病，主要的原因也正是在此。這個觀念也要為美國和西歐最嚴重的公共政策錯誤負很大的責任——由於政府對企業的本質、功能和目的缺乏了解，而導致錯誤決策。

企業的目的

如果我們想知道企業是什麼，我們必須先了解企業的目的，而企業的目的必須超越企業本身。事實上，由於企業是社會的一分子，因此企業的目的也必須在社會之中。關於企業的目的，只有一個正確而有效的定義：「創造顧客」。

市場不是由上帝、大自然或經濟力所創造，而是由生意人所創造。生意人必須設法滿足顧客的需求，而在他們滿足顧客的需求之前，可能顧客早已感覺不足。就像饑荒時渴求食物一樣，不能滿足的需求可能主宰了顧客的生活，在他清醒的每一刻，這種需求都盤旋在他的腦海中。但是，在生意人採取行動把這種不滿足變成有效的需求之後，顧客才真的存在，市場也才真的誕生，否則之前的需求都只是理論上的需求。顧客可能根本沒有察覺到這樣的需求，也可能在生意人採取行動——透過廣告、推銷或發明新東西，創造需求之前，需求根本不存在。每一次都是企業的行動創造了顧客。

企業究竟是什麼，是由顧客來決定的。因為唯有當顧客願意付錢購買商品或服務時，才能把經濟資源轉變為財富，把物品轉變為商品。企業認為自己的產品是什麼，並不是最重要的事情，對於企業的前途和成功尤其不是那麼重要。顧客認為他購買的是什麼，他心目中的「價值」何在，卻有決定性的影響，將決定這家企業是什麼樣的企業，它的產品是什麼，以及它會不會成功興旺。

顧客是企業的基石，是企業存活的命脈，唯有顧客才能創造就業機會。社會將能創造財富的資源託付給企業，也是為了供給顧客所需。

企業的主要功能——行銷和創新

由於企業的目的是創造顧客，任何企業都有兩個基本功能，而且也只有這兩個基本功能：行銷和創新。

行銷是企業的獨特功能。企業之所以有別於其他組織，是因為企業會行銷產品或服務，而教會、軍隊、學校或政府都不會這麼做。任何會透過行銷產品或服務來實現本身目的的組織都是企業，而不做行銷或偶一為之的組織則不是企業，也不應該把它當成企業來經營。

麥考米克（Cyrus McCormick）是第一個清楚地把行銷看作企業特有核心功能的人，他認為管理的特殊任務在於創造顧客。史書往往只提到麥考米克發明收割機，其實他也發明了現代行銷的基本工具：市場研究和市場分析、市場定位的觀念、現代定價政策、以服務為商品的推銷員、為顧客供應零件和服務，以及分期付款的觀念。他是真正的企業管理之父，而且早在一八五〇年之前就已達成上述成就。直到五十年後，美國人才普遍效法他的榜樣。

一九〇〇年以來美國掀起的經濟革命主要是一場行銷革命。五十年前，美國工商界人士對於行銷的普遍態度都是：「工廠生產什麼，業務部門就賣什麼。」今天，大家的態度日益轉變為：「我們的職責是生產市場需要的產品。」但我們的經濟學家和政府官員才剛剛開始了解這個觀念：例如，美國商務部直到現在才設立「商品推廣局」。

歐洲迄今仍然不了解行銷是企業的特殊功能——這也是今天歐洲經濟始終停滯不前的主因。因為要完全理解行銷的重要，必須先克服社會對「銷售」根深柢固的偏見——認為銷售是卑賤的寄生行為，而把「生產」看成紳士的活動，並由此產生謬誤的推論，認為生產是企業最主要而關鍵的功能。

有一個很好的例子可以說明過去社會對於行銷的觀感：即使國內市場佔了七成的業務量，許多大型義大利公司卻沒有在國內設置銷售經理的職位。

事實上，由於行銷扮演如此基本的角色，單單建立起強大的銷售部門，並賦予行銷的重任還不夠。行銷的範圍不但比銷售廣泛得多，而且也不限於專業的活動，而是涵蓋整個企業的活動，是從最終成果的觀點來看待整個事業，換句話說，是從顧客的角度來看企業，因此企業的所有部門都必須有行銷的考量，擔負起行銷的責任。

過去十年中，奇異公司（GE，General Electric Company）所採取的政策正說明了這種行銷觀念，奇異公司試圖從設計階段，就考慮到產品對顧客和市場的吸引力。他們認為，早在第一位工程師拿起鉛筆描繪設計圖時，就已經展開了銷售產品的努力，實際的銷售動作只是最後一步。根據奇異公司在一九五二年公司年報中的陳述：「這種做法從產品週期剛開始時，就引進行銷人員，而不是最後才讓他們參與，因此行銷能融入企業各個領域的活動。如此一來，透過市場研究與分析，行銷部門能告訴工程師、設計師和製造部門：顧客對於產品有什麼需求、他們願意以什麼價格來購買，何時何地會需要這些產品。無論在商品規劃、生產排程和庫存控制，或銷售通路、商品服務方面，行銷都具有主導地位。」

企業是經濟成長的組織

但是單靠行銷無法構成企業。在靜態的經濟中，不會有「企業」，甚至不會有「生意人」。因為在靜態的經濟中，「中間人」只不過是收取仲介費用的「經紀人」罷了。

唯有在不斷擴張的經濟中，或至少是視變化為理所當然、且樂於接受改變的經濟中，企業才可能存在。企業是經濟成長、擴張和改變的組織。

所以，企業的第二個功能是創新，也就是提供更好更多的商品及服務。對企業而言，單單提供經濟商品和服務還不夠，必須提供更好更多的經濟商品和服務才行。企業不一定需要成長壯大，但是企業必須不斷進步，變得更好。

創新可能表現在更低的價格上——一直以來，經濟學家最關心的就是這點，原因很單純，因為唯有價格，經濟學家才能用量化的工具來分析。但是，創新也可能表現在更新更好的產品上（即使價格比較高），或提供新的方便性、創造新需求上；有時候則是為舊產品找到新用途。推銷員可能成功地把電冰箱推銷給愛斯基摩人，用來防止食物結凍，這樣的推銷員和開發出新製程或發明新產品的人一樣是「創新者」。賣冰箱給愛斯基摩人冷藏食物，等於發現了新市場；賣冰箱給愛斯基摩人來防止食物過冷結凍，事實上等於創造了一個新產品。從技術層面來看，當然還是同樣的舊產品，但從經濟角度來看，卻是一大創新。

創新出現在企業的各個階段，可能是設計上的創新，或產品、行銷技術上的創新；可能是價格或顧客服務上的創新，企業組織或管理方式上的創新；也可能是能讓生意人承擔新風險的新保險方案。過去幾年來，美國產業界最有效的創新或許不是眾所周知的新電子產品或化學產品及製程，而是在材料處理和主管培育方面的創新。

創新發生在工商業各個領域中。無論對銀行、保險公司、零售商店，或對製造業、工程公司而言，創新都同樣重要。

因此在企業組織中，創新就和行銷一樣，並非獨立的功能，需要創新的不限於工程或研究部門，而延伸到企業的所有領域、所有部門、所有活動中。我必須再重複一次，不只是製造業需要創新，銷售通路的創新也同樣重要；而保險公司和銀行業的創新也很重要。

企業可以由一個部門專責產品和服務方面的創新，以工程或化學為重心的行業通常都採取這種做法。保險公司也往往由一個特定部門主導開發新的理賠方式，可能又由另一個部門專責業務人員組織、保單管理和理賠處理的創新。因為兩者加起來就構成保險業務的重心。

有一家大型鐵路公司設立了兩個創新中心，都由副總裁掌舵。第一個創新中心負責的是所有與交通運輸相關的硬體工程：包括火車頭、車廂、鐵軌、訊號、通訊系統等；第二個創新中心負責在貨運和旅客服務、開發新交通資源、擬訂新費率、開拓新市場、發展新服務方面有所創新。

但是無論是銷售或會計、品管或人力資源管理，企業其他部門也應該擔負明確的創新責任，建立清楚的創新目標，對公司產品和服務的創新有所貢獻，並且努力不懈，在自己的專業領域中精益求精。

有效運用生財資源

企業必須好好控制生財資源，以達到創造顧客的目的。因此企業重要的管理功能之一，就是有效運用生財資源，從經濟角度考量，則稱之為「生產力」。

在過去幾年中，幾乎每個人都在談生產力。提高生產力（更有效運用資源）不但是提高生活水準的關鍵，也是企業活動的成果，這已經不算什麼新觀念了。但我們其實不太了解生產力是什麼，也不懂得如何衡量生產力。

生產力意味著所有生產要素之間的平衡，能以最少的努力，獲得最大的產出。這和每位員工平均生產力或每個工時的平均生產力是兩碼子事；這些傳統標準充其量只是含糊地反映了生產力的部分事實。

原因在於，傳統標準仍然執著於十八世紀的迷思，認為勞力是唯一的生產資源，是唯一的實質「努力」。這種觀念表現了機械論的謬誤，認為人類的所有成就最終都能以勞動力為衡量的單位——從馬克斯經濟理論的恆久缺陷看來，馬克斯是這種觀念最後的受騙者。但是在現代經濟體系中，生產力提升從來都不是靠體力勞動而達成的。事實上，企業從來都不是靠勞工來達到提高生產力的目標，而是用其他方式取代勞動力之後的結果。當然，其中一個替代方式就是資本設備，換句話說，以機械能取代勞力。[5]

至少同樣重要但未被探討的問題是：以教育水準較高、善於分析推理的人才來取代技術或非技術性勞力所提升的生產力，換句話說，以管理人員、技術人員和專業人才來取代「勞工」，以「規劃」取代「工作」。顯然，企業必須在安裝資本設備以取代體力工作者之前，就推動這樣的轉換；因為必須先有人規劃和設計設備——這是概念化、理論性，而且分析性的工作。事實上，只要稍加思考，就會發現經濟學家所強調的「資本形成率」其實只是次要的生產要素，經濟發展的基本要素必然是「腦力形成率」，也就是一個國家能以多快的速度培養出想像力豐富、有願景、受過良好教育、具備推理和分析技能的人才。

規劃、設計和安裝資本設備仍然只能反映以「腦力」取代「體力」後所提升的一小部分生產力而已；至少同等重要的是直接轉換工作性質對於生產力的貢獻——從需要許多技術性或非技術性勞力，轉換成需要受過教育、見多識廣的人才進行理論化的分析與概念性的規劃工作，而不須任何資本設備的投資。

最近的研究（例如史丹福研究院〔Stanford Research Institute〕所做的研究）清楚顯示，西歐和美國的生產力差距無關乎資本投資的問題。許多歐洲產業的資本投資和設備都和美國企業不相上下，然而西歐產業的生產力卻只有美國同產業的三分之一。唯一的解釋是西歐企業高度依賴人力，經理人和技術人員所佔的比例較低，而且組織架構較不完善。

一九〇〇年，美國典型的製造公司每花一百元在直接員工的薪資上，可能最多只花五元或八元來聘請管理、技術和專業人才。今天在許多產業中，這兩項開支幾乎相等。而除了製造業以外，在交通運輸業和礦業、銷售、金融和保險業，以及服務業中（也就是佔了美國經濟一半分量的行業中），生產力提升完全是以規劃取代勞動、腦力取代體力、知識取代汗水的結果；因為在這些行業中，資本投資即使達到最高峰，都只算小因素。

生產力的提升並非侷限於製造業。或許今天提升生產力的最大契機是在銷售業。例如，

❺ 賓州大學顧志耐（Simon Kuznets）教授嚴謹的研究，顯示了美國產業界的資本設備投資和生產力上升的直接關係。

如何運用大眾廣告媒體——包括報業、廣播、電視等，來取代個別推銷員花在直接銷售的力氣？如何在推銷之前，先建立顧客的購買習慣？在許多行業中，廣告花費的總額甚至還大於生產成本，然而廣告專家（例如哈佛大學的麥克尼爾〔Malcolm P. McNair〕）都再三強調，我們無法衡量廣告的影響和效益，更無從評估廣告是否比推銷員的努力更具生產力。近年來無論在銷售、自我服務和包裝，透過大眾媒體的廣告宣傳和透過直接郵件的銷售上，技術都有長足的進步，其整體影響和自動化的趨勢一樣，都深具革命性。然而我們甚至連最基本的工具都付之闕如，根本無從定義、遑論衡量運用銷售資源所達到的生產力。

企業經營中（尤其在會計領域中）有關生產力的辭彙早已過時了，容易令人誤解。會計師所謂的「生產性勞動力」指的是看管機器的勞工，事實上，他們是最沒有生產力的員工。而會計師口中的「非生產性勞動力」指的是其他所有對生產有貢獻、但不須看管機器的人力，簡直像一盤大雜燴，其中包括像掃地工這類前工業時期、低生產力的體力工作者，像製造器具的工匠這種傳統身懷絕技、高生產力的勞工，像維修電器的電工這種新工業的技術員，還有像工廠領班、工程師和品管人員這類知識水平較高的工業人才。最後，會計師混起來統稱為「管銷成本」（overhead，這個名詞帶有道德上非難的意味）的項目中其實包含了最具生產力的資源——經理人、規劃人員、設計師、創新者，但可能也包含了寄生在企業中的高薪人員，只不過因為組織不良、士氣不振或目標混淆（換句話說，因為管理不善）而需要的人員。其中總是透露出管理不善跡象的好例子，就是「協調者」（當然，此處的討論完全不涉及個人能力或績效）。

換句話說，管銷成本有兩種：生產性的管銷成本——雇用管理、技術或專業人員的支出，至少取代了雇用生產性或非生產性員工的同等費用或資本支出；以及寄生性或耗損性的管銷成本——這些開支不但沒有提高生產力，反而降低生產力，而且因為衝突而導致進一步的耗損。

因此我們需要的生產力觀念是，一方面能將投入於產出的一切努力都納入考量，同時又能根據與產出結果的關聯性來呈現所投入的努力，而不是假定勞動力是唯一的生產性投入。但即使是這樣的觀念（儘管已經向前邁出一大步），如果它對於努力的定義仍然侷限於可見的形式和可以直接衡量的成本，也就是說，是根據會計師對努力所下的定義，那麼這個觀念還是有所不足。有一些無形的因素對於生產力有巨大、即使不是決定性的影響，但卻無法以成本數字來衡量。

首先是時間的因素——人類最容易消耗的資源。企業究竟是持續不斷地運用人力和機器，還是只有一半時間用到人力和機器，都會影響生產力的高低。最沒有生產力的政策，莫過於希望在一定時間內硬塞進超出合理狀況的生產性努力，例如，在擁塞的廠房中或老舊的設備、昂貴的儀器上安排三班制作業。

其次是所謂的「產品組合」（product mix），在同樣資源的多種組合中求取平衡。每個生意人都曉得，這些不同組合在市場價值上的差異，與為了形成產品組合所投入的努力上的差異，幾乎不成比例，兩者之間幾乎看不出任何關聯。一家公司採用了相同的材料和技術，生產同樣數量的商品，花費相同的直接和管銷成本，卻可能賺大錢，也可能破產，完全要看產品組合而定。顯然這代表儘管運用相同資源，生產力卻會有很大的差異——但是這種差異不會以成本的形式顯現，也無法靠成本分析來檢測。

還有一個重要的因素，我稱之為「流程組合」。一家公司究竟應該向別人採購零件，還是自給自足，怎麼做生產力比較高；應該自己組裝產品，還是外包；應該透過自己的銷售通路，打自己的品牌，還是把產品賣給獨立經營的批發商，用他們的牌子銷售出去？怎麼樣運用公司具有的獨特知識、能力、經驗和商譽，以發揮最大的生產力？

並不是每個經理人都無所不能，也不是每個企業都應該從事他們客觀評估後認為最賺錢的行業。每位經理人都各有其能力和限制。每當他試圖超越自己的能力和限制時，無論他冒險開創的事業是多麼有利可圖，都很可能失敗。善於經營穩定生意的人沒有辦法適應變幻莫測或快速成長的行業。而日常經驗也顯示，習慣在快速擴張的環境中經營企業的人，一旦公司進入重整狀態，很可能毀了原本的事業。善於在長期研究的基礎上經營企業的人很可能無法成功地在高壓下銷售新奇時髦的商品。如何善用公司和管理階層的特殊能力，體察自己的侷限何在，也是重要的生產力要素。

最後，生產力深受組織架構的影響，而企業各種活動之間的平衡也會影響生產力。如果由於缺乏明確的組織架構，經理人把時間花在摸索自己應該做什麼，而不是實際去做事情，就浪費了公司最稀有的資源。如果公司高層只對工程有興趣（或許因為公司所有高階主管都具工程背景），而公司需要的卻是好好加強行銷，那麼這家公司就缺乏生產力；最後所導致的後果一定會比每個工時的平均產出下降還要嚴重。

因此，我們不只在定義生產力的時候，需要將所有影響生產力的要素納入考慮，而且在設定目標時，也必須如此。無論是以資本取代勞力，或以管銷成本取代資本設備與人力（但設法區分創造性和寄生性的管銷成本），我們都必須評估這些因素究竟對生產力產生何種影響，同時也必須衡量時間運用、產品組合、流程組合、組織架構和各種企業活動之間的平衡，對生產力所造成的影響。

不只是個別企業經理人需要實質的生產力衡量指標，整個國家也需要好好衡量生產力。缺乏這樣的指標是我們經濟統計的一大漏洞，會削弱經濟政策預測和對抗經濟蕭條的努力。

利潤的功能

到現在，我們才有充分的準備，可以開始討論利潤和獲利率，而一般有關企業本質的討論通常一開始就討論利潤。利潤不是企業的起因，而是企業營運的結果——來自於企業在行銷、創新、生產力的績效而展現的成果。同時，利潤也是對企業經營績效唯一可能的檢驗方式，當蘇聯共產政權在一九二〇年代試圖廢止對利潤的要求時，很快就發現到這點。的確，當今天的科學家和工程師談到自動化生產系統的回饋時，利潤正是絕佳的例子，因為利潤正是企業透過自家產品的生產與銷售來自我控管的營運機制。

但是利潤還有第二個同樣重要的功能。經濟活動著眼於未來；而我們對於未來唯一可以確定的事情，就是它的不確定性和其中蘊含的風險。因此「風險」（risk）這個名詞最初在阿拉伯文中的意思是「賺取每天的麵包」，也就不足為奇了。透過承擔風險，生意人才可以賺到當天餬口的麵包。由於企業活動是經濟活動，總是試圖帶來改變，總是孤注一擲，甘冒更大的風險，或創造新風險。施樂百的故事顯示，經濟活動的「未來」是很長的一段時間；要花十五、二十年，才能看到施樂百的基本決策完全奏效，重大投資開始回收。五十年來，我們已經了解要促進經濟進步，勢必「延遲經濟的回收期」。然而，儘管我們對於未來一無所知，我們曉得當我們試圖預測或預先評估未來的風險時，風險卻會以等比級數日益升高。

企業的首要之務是求生存。換句話說，企業經濟學的指導原則不是追求最大利潤，而是避免虧損。企業必須設法賺取額外的資金，才足以涵蓋企業營運中不可避免的風險，而這種風險預備金唯一的來源就是利潤。的確，企業不只需要為自己的風險預做準備，還必須因應其他不賺錢的企業所發生的虧損。因為在經濟的新陳代謝機制中，總是會有些企業虧損累累，銷聲匿跡，而這些都關係到社會的利益。這是自由、彈性和開放的經濟體系主要的安全防護網。企業必須負擔社會成本，對於學校、軍隊等有所貢獻，也就是說，企業必須賺錢繳稅。最後，企業還必須創造資本，以因應未來成長、擴張所需。但是最重要的是，企業必須有足夠的利潤來承擔自己的風險。

總而言之，追求最大利潤是否為企業經營的動機，仍然還有可以爭論的空間，但企業絕對需要賺取足夠的利潤，以承擔未來的風險，至少需要獲取必要的利潤，以保存生財資源，繼續在現有行業中求生存。企業透過對「必要的最低利潤」，設定嚴謹的限制，並檢驗其有效性，來影響企業的行為和決策。經理人為了能好好經營，必須設定相當於「必要的最低利潤」的經營目標，建立明確的標準，來評估利潤表現是否達到目標。

那麼，「企業管理」究竟代表什麼意義呢？根據對企業活動的分析，企業是透過行銷和創新來創造顧客，因此企業管理必須具備創業精神，而不能只是官僚作風、行政作業，甚至決策工作。

企業管理也必須創意十足，而不是順應環境。經理人愈能創造經濟環境或改變經濟條件，而不只是被動地適應環境，就能把企業經營得愈成功。但是我們對於企業本質的分析也顯示，儘管企業管理最終要靠績效來檢驗，但管理是理性的活動。具體而言，這表示企業必須設定具體目標，表達企業預期達到的成就，而不是「像追求最大利潤的理論一樣」，只把目標放在適應可能的外在條件。因此，設定目標時必須把目光緊盯預期達到的成就，唯有如此，接下來才應該考慮如何自我調整，以因應可能的狀況。經理人因此必須決定企業所從事的是什麼樣的事業，或究竟應該從事什麼樣的事業。

6 我們的事業究竟是什麼？或應該是什麼？

「我們的事業是什麼」並非由生產者決定，而是由消費者來決定；不是靠公司名稱、地位或規章來定義，而是經由顧客購買商品或服務時獲得滿足的需求來定義。

似乎，沒有什麼事情比回答「我們的事業是什麼」更簡單了。鋼鐵廠生產鋼鐵，鐵路公司經營火車貨運和客運業務，保險公司承保火險。的確，乍看之下，這個問題是如此簡單，以至於很少被人提起，也正因為答案看起來如此明顯，很少有人會認真回答這個問題。

事實上，「我們的事業是什麼」從來都是個困難的問題，唯有經過努力思考和研究之後，才回答得出來，而且正確的答案通常都不是顯而易見的。

最成功地率先回答了這個問題的人是費爾（Theodore N. Vail），他在將近五十年前針對美國電話電報公司（AT&T，American Telephone & Telegraph）的情況表示：「我們的事業就是服務。」一旦他說出答案，答案似乎顯而易見，然而他必須從一開始就體認到，自然壟斷的電話系統很容易被收歸國有，在已開發的工業化國家中，民營電話公司不是常態，而是例外，必須得到社區的支持，才能繼續生存。其次，他也必須了解，要贏得社區支持，不能單靠宣傳攻勢或抨擊批評者「不是美國人」、「社會主義分子」，而必須設法讓顧客滿意。有了這層領悟後，就必須大幅翻新經營政策，這意味著必須不斷灌輸所有員工奉獻服務的精神，並且在公關活動中，強調服務的重要；強化公司在研究和技術上的領導地位；擬訂財務政策時，也秉持著只要有需求，公司就提供服務的原則；找到必需的資金，並從中獲利，則是經營團隊的責任。我們以事後之明來看，會覺得這些都是顯而易見、應該採行的措施，但是當時卻花了十年的時間來推動。然而如果不是AT&T在一九〇五年曾經針對所從事的事業做了縝密的分析，或許早在羅斯福總統推行新政時期，美國就將電話服務收歸國有了。

「我們的事業是什麼」並非由生產者決定，而是由消費者來決定；不是靠公司名稱、地位或規章來定義，而是經由顧客購買商品或服務時獲得滿足的需求來定義。因此，要回答這個問題，我們只能從外向內看，從顧客和市場的角度，來觀察我們所經營的事業。時時刻刻都將顧客所見所思、所相信和所渴求的，視為客觀事實，並且認真看待，其重要性不下於銷售員的報告、工程師的測試結果或會計部門的財務報表——但是能輕易做到這點的企業經營者並不多。企業經營者必須設法讓顧客誠實說出他們的觀感，而不是企圖猜測顧客的心思。

所以，企業最高主管的首要之務就是提出這個問題：「我們的事業究竟是什麼？」並且確定這個問題會經過嚴謹的研究，而得到正確的答案。的確，要知道某項工作究竟算不算最高主管的職責所在，最保險的方法就是看看公司是否期望他和這個問題的答案相關，並且也為答案負起責任。

很少有人提出這個問題——至少不是以一針見血的方式提出——因此也很少有人充分研究和思考過這個問題，或許這正是企業失敗的最重要原因。相反的，每當我們發現一家卓越企業時，幾乎總是發現這些公司和美國電話電報公司及施樂百公司一樣，成功的主因在於他們能審慎而明確地提出這個問題，並且在深思熟慮後，給一個完整的答案。

成功企業最重要的問題——我們的事業是什麼？

施樂百的例子也顯示，這個問題不只在企業初創或深陷泥沼時，才需要提及。相反的，當企業一帆風順時，最需要提出這個問題，並且深思熟慮，詳加研究。因為假如沒有及時提出這個問題，可能導致企業快速衰敗。

新公司剛誕生時，通常都無法有意義地提出這個問題。調配出新的清潔劑配方，挨家挨戶推銷新產品的人只需曉得他的配方功效奇佳，能除去地毯和窗簾布幔上的汙漬就夠了。但是當清潔劑逐漸流行起來，他必須雇用其他員工來幫忙調配和推銷清潔劑；當他必須決定究竟要繼續維持直銷方式，還是鋪貨到零售商店販賣；思考應該透過百貨公司、超級市場，還是五金店銷售，抑或在以上三種管道都鋪貨；以及還需要增加哪些新產品，才能構成完整的產品線——那麼這時候，他就必須提出和回答這個問題：「我們的事業是什麼？」如果他沒有辦法在事業蒸蒸日上時回答這個問題，即使擁有最好的產品，他仍然很快就會回到磨破鞋底、挨家挨戶推銷的苦日子。

無論對不太能掌控自己產品的企業，例如銅礦業或鋼鐵廠，或是像零售商店、保險公司等似乎很能掌控自己產品的行業而言，這個問題都同樣重要。可以確定的是，銅礦出產銅。如果市場上不需要銅，銅礦就會關閉。但是市場上對於銅究竟有沒有足夠的需求，其實完全要看企業經理人採取什麼行動來創造市場、尋找產品新用途，並且及早看出可能創造新契機或危及現有用途的市場趨勢或技術發展趨勢。

煉鋼、石化、採礦或鐵路業等深深倚賴產品或製程的產業，和其他行業不同之處在於，他們總是橫跨多種不同的產業。換句話說，他們更難決定在產品所滿足的各種顧客需求中，哪些需求最重要，也最有前途。美國無煙煤工業的命運以及鐵路公司在貨運和客運市場上的地位每況愈下，都明白告訴我們，無法回答這個問題時，意味著什麼下場。我們可以很篤定地說，如果這些公司的管理階層當初曾經好好思考公司的事業究竟是什麼，而不是一味認為答案是一目了然，不證自明的，這兩個行業原本不見得會在短短數十年間從高峰一落千丈。

誰是我們真正的顧客？

想要弄清楚我們的事業是什麼，第一步是問：「我們的顧客是誰？」誰是我們真正的顧客，誰又是我們潛在的顧客？這些顧客在哪裡？他們如何購買？如何才能接觸到這些顧客？

有一家二次大戰期間創立的公司決定在戰後從事家用保險絲盒和開關箱的生產，他們立刻就必須決定顧客究竟是電器工程包商和營造商，還是自行安裝和維修電器設備的屋主。要接觸到第一類顧客，這家公司必須建立起銷售組織；而要接觸到一般屋主，則可以透過現有的銷售通路，例如施樂百和蒙哥馬利華德（Montgomery Ward）百貨公司的郵購目錄、零售商店來銷售。

當他們決定把電器工程包商當作最大量而穩定的市場後（儘管這是個更難進攻、競爭也更激烈的市場），接下來必須決定顧客在哪裡。必須好好分析人口和市場趨勢，才能回答這個看似單純的問題。事實上，如果倚賴過去經驗來下判斷，必然釀成一場災難，他們可能因此把目標放在大都市，但事實上，戰後的購屋熱潮主要都出現在郊區。這家公司預見了這股趨勢，於是他們打破業界慣例，率先建立以郊區為中心的銷售組織，這個決定也成為這家公司成功的第一個主要因素。

就這個例子而言，「顧客如何購買？」的問題也很容易回答：電器工程包商都向專業批發商採購。至於接觸到這批顧客的最佳途徑是什麼，則很難回答——的確，在公司營運十年後，他們仍然遲疑不決，不斷嘗試各種不同的銷售方式，例如雇用推銷員衝刺業績，或透過代理商銷售。他們曾經嘗試透過郵購或各地的倉儲中心，直接把產品賣給工程包商。他們也嘗試過業界從未嘗試的做法：直接訴諸大眾，打廣告宣傳自己的產品，希望建立起最終顧客的需求。這些實驗證實了過去的猜測：捨得花大錢在傳統批發系統中打開一條路的供應商，將會在市場上大獲全勝。

下一個問題是，「顧客購買的是什麼？」凱迪拉克的員工說，他們製造汽車，因此他們經營的是通用汽車公司的凱迪拉克汽車部門。但是，為了一輛嶄新的凱迪拉克，不惜花費四千美金的顧客，他買的是交通工具，還是凱迪拉克汽車的名氣？換句話說，凱迪拉克的競爭對手是雪佛蘭、福特汽車，還是挑個極端的例子來說，凱迪拉克的競爭對手其實是鑽石和貂皮大衣？

針對這個問題，派卡德汽車公司（Packard Motor Car Company）的興衰正好可以說明正確和錯誤的兩種答案。十二年前，派卡德汽車還是凱迪拉克汽車最害怕的競爭對手。美國經濟蕭條初期，在獨立的高價汽車製造商中，唯有派卡德始終屹立不搖。派卡德之所以事業蒸蒸日上，是因為他們聰明地分析了顧客的購買行為，正確地推出了經濟蕭條時期需要的產品：價格昂貴、但技術精良、堅固實用的汽車，並且在銷售活動和廣告訴求中，將這款車塑造成當時負債累累、缺乏安全感的世界中安全的保障和保守的象徵。然而到了一九三〇年代，單單這樣已經不夠了。由於派卡德公司一直難以釐清他們的市場究竟是什麼，儘管他們銷售高價汽車，卻無法象徵車主已經到達某種地位——或許因為他們的車子價格還不夠昂貴。雖然他們也推出中價位汽車，卻又無法把產品塑造為成功專業人士的價值與成就的象徵，即使新官上任，仍然沒有找到正確答案。結果，在一片經濟榮景中，派卡德卻必須和另外一家公司合併，才倖免於難。

提出「顧客購買的是什麼？」這個問題，已足以證明管理階層引以為行動依歸的市場和競爭概念，其實非常不足。

生產廚房瓦斯爐的廠商過去總認為競爭對手是其他瓦斯爐製造商。但是他們的顧客——家庭主婦，其實買的不是爐子——而是最簡易的食物烹調方式，可能是電爐、瓦斯爐（無論是天然瓦斯或罐裝瓦斯）、煤炭爐、木柴爐，或以上任何一種組合。至少在今天的美國，野炊是她唯一不考慮的烹調方式。明天，她很可能會考慮使用以超音波或紅外線加熱的爐子（或在一種尚待發現的化學物質上煮水的爐子）。由於家庭主婦身為顧客，她們實際上決定了廠商應該生產什麼，因此瓦斯爐製造商真正的事業應該是提供簡易的烹調方式，他們的市場是食品烹調市場，競爭對手則是提供各種烹調方式的供應商。

另外一個例子是：大約二十五年前，有一家小型食品包裝廠商分析了自家生意之後，提出一個問題：當顧客（雜貨店）購買他們的產品時，顧客究竟購買的是什麼。他們花了五年的時間辛苦研究，才找到答案——結論是雜貨店非常仰賴製造商提供管理方面的服務，尤其是對於購買、庫存管理、簿記和展售方式，提出建議。他們向這家食品包裝公司採購的其實不只是產品而已，因為其他許多地方也能提供相同的貨源。於是，這家公司開始改變銷售努力的重心。推銷員轉型為服務人員，首要之務是幫助顧客解決問題。當然，他們還是會推銷公司的產品，但是當談到顧客究竟需要多少競爭者的產品、如何陳列商品和銷售商品時，顧客期待他們能公正客觀地提出建議。顧客根據服務水準來評估他們的表現，付錢購買他們的服務績效，銷售產品反而變成公司的副產品。正因為這個決定，這家公司才能從一家微不足道的小公司竄升為業界的領導企業。

在顧客心目中，價值是什麼？

最後是最難回答的問題：「在顧客心目中，價值是什麼？他採購時究竟在尋找什麼？」傳統經濟理論以一個名詞來回答這個問題：價格，但這個答案很容易誤導大家。的確，對大多數產品而言，價錢都是主要的考慮因素之一。但首先我們必須了解，「價格」並不是一個簡單的概念。

為了說明這個觀念，我們先回到保險絲盒和開關箱製造商的例子。他們的顧客——電器工程包商，非常在意價格的問題。由於包商購買的保險絲盒和開關箱都附有業界、房屋安全檢察官和消費者共同接受的品質保證，各個品牌之間，其實在品質上差異不大，因此包商通常都四處尋找最便宜的產品。但是，如果把「便宜」解讀為最低的製造商價格，那就大錯特錯了。相反的，對於包商而言，「便宜」意味著比較高的製造商價格：換句話說，產品（一）最後在顧客家裡安裝時耗費的成本最少；（二）成本能降低是因為安裝時需要的時間和技術最少；（三）製造商的成本必須夠高，才能讓包商獲得較好的利潤。一般而言，技術好的電工要的工資很高，因此較低的安裝成本所省下的錢足以彌補製造商價格較高所增加的成本。而且根據這一行開帳單的傳統慣例，包商無法從安裝的人工上面賺到什麼錢。如果他用的不是自己的電工，那麼他在帳單上要求顧客支付的費用只會比實際的工資成本高一點點。他通常在帳單上將所安裝產品的製造商價格乘以二後，作為給顧客的開價，並從中賺取利潤。因此，在包商眼中，能夠賺取最大價差的便宜產品是，產品本身的標價高，但產品的安裝成本低——也就是製造商成本高。如果價格代表了價值，那麼對電器工程包商而言，製造商價格高的產品，價值反而比較高。

這個價格結構看起來似乎很複雜，但實際上，我沒有看過幾個比它更簡單的結構。美國汽車市場上，通常都以舊車折抵新車部分價款的方式買賣汽車，所謂的「價格」，其實是根據製造商為新車、二手車、三手車，甚至四手車訂定的價差而不斷變動的結構。一方面，車商他為舊車訂定的售價是多少和他願意給舊車多大的折抵幅度兩者之間的差距不斷變動；另一方面，不同款式和大小的汽車成本不同，都使得整個價格結構變得更複雜。只有運用高等數學才算得出真正的汽車「價格」。

其次，價格只代表了一部分的價值，其他還包括關於品質的總體考量：產品是否持久耐用、製造商的地位、純正度等。有時候，高價本身實際上正代表了某種價值——例如昂貴的香水、皮大衣或獨特的禮服。

最後，對顧客而言，有時候，顧客所得到的服務也代表了某種價值。例如，毋庸置疑，今天美國家庭主婦購買家電的時候，主要都參考朋友鄰居購買同一種品牌時所得到的售後服務如何，例如電器故障的時候，能多快獲得維修服務，服務品質如何，需要花多少錢，都是主要的決定因素。

的確，顧客對於價值的看法十分複雜，唯有顧客自己才能回答這個問題。企業管理階層不應妄加臆測，應該以系統化的方式直接向顧客探詢真正的答案。

我們未來的事業會是什麼？

到目前為止，所有關於「我們的事業」本質的問題都和現況有關。但是企業管理階層也應該問：「我們未來的事業會是什麼？」這個問題牽涉到四件事情。

首先，是市場潛力和市場趨勢。假定在市場結構和技術都沒有任何基本變化的情況下，五年、十年後，我們預期市場會變得多大？哪些因素會影響市場的發展？

其次，經濟發展、流行趨勢和品味的變化，或競爭對手的動作，分別會導致市場結構發生什麼樣的改變？而定義「競爭者是誰」的時候，必須以顧客認為他所購買的產品和服務是什麼為依歸，而且也必須包括直接和間接的競爭。

第三，哪些創新將改變顧客需求、創造新需求、淘汰舊需求、創造滿足顧客需求的新方式、改變顧客對價值的看法，或帶給顧客更高的價值滿足感？要回答這個問題，不只需要研究工程技術或化學領域的創新，也需要探討企業所有的活動領域。無論郵購生意、銀行業、保險業、辦公室管理、倉庫管理等，或是冶金、燃料業等，都有其獨特技術。創新不只是企業達到市場目標的手段，同時創新本身也形成一股動態的力量，企業致力於推動創新，而創新的動力也倒過頭來影響企業。我並不是說，從事「純粹的研發」是企業的功能之一——儘管在許多情況下，企業的確發現研究是獲得可銷售成果的有效方式，然而，運用日益增進的知識不斷改善我們「做」的能力，是企業的重要任務之一，也是企業生存與繁榮的要素。

最後，今天還有哪些顧客需求無法從現有的產品和服務中獲得充分滿足？能否提出這個問題，並且正確回答問題，通常就是持續成長的公司和只能搭上經濟繁榮、或產業興盛的潮流乘勢而起的公司，真正的差別所在。然而滿足於搭順風車的企業，終將隨著退潮而沒落。

當然，要說明如何成功分析顧客尚未滿足的需求，施樂百公司已經是個絕佳的範例，這個問題實在太重要了，需要進一步的闡述。

前面提到的保險絲盒和開關箱製造商在二次大戰後面臨發展方向的抉擇，於是他們在一九四三年提出了上述問題，也找到正確答案：顧客需要的開關箱和保險絲盒必須能比現有設備負荷更高的電量，容納更多的電路，因為現有設備主要是在家庭電器還不普及時設計出來的。但是新的設計儘管能負荷幾乎兩倍的電量，所花的錢卻遠低於兩個現有設備相加的總和，比起一個現有配電盤的花費也高不了多少。因此屋主需要增加額外電路時，只需要求電工拆掉現有配電盤，裝上新的高負荷配電盤，而不需要安裝第二個標準型低負荷配電盤。所以，新的設計既簡單，又便宜。

這家製造商快速成功的第二個原因是，他們能成功分析問題，並且提出正確答案，設計了顧客需要的高負荷配電盤。但是，由於他們沒有看清另外一個顧客尚未滿足的需求，因此種下了日後每況愈下的主因。這家公司的管理階層不了解，除了改善配電盤之外，顧客還需要自動斷電器，以取代累贅的保險絲，因為每次保險絲燒斷的時候，都需要一根根檢查替換，十分麻煩。更糟糕的是，管理階層雖然看到了需求，卻以自己的判斷來取代顧客的判斷。他們認為顧客根本不了解自己的需求，也還沒有準備好接受這麼激烈的改變。結果，兩家競爭對手在一九五〇年相繼推出家用斷電器，這家公司措手不及，而他們認為「還沒有準備好」的顧客則紛紛掉頭而去，轉而購買競爭對手的產品。

我們的事業究竟應該是什麼？

關於「我們的事業」所做的分析，至此還沒有真正完成。企業管理階層還需要自問：「我們走對了行業嗎？還是我們應該改變我們的事業？」

當然，許多公司都是在意外情況下跨入新事業，而不是有計畫地朝既定方向發展。但是決定將主要的能量和資源從舊產品轉移到新產品，換句話說，決定讓整個事業不再只是意外的產物，必須以下列分析為基礎：「我們的事業是什麼？我們的事業究竟應該是什麼？」

有一家成功的美國中西部保險公司分析了顧客需求之後，得出的結論是：傳統壽險無法滿足顧客的重要需求——保障現金購買力。換句話說，保險公司必須推出包含標準壽險、年金儲蓄、證券投資的套裝產品。為了滿足顧客需求，這家保險公司買了一家管理良好的小型投資信託公司，參加保險和年金方案的老顧客和新顧客現在都可以購買信託憑證。這家公司不只跨入證券投資管理業，而且也展開投資信託憑證的業務。

另外一個例子是，一家商業書籍出版商最近從銷售導向轉為服務導向。這家出版社原本專門為商界人士出版有關經濟情勢分析、稅法、勞資關係和政府法令的相關報告，在二次大戰期間快速擴張，在戰後初期，也持續成長。但是儘管他們的訂戶一年年增加，總銷售量卻從一九四九年開始停滯不前，實質獲利更逐漸下滑。經過分析後，他們發現問題出在續訂率太低。事業部門不但需要費更大的力氣，保持總銷售量不再下滑，而且說服舊訂戶續訂的高成本侵蝕了新訂戶帶來的利潤。因此管理階層的觀念必須改變，將事業重心從爭取新顧客，改為保住老顧客。如此一來，他們的目標也必須改變，過去總是把新訂單的目標訂得很高，現在則強調續訂率；因此事業重心也必須從推銷產品轉為服務顧客；同時還必須改變組織結構，地區銷售經理的角色轉變為主要為續訂率負責，下面各有一位銷售主管和服務主管向他報告，業務人員的任用標準、敘薪制度和培訓方式，也都必須徹底改變。出版品的內容更需要大幅翻新，增加更多分析長期經濟趨勢和企業長程規劃的篇幅。

大家都已經非常了解因為創新而導致事業本質改變的情況，在此不必多加贅述。所有重要的工程公司和化學公司大多數都因為在新事業中注入創新的活力而成長，保險公司也一樣，追溯保險公司成功的軌跡可以發現，他們大都能在保險業務上有所創新，因而發展出新事業。最近健康保險、住院保險與醫療保險的急遽成長，正是最好的例子。

生產力方面的考量也可能激發事業本質改變。

一家小型聖誕玩具批發商為了一年到頭都能善用公司的主要經濟資源——訓練有素的銷售人員，而增加了一項截然不同的新業務——批發海灘裝。在這個例子裡，增加新事業是為了充分運用時間。

另外一家小型製造商為了更有效運用資源，決定完全放棄生產機具零件，只從事焊接技術顧問的業務。儘管他們的生產事業依然有利可圖，卻和其他數百家小公司沒什麼兩樣，但在焊接顧問的領域，他們卻獨樹一幟。如果繼續從事製造業，公司將無法有效運用真正具生產力的資源——焊接專業技術，而且投資報酬率也很低。

還有一個例子也顯示出企業如何為了有效運用管理資源，而改變事業本質。二十年前，一家成功的小型專利藥廠覺得公司高薪聘請的專業管理團隊沒能充分發揮效率。為了提升生產力，他們決定將業務範圍從生產藥品，擴大為管理大量銷售的全國性品牌商品。這家藥廠的本業仍然經營得很成功，但是他們開始系統化收購擁有自己的品牌、卻因經營不善而不太成功的小公司，包括狗食公司、男性化妝品公司、化妝品與香水公司等等。他們派駐管理人員進駐每一家公司，大幅提升獲利水準。

不過，不應該單單因為利潤的考量而改變事業本質。當然，當利潤實在太差時，只好放棄這個事業，但通常市場地位、創新或生產力等指標幾乎都早早預告了事業的衰敗。利潤考量當然會限制企業跨入某個事業，事實上，這也是利潤衡量指標的主要用途——防止管理階層不斷投入資金和心力到衰頹不振的事業，而不是設法強化不斷成長茁壯的事業。至少，好的利潤衡量指標應該防止企業聽信最危險而騙人的託詞：由於幫忙吸收了「管銷成本」，原本不賺錢的事業其實對企業也有所貢獻（也就是會計師所謂「兩個人一起生活的費用和獨居一樣便宜」的道理，但其實兩種說法都同樣不合理和不可信）。

如果從市場地位、創新和生產力的角度來看，跨入新事業領域的決定符合了企業構成的基本條件的話，那麼管理階層的責任就是要設法獲得企業必需的最低利潤。說得更白一點，這原本就是公司付錢聘請管理人員的主要目的。如果經理人無法在合理的時間內讓公司獲利，那麼就應該主動求去，讓其他人嘗試做好這份工作。

這只是換了一種方式來說明企業必須透過目標來管理。企業設定目標時，必須以對企業而言最正確而期望的方向為依歸，不能為了權宜之計，或順應經濟潮流。換句話說，企業管理不能倚賴「直覺」。事實上，在現代工業經濟體系中，從決策到成果的時間拉得很長，無論公司大小，倚賴直覺的經理人都是企業難以負擔的奢侈品。在管理完善的企業中，利潤不是意外的收穫，而是刻意追求的結果，因為企業都必須賺錢。

當然，企業目標不是火車時刻表，或許企業目標可以和海上導航的指南針相比擬。指南針會明確指出通往港口的直線方向，但是在實際航程中，船隻可能會為了避開暴風雨，而多繞了幾浬路，可能在濃霧中放慢速度，在遭遇颶風時，整艘船停下來，甚至可能在汪洋大海中改變目的地，重新設定指南針，駛向新的港口——或許原因是戰爭剛剛爆發，或只不過因為船上載運的貨物在途中就已售出。不過，五分之四的船隻仍然會在預定時間內駛進原定港口。如果沒有指南針指引方向，船隻不但無法找到正確的港口，也無法估計需花費的時間。

同樣的，企業為了達到預定目標，途中可能需要繞道，以避開障礙。的確，能夠迂迴而行，避開阻礙，而不是直接硬碰硬，是做好目標管理的重要條件。面臨經濟蕭條時，達成目標的進度可能會拖慢許多，甚至短暫地停滯不前。而新發展（例如競爭者推出新產品）可能使目標有所改變。這也是為什麼企業必須不斷檢討目標。儘管如此，設定目標後，企業才能朝著正確的目的地邁進，而不是完全只受天氣、風向或意外狀況的擺布。

7 企業的目標

企業經營管理是在設法平衡各種需求和目標，因此需要仰仗判斷力。那麼，企業的目標應該是什麼呢？只有一個答案：凡是績效和成果足以直接而嚴重影響到企業生存與繁榮的領域，就需要訂定目標。

今天，絕大多數關於目標管理的討論都談到尋找一個正確的目標。但是這種做法不但會像尋找點金石一樣徒勞無功，而且必然有害無益，誤導方向。

例如，一味強調利潤，會嚴重誤導經理人，甚至可能危害到企業的生存，以至於為了今天的獲利而破壞了企業的未來。經理人可能因此拚命擴張目前銷路最好的產品線，忽視了市場的明日之星，刪減研發經費、廣告支出和其他可以延後的投資。更重要的是，由於計算獲利率時，是以資本投資為分母，因此他們將儘量降低可能提高資本投資的支出，以提高獲利率，結果導致設備逐漸落伍。換句話說，一味強調獲利率的做法會引導經理人採取最糟糕的經營方式。

企業經營管理是在設法平衡各種需求和目標，因此需要仰仗判斷力。尋找單一目標，基本上就等於在尋找一種魔術方程式，使得判斷力毫無用武之地。但是想要用方程式來取代判斷力，是不理性的想法；唯有縮小範圍、減少替代方案、釐清重點，以事實為基礎，建立衡量行動與決策效益的可靠標準，才能有良好的判斷。因此，由於企業的本質使然，必須建立多重目標。

那麼，企業的目標應該是什麼呢？只有一個答案：凡是績效和成果足以直接而嚴重影響到企業生存與繁榮的領域，就需要訂定目標。由於每個管理階層的決策都會影響到這些領域，因此每個管理決策也都應該考慮到這些領域，這些領域決定了企業管理的實質意義何在，需要達到哪些具體成果，以及要達成目標，需要採取哪些有效的做法。

這些關鍵領域的目標應該能做到五點：以幾段一般性的敘述分析說明所有的企業現象；以實際經驗來檢驗這些敘述；預測行為；在決策制定過程中，就能加以評估；能讓實際經營者分析自己的經驗，並因此改善經營績效。正因為追求最大利潤的傳統定理無法通過這樣的檢驗，因此勢必遭到淘汰。

乍看之下，不同的企業似乎會有截然不同的關鍵領域，以至於無法歸納出一體適用的通則。的確，在不同的企業中，各個關鍵領域強調的重點都不同，每家企業在不同的發展階段也會強調不同的重點。但是無論從事哪一種行業，經濟情勢如何，企業規模是大是小，或發展到什麼階段，關鍵領域都不會改變。

企業應該設定績效和成果目標的領域共有八個：包括市場地位、創新、生產力、物力和財力資源、獲利能力、主管績效和主管培育、員工績效和工作態度、社會責任。

大家對於前五個目標應該不會有什麼異議，但是卻反對納入無形的指標——包括主管績效和主管培育、員工績效和工作態度，以及社會責任。

然而，即使管理只不過是經濟學的應用，仍然需要涵蓋這三個領域，並且要求設定目標。這三個領域都屬於正式企業經濟理論的一部分，如果過於輕忽主管績效和培育、員工績效和社會責任，很快就會造成企業在市場地位、創新、生產力、物力和財力資源、獲利能力方面的具體損失，最後終結了企業的生命。這幾個領域都不太容易進行量化分析和數學計算，和經濟學家，尤其是現代經濟分析家慣於分析的形態截然不同，因此令經濟學家頭痛不已。但是，不能因此就不將這幾個項目納入目標的考量之中。

經濟學家和會計師之所以認為這幾個領域很不實際的原因（談的都是原則和價值問題，而不僅牽涉到金額、數目）正說明了為什麼這幾個領域是企業管理的核心，其實和金額數字同樣具體、實際，而且可以衡量。

企業原本就是人類的社群組織，企業的經營績效也就是人表現出來的成績。人類的社群必須以共同的信念為基礎，必須用共同的原則來象徵大家的凝聚力。否則組織就會癱瘓而無法運作，無法要求成員努力投入，獲得應有的績效。

如果這類考量太過抽象，那麼管理階層的職責就是設法把它變得更具體。如果輕忽了這些領域，不只會危及企業競爭力，也容易引起勞資問題，或至少降低生產力，並且由於企業不負責的行為，而激起社會對企業的諸多限制。同時，這也意味著企業還要冒另外一個風險——結果雇用了一批毫無生氣、庸庸碌碌、趨炎附勢的經理人，只顧追求自我利益，而不為企業整體利益著想，由於缺乏挑戰、領導力和願景，而變得心胸狹窄，目光如豆。

真正的困難不在於決定我們需要哪些目標，而在於決定如何設定目標。

如何設定目標

要做好決定，只有一個有效的方法：先決定每個領域中要衡量的是什麼，以及衡量標準為何。因為採用什麼衡量標準，決定了企業要把注意力的焦點放在哪些方面。如此一來，該做的事情會變得更具體和透明化，衡量標準中所包含的項目也變得彼此相關，不必再分心注意沒有包括在內的項目。「智力就是智力測驗所測量出來的結果。」心理學家常常用這句老掉牙的話來警醒大家智力測驗並非無所不能，絕不出錯。然而父母或師長（包括很清楚這種理論和計算方式並不可靠的人），每次看到小蘇西的時候，仍然忍不住去注意看似精確的「智商」分數，以至於他們可能看不到真正的小蘇西。

不幸的是，目前針對企業關鍵領域設計出來的衡量方法，大半比智力測驗還不可靠。我們只有在衡量市場地位上，建立了比較充分的觀念。對於像獲利能力這麼明顯的目標，我們卻只有一把橡皮尺，缺乏實際的工具來衡量必須達到多高的獲利率。至於創新，甚至生產力的衡量標準，我們幾乎也一無所知。在其他領域——包括物力資源和財力資源——我們只會陳述意圖，卻無法說明要達到的具體目標和衡量標準為何。

這個嶄新的題目是今天美國企管相關理論、研究和發明最活躍的新領域。許多公司紛紛致力於釐清關鍵領域的定義，思考應該衡量的項目，並設計衡量工具。

幾年內，我們對於應該衡量哪些項目的知識和衡量能力都將大幅提升，畢竟二十五年前，我們對於市場地位的基本問題，並不會比今天我們對於生產力、甚至員工的效率和態度，了解更多。今天大家對於市場地位的觀念之所以比較清楚，並非這個領域有什麼特別之處，而是靠辛勤專注的努力，以及充分發揮想像力的結果。

此時我們提出的只是「進度報告」，只勾勒出尚待完成的工作，而不能算是成果報告。

市場地位

衡量市場地位時，必須同時對照市場潛力及競爭對手的表現（無論是直接競爭或間接競爭）。

「只要銷售額一直成長，我們不在乎市場佔有率高低。」我們經常聽到這樣的說法，聽起來似乎很有道理，但是一經分析就站不住腳。銷售額本身無法充分反映企業經營的績效、成果或前途。公司的銷售額或許上升了，但實際上卻快速邁向衰敗；公司的銷售額可能下降，但原因可能不在於他們不懂行銷，而在於這是個日漸沒落的行業，最好趕快改行。

有一家煉油設備公司銷售額年年成長。但事實上，新的煉油廠都向競爭對手購買設備。由於這家公司過去供應的設備日漸老舊，需要修理，而這類設備的替換零件通常都會向原廠採購，因此銷售業績仍然暫時衝高。不過老顧客遲早會開始引進更有效率的新設備，而不再一直修補老舊過時的設備。到了那時候，幾乎可以確定老顧客會開始採購競爭對手設計製造的產品。這家煉油設備公司因此面臨被淘汰的危機——而後來也確實關門大吉。

銷售額的絕對數字不代表什麼意義（銷售數字必須對照實際和潛在的市場趨勢來看，才有意義），但市場地位本身卻具有實質的重要性。企業的市場佔有率如果沒有達到一定的程度，就變成不重要的供應商，只能根據其他大型供應商的訂價決策來制定自己的價格。可能因為任何小小的挫敗，而面臨全面出局的危機。由於競爭變得很激烈，經銷商在削減庫存時，會傾向淘汰周轉太慢的商品，顧客則通常喜歡一窩蜂購買最流行的產品。在經濟蕭條時，小型供應商的銷售量可能非常低，以至於無法提供必要的服務。究竟供應商的銷售額在低於哪一點時，會被邊緣化，每個行業情況都不一樣。即使在同一產業中，不同的價格等級，也會出現不同的標準。每個地方情況也不一樣。但是無論如何，變成被邊緣化的小供應商都是很危險的事，最好還是要設法維持最低限度的市場地位。

相反的，即使沒有反托辣斯法，市場地位太高，都不是聰明的做法。領導企業在取得市場主導地位後，往往過於安逸，喪失鬥志。壟斷者通常因為自滿而衰敗，而不是敗在公開的對抗上。原因是市場霸主在內部進行任何創新時，都會遭到很大的阻力，也變得非常難以適應改變，而且市場領導企業總是把太多的蛋放在同一個籃子裡，又禁不起任何經濟波動。換句話說，市場地位有其上限和下限，儘管對大多數的企業而言，前者帶來的危險似乎比後者要遙遠多了。

要設立市場地位的目標，企業必須先釐清自己的市場是什麼——顧客是誰、在哪裡、購買哪些產品、顧客心目中的價值何在、他有哪些還未滿足的需求。深入研究後，企業再以此為基礎，根據自己的產品線，也就是根據企業所滿足的顧客需求，來分析產品或服務。

所有的電容器可能外表都一樣，以相同的技術製造，也出自同樣的生產線。然而在市場上，新收音機所用的電容器卻和修理收音機時用來替換的電容器完全不同，而且兩者又和在外形上毫無差別的電話機電容器很不一樣。如果美國南方人購買電容器時重視的是能否抗白蟻，而西北部的人則重視電容器抗高溼度的能力，那麼維修收音機所用的電容器又要分為不同的產品線。

企業必須決定每條生產線的市場何在——實際的規模和潛力、經濟和創新趨勢，而且定義市場時，必須以顧客為導向，同時考慮直接與間接的競爭對手。唯有如此，才能真正設定行銷目標。

大多數的企業都需要不只一個行銷目標，而需要七個行銷目標：

一、既有產品在目前市場上的理想地位，以銷售金額和市場佔有率來表示，同時和直接與間接競爭對手相比較。

二、現有產品在新市場的理想地位，以銷售金額和市場佔有率來表示，同時和直接與間接競爭對手相比較。

三、應該淘汰的舊產品——無論是為了技術原因、市場趨勢、改善產品組合，或只是管理階層考量應該從事的事業後所做的決定。

四、目前市場需要的新產品——產品的數量、性質，以及應該達到的銷售金額與市場佔有率。

五、應該開發的新市場和新產品——以銷售金額和市場佔有率來表示。

六、達到行銷目標和適當的訂價政策所需要的銷售組織。

七、服務目標，衡量公司如何以產品、銷售和服務組織，提供顧客認為有價值的東西。

至少服務目標應該和競爭市場地位所設定的目標一致。但通常單單達到和競爭對手相同的服務水準還不夠，因為服務是建立顧客忠誠度最好的方法，也是最容易的方法。服務水準絕不能靠管理階層的猜測或「大老闆」偶爾和重要顧客閒聊時的印象來評估，必須定期對顧客進行公正客觀而系統化的意見調查。

在大公司裡可能需要採取年度顧客意見調查的形式。通用汽車就是個出色的例子，可以充分解釋為什麼他們的事業經營得如此成功。小公司則可以運用不同方式，達到同樣效果。

有一家很成功的醫療用品批發商的總裁和董事長每年都拜訪公司六百家客戶中的兩百家醫院。他們在每家醫院待一整天，不推銷產品——他們真的拒絕接受訂單，而是花時間討論顧客的問題與需求，並且要求顧客對他們的產品和服務提出批評。這家公司的最高主管將每年的顧客調查看成首要之務。在過去十二年中，這家公司能夠成長十八倍，都要歸功於這種作風。

創新

每家公司都有兩種形態的創新：產品與服務的創新，以及供應產品與服務所需的各種技能和活動的創新。創新可能源自市場與顧客的需求；需求可能是創新之母。有時候，則是學校和實驗室中的研究人員、作者、思想家和實踐者在技術和知識上的進步而引發了創新。

設定創新目標的問題在於難以衡量不同創新的相關影響和重要性。企業都希望在技術上取得領導地位，尤其當「技術」是正確應用在任何有組織的人類活動的藝術或科學上。但是我們怎麼樣才能決定何者比較重要呢：是一百個立即可用、能改善產品包裝的小小創新，還是下了十多年工夫、可能會改變事業本質的化學大突破？不但百貨公司和製藥公司對這個問題可能會有不同的答案，即使是兩家不同的製藥公司，都可能有不同的看法。

因此，創新目標可能永遠不會像行銷目標那麼清楚。為了設定創新目標，企業管理階層必須先根據產品線、既有市場、新市場，通常也根據服務上的要求，預測達到行銷目標需要的創新。其次，也必須評估企業所有活動領域中在技術上可能出現的新發展。這類的預測最好分成兩部分：一方面著眼於不久的將來就會出現的具體發展，只是實現已有的技術創新；另外還要放眼更長遠的未來，把目標放在日後可能出現的技術創新。

以下是一般典型企業設定的創新目標：

一、為了達到行銷目標所需的新產品或新服務。

二、由於技術改變，導致現有產品落伍，需要的新產品與新服務。

三、為了達到市場目標，同時因應其中的技術改變，需要進行的產品改良。

四、達到市場目標需要的新流程，以及在舊流程上有所改良——舉例來說，改善生產流程，以便達到價格目標。

五、在企業所有重要活動領域的創新和改善——無論在會計或設計、辦公室管理或勞資關係方面，以跟上知識與技能的新發展。

企業經營者千萬不要忘了，創新的過程十分緩慢。許多公司今天之所以能居於領導地位，要歸功於二十五年前的辛苦耕耘。許多目前還沒沒無聞的公司，可能因為今天的創新，將成為明天的產業龍頭。成功公司面臨的危機是，總是志得意滿地揮霍前人累積的創新成果。因此需要建立衡量標準，來評估創新活動是否成功。

針對過去十年的績效做個評估，就可以達到這個目的。所有重要領域的創新是否能與公司的市場地位等量齊觀？如果不能，公司就只是在吃老本，終將逐漸耗盡過去累積的創新資本。公司能否為未來發展出足夠的創新資源？還是只倚賴外界的研究成果——例如大學、其他企業，甚至國外的研究，結果可能不足以因應未來的需求？

在很少出現重大技術變化的領域，更需要刻意強調創新的重要。製藥公司或合成有機化學品公司的每個員工都曉得，公司要繼續生存下去，就必須培養起每隔十年就將四分之三的產品汰舊換新的能力，但是在保險公司中，有多少員工了解公司能否成長（甚至能否生存）完全要看他們能否開發出新的保險形式、改良現有方式，並且不斷開發更新、更好、更便宜的方式來銷售保險方案和理賠？技術變化愈是不顯著的產業，企業組織就更容易變得僵化；因此強調創新也就變得格外重要。

或許有人會辯稱，這類目標完全是「大公司玩的把戲」，只適合奇異公司或通用汽車，小公司根本不需要。儘管小公司或許不需要如此詳盡地分析需求和目標，但這表示小公司反而更容易設定創新目標——而不是說小公司不需要設定目標。事實上，我認識的好幾家小公司主管都強調，規模小最大的優勢之一，就是比較容易規劃創新。其中一家貨櫃製造公司的總裁（年銷售額不到一千萬美元）表示：「公司規模小的時候，你們比較接近市場，很快就知道市場上需要什麼樣的新產品。你們的工程部門也太小，工程師知道不可能什麼都自己來，因此他們會眼觀四面，耳聽八方，注意任何可能派得上用場的新技術。」

生產力和「貢獻價值」

生產力衡量標準是唯一能夠實際評估管理能力，並且比較企業各部門管理效能的標準。因為生產力涵蓋了企業投入的一切努力，排除了企業無法掌控的任何項目。

每家企業能夠運用的資源都差不多，除了少數壟斷性事業之外，在任何領域中，一家企業和另外一家企業唯一的差別，都在於各個階層的管理品質。而能衡量這個關鍵因素的唯一方法，是透過生產力評估來顯示資源運用和產出狀況。

華爾街的財務分析師把克萊斯勒汽車和通用汽車的獲利率做比較，其實毫無意義。通用汽車自行生產大多數的汽車零件，只對外採購汽車車體、輪子和煞車。克萊斯勒汽車直到最近都還是一家汽車組裝公司，自己只生產汽車引擎，但引擎在整部汽車中只佔了一小部分的價值。兩家公司的生產流程組合完全不同，但都銷售完整的汽車。就通用汽車而言，售價大部分用來彌補通用汽車本身在生產過程中的投入；在克萊斯勒的情況，售價大部分用來付款給獨立的零件供應商。通用汽車的利潤所顯示的是七成的成本與風險，克萊斯勒的利潤所顯示的則只有三、四成的成本與風險。顯然通用汽車的獲利率應該比較高，但是到底應該高多少？唯有透過生產力分析，才曉得兩家公司如何善用資源，並且從中獲取多大的利潤，也才能看出哪家公司經營得比較好。

但是我們之所以需要這樣的衡量標準，是因為經理人最重要的工作就是不斷改善生產力。這也是最困難的工作，因為生產力代表了許多不同因素之間的平衡，而這些因素大都是定義模糊且不易衡量的項目。

到目前為止，企業還沒有發展出衡量生產力的標準。一直到前幾年，有關生產力的基本觀念才逐漸成形，因此得以釐清需要衡量的項目——經濟學家稱之為「貢獻價值」。所謂「貢獻價值」，是指營業毛額（公司銷售產品或服務的所得）和支出（公司購買原料和供應商提供的服務所花的費用）之間的差距。換句話說，「貢獻價值」包含了企業的一切努力所耗費的成本，以及從努力中獲得的報酬，說明了企業對於最終產品所貢獻的資源有多少，以及市場對於企業的努力評價如何。

「貢獻價值」不是萬靈丹。唯有當估算時採用的成本數字各部分的分配具有經濟學上的意義時，才能用來衡量生產力，因此會計師必須改變傳統的觀念及採用的數字和方法。我們必須打破行之有年的做法，例如不再由各部門依百分比分攤管銷成本，這樣一來，根本無法估算實際發生的成本。我們必須徹底思考應該如何運用折舊費用——用來計算資本運用的狀況，衡量設備在價值上的折舊，還是為最後汰舊換新提撥準備。我們不能只是根據「經驗法則」照比例攤提折舊費用。簡而言之，會計數據必須把焦點放在滿足經營企業的需求上，而不是只著眼於稅務局和銀行的要求或證券分析師的無稽之談（儘管許多投資人趨之若鶩，把錯誤資訊當成理財聖經）。

貢獻價值不會衡量由部門間的配合或組織結構而產生的生產力，因為這些代表的是「定性」的生產力，而非「定量」的生產力，貢獻價值卻是嚴格的量化指標。不過「定性」的因素仍然是重要的生產力因素。

然而，在這些限制下，企業應該可以透過貢獻價值，理性地分析生產力，並且設定提高生產力的目標。尤其應該可以應用營運研究和資訊理論等新工具，系統化地分析生產力。這些工具的目標都是找出各種可供選擇的行動方案，並且預估可能的結果。生產力問題主要在探討各種資源的可能組合方式，並且找出能夠以最小的成本或努力，獲得最大產出的組合。

因此，我們現在應該有能力處理基本的生產力問題了。

究竟在何時何地，在哪些限制和條件下，才有可能以資本設備取代勞力，來提高生產力呢？我們如何分辨能減少企業投入的創造性管銷成本，和只會增加實際成本的管銷成本呢？什麼是運用時間的最佳方式？什麼是最好的產品組合？什麼是最好的生產流程組合？我們應該不須再臆測這些問題；而可以系統化地找出正確答案。

貢獻價值的觀念清楚顯示了生產力的目標為：

一、在現有流程中，提高貢獻價值在總營收所佔比率，換句話說，企業的首要之務必須是為採購的原料或服務，發揮最大的效用。

二、提高貢獻價值保留為利潤的比例。也就是說，企業必須提高自有資源的生產力。

物力與財力資源

企業需要哪些資源目標，以及如何衡量目標達成狀況，都因公司而異。而且和其他領域不同的是，當談到物力與財力資源時，並非所有的管理人員都會參與目標的設定；規劃物力和財力資源不虞匱乏，主要是高階主管的職責，執行這些計畫則是專責部門的工作。

不過，物力和財力資源非常重要，不容輕忽。任何需要處理物質商品的企業都必須有辦法獲得所需物資，也必須確保資源供應無缺。企業都需要硬體設施——工廠、機器、辦公室，而且每家企業也都需要財力資源。壽險公司可能稱之為「投資管理」，而且可能把它看得比行銷或創新還重要；但對玩具批發商來說，財力資源可能只是單純的獲得季節性貸款的問題。然而，除非確定能獲得所需的財力資源，否則兩家公司都無法營運。沒有預先規劃營運所需的資金，就貿然設定目標，就好像還沒有點著爐火，就急著把肉放進烤箱一樣。目前，針對物力資源、硬體設施和資本供應所設定的目標，往往被視為「急就章的決定」，而非策劃周詳的政策。

有一家大型鐵路公司耗費大量的金錢和時間預測運輸量，然而當董事會要決定一筆千萬美元的新設備採購案時，卻沒有任何投資報酬率數字可供參考，也沒有人說明採購新設備的必要性，單憑公司出納拍胸脯保證可以籌措到低利資金，就說服董事會拍板定案。

另外一個有關運用資源的著名案例，是美國西部的克羅恩柴勒巴克造紙廠的長期造林政策。這個政策的目標是確保未來木材仍然供應無虞，克羅恩柴勒巴克公司才能在造紙業中繼續生存下去。由於每一棵樹木從幼苗長成大樹，都需要五十年以上的時間，今天為了取代被砍伐的樹木而種下的每一棵幼苗，投下的資金都要到西元二〇〇〇年才能回收。由於克羅恩柴勒巴克公司預期紙和紙漿的消耗量將繼續急遽上升，單單砍一棵樹，就種一棵樹，已經不敷所需。今天每砍一棵樹，就必須種植兩棵樹，才足以供應五十年後的需要量。

儘管不是很多公司都面臨如此嚴重的物料供應問題，但有相同困擾的公司通常都很清楚其嚴重性。因此所有的大型石油公司都努力探勘新油井；大鋼鐵廠也開始有系統、有計畫地尋找新鐵礦。但是一般企業多半不太擔心未來物料供應的問題，像施樂百這麼有計畫、有系統地開發新貨源的公司其實寥寥無幾。幾年前，當福特公司宣布將有系統地為美西的組裝廠開發供應商時，某家大廠的採購代理視之為「躁進的創新」。其實任何一家製造商、批發商、零售商、公共事業或運輸業，都需要好好思考物資供應的問題，並制定基本政策。

公司應該倚賴單一廠商供應材料、零件或產品嗎？這樣做或許可以享受到大量採購的價格優勢。當物料短缺時，長期大量採購的大客戶通常都享有優先供貨的權利；與供應商關係緊密，往往也可以獲得設計比較精良、品管比較嚴格的產品。還是，公司應該分別向幾個不同的廠商採購物料？如此一來，公司就能保有獨立性，比較不會因為單一供應商內部發生罷工，就被迫停產。甚至還有可能因為幾家供應商彼此競爭，而享受較低的價格。有一家棉織品公司就必須決定他們究竟要試圖臆測棉花市場的走向，還是在制定採購政策時，設法吸收棉花價格波動的效應？

無論決定是什麼，設定的目標都應該是設法供應企業所需物料，以達到預定的市場地位和創新目標。

同樣重要、但更加少見的是良好的設備規劃。許多公司都不清楚什麼時候應該停止翻修舊工廠，開始建造新工廠，什麼時候應該將機具汰舊換新，什麼時候應該蓋新的辦公大樓。使用落伍的老舊設備所耗費的成本通常隱而未見。的確，在會計帳上，老舊的工廠或機器可能非常賺錢，因為折舊已經攤提完畢，帳面上看起來，似乎不須花費任何營運成本。但是大多數經理人都曉得這只不過是謬誤而已，要完全不受數字的魔術所蠱惑，並不容易。

顯然設備過多或不足都非常危險。硬體設備無法隨興之所至臨時建造，必須事先規劃。

今天可用的設備規劃工具都是由哥倫比亞大學企業經濟學家狄恩（Joel Dean）❻所開發出來的，十分容易操作，無論公司大小，都可以用這個工具來決定公司規模達到基本目標時，需要哪些硬體設施，並預先規劃。如此一來，就必須擬訂資本支出預算，於是產生了另外一個問題：我們需要多大的資本，以何種形式呈現，資金又從何而來？

> 壽險公司長期以來都設有資本目標。他們很清楚，公司每年都必須獲取一定數額的現金，以支付理賠的金額。他們也知道這筆錢必須來自於準備金的投資所得，他們據此設定最低投資報酬率。的確，對壽險公司而言，「利潤」只不過是投資收入超出預定最低投資報酬率的部分。

此外，通用汽車、杜邦、契薩皮克俄亥俄鐵路公司也都有資本供應計畫。美國電話電報公司更特別重視資本供應規劃，甚至指派一位高階主管，專門負責這項工作。

整體而言，企業經營者常常都等到公司財務拮据時，才開始擔心資本供應的問題。然而這時候才開始規劃，已嫌太遲。至於籌措新資金時，究竟應該內部籌款，考慮長期或短期貸款，還是發行股票籌募資金，這些重要問題都必須仔細思考評估，因為答案大體決定了企業應該採取哪一類型的資本支出。針對上述問題所做的決定，將影響公司訂價、股利、折舊和稅務政策等重大決策。

除非預先思考，未雨綢繆，否則不重要的投資方案可能點點滴滴耗盡公司可用的資本，等到要進行重大投資時，反而資金不足。包括許多管理好、聲望高的公司在內，許多公司都因為沒有思考資金供應和設定資本目標的問題，而在成長的路上碰到阻礙。結果經營者雖然在行銷、創新和提升生產力上有亮麗表現，卻徒勞無功，化為泡影。

應該達到多高的獲利能力？

利潤有三個目的。首先，利潤衡量企業付出的努力有多少淨效益，以及是否健全。利潤確實是企業績效的最終檢驗。

其次，利潤是彌補繼續維持事業的成本（包括汰舊換新、市場風險和其他不確定因素）的「風險溢酬」。由此觀之，根本沒有「利潤」這回事，只有「經營事業的成本」和「繼續維持事業的成本」。企業的任務是賺到足夠的利潤以因應「繼續維持事業的成本」，但能做到這點的企業還不夠多。

最後，有了利潤，才能確保未來創新和擴張所需的資金供應無虞。至於採取的方式，可

❻ 特別參見狄恩的著作《資本預算編列》（*Capital Budgeting*, New York: Columbia University Press, 1951）以及他精彩的文章〈衡量資本生產力〉（*Measuring the Productivity of Capital*），刊登於一九五四年一月號的《哈佛商業評論》。

能是藉由保留盈餘提供自有資金，或以最符合企業目標的形式，提供足夠的誘因，間接吸引外部資金投入。

這三種利潤的功能都和經濟學家追求最大利潤的理論無關，強調的反而是「最小利潤」的概念——也就是企業求生存發展所需的最小利潤。因此獲利目標衡量的不是企業所能創造的最大利潤，而是企業必須達到的最小利潤。

要找出最小利潤，最簡單的方法就是把重心放在利潤的第三個功能——獲取新資本的方式上。顯而易見，企業需要的獲利率是企業期望的融資方式在資本市場上的利率。如果採用自有資金，就必須創造足夠的利潤，因此一方面現有資金能達到資本市場的報酬率，另一方面還能產生所需的額外資本。

今天美國大多數的企業訂定獲利目標時，都是根據這個原則。當會計師說：「我們的目標是達到二五％的稅前投資報酬率，」他的意思是：「要以我們願意付出的成本，獲得我們想要的資本種類和資金，我們最少需要達到二五％的稅前投資報酬率。」

這是個合理的目標。愈來愈多企業採取這種方式，代表了一大進步。這個方法只要稍加改善，就更容易使用。首先，正如同狄恩所說，獲利能力必須將時間因素考慮在內。除非我們知道多少年後可以獲得這樣的利潤，否則獲利能力根本是毫無意義的假象。因此談到預期利潤時，應該都要具體說明預期總利潤除以投資期之後，所呈現出來的現值，而不是以年度報酬率來計算。資本市場計算債券或類似證券的報酬率時，採用的就是這種方式；畢竟整個利潤的觀念都是以資本市場的考量為基礎。這種方法也克服了傳統會計方式最大的缺點——迷信年度具有經濟上的意義或能反映實際情況。唯有設法擺脫一位企業總裁口中所謂「會計年度毫無必要的嚴苛限制」，才有可能實施合理的管理。

其次，我們應該把報酬率當作好年頭和壞年頭平均之後的結果。企業或許真的需要達到二五%的稅前獲利率，但是如果二五%是公司景氣好時的獲利率，那麼投資期間的平均獲利率就不可能有這麼高。我們可能必須在景氣好的年頭達到四〇%的獲利率，才能在十二年內達到平均二五%的獲利率。因此我們必須了解需要達到多高的實際獲利率，才能得到我們所期望的平均獲利率。

今天針對這類需求，已經有適當的工具，就是「損益平衡點分析法」（羅騰史特勞契和維里亞斯在著作《工業管理經濟學》（*The Economics of Industrial Management*, New York: Funk and Wagnall's, 1949）中解釋得最清楚）。透過損益平衡點分析，我們能相當準確地預測不同經營條件下的投資報酬率幅度——尤其當分析數字經過調整以顯示數量和價格的變動時。

對於單純的小公司而言，只要了解資本市場所需的最小利潤概念就夠了。對大型企業而言，只了解這個觀念還不夠，因為預期報酬率只是其中一個因素，另外一個因素是其中涉及的風險。或許你們的稅前投資報酬率是四〇%，但是失敗的風險可能高達五〇%。那麼這樁投資案難道會比投資報酬率只有二〇%，但是卻不須冒任何風險的穩當生意好嗎？

就無法走回頭路的既有投資而言，把目標放在二五%的稅前投資報酬率，或許已經很好了。但是對於新的投資決策，管理階層必須能夠說：「我們的目標是扣掉所有成本（包括資金成本）後的預期報酬和預估風險的比率為一・五比一、一・三三比一、或一・二五比一。」否則就無法擬訂合理的資本投資政策。

如果沒有合理的資本投資政策，就不可能擬訂實際的預算，尤其對大型企業而言，更是如此。要推動有效的分權化管理，企業必須制定合理的資本投資政策，否則中央管理階層總是會任意核准投資或保留資本，並且專橫地集中控管現金。合理的資本投資政策也是提升管理精神的先決條件，否則低階主管會一直感到，自己的絕佳構想一旦陷入高層撥款委員會作業程序的迷宮，就動彈不得。

合理的資本投資政策決定了經營決策的範圍，顯示出要達成行銷、創新和生產力目標，應該採取哪一種方式最好，而且迫使企業主管了解自己在制定決策時，承擔了哪些義務。長期以來，我們的主管在缺乏這種政策的情況下，竟然還可以經營公司，這就好像艾利克森（Leif Erickson）在沒有地圖、沒有指南針的情況下，居然橫越大西洋，返回文蘭島（Vineland）一樣不可思議。

資本投資政策必須奠基於對報酬和風險比的可靠評估。這種風險和輪盤賭的機率或保險精算人員所估計的預期壽命等可計算的統計風險不同。在四種「繼續維持事業的風險」中，只有一種是統計的風險，也就是重置。重置又稱為折舊、攤提或重置準備金，難怪被視為成本。其他三種風險都比重置風險更嚴重，基本上都不能憑過去經驗預測，換句話說，在統計上是不可測的風險，屬於史無前例、不同於以往的新風險。

不過即使是這類風險，今天我們仍然可以將之簡化為機率的預測，儘管誤差率頗大。許多大公司顯然正在從事這方面的研究，不過還沒有辦法完成系統化的分析。

然而關於獲利能力，真正的問題不在於應該衡量哪些項目，而是拿什麼來當衡量標準。

近來美國企業很流行計算利潤估銷售額的比率，但這不是個恰當的指標，因為這個比率無法顯示產品或企業在經濟波動中的脆弱程度，這點唯有「損益平衡點」分析才辦得到。

計算「投入資本所獲得的報酬」有他的道理，但這是所有衡量標準中最糟糕的標準，就好像幾乎有無窮彈性的橡皮尺一樣。什麼是「投入的資本」？一九二〇年投資的一美元會等同於一九五〇年投資的一美元嗎？資本的定義是如會計師所說的，以最初的現金價值扣除後來的折舊？還是照經濟學家的定義，是未來的生財能力照資本市場利率貼現後估算出的現值？

兩種定義都沒有帶來太大的幫助。會計師的定義沒有考慮到貨幣購買力的變化和技術變遷，因為沒有把不同企業所面臨的不同風險納入考慮，也沒有比較不同企業、同一企業的不同部門，或新舊工廠之間的不同狀況，所以無法用來評估企業的經營績效。更重要的是，這樣的定義等於在鼓勵企業採用過時的技術。當設備過於老舊，帳面價值降低為零時，在帳面上反而比生產成本較低的新設備顯得更有利可圖，甚至在通貨緊縮時期都是如此。

經濟學家的投入資本觀念則沒有這些缺點，在理論上看來簡直天衣無縫，但卻無法應用在實際狀況上，因為根本不可能計算出過去的任何投資在未來的生財能力換算成今天的現值是多少。即使對一流的「電腦」而言，其中牽涉的變數都太多了，有太多未知和不可測的因素。即使要找出哪些是可預知的因素，需要付出的成本都會遠超出可能得到的收穫。

因此，許多管理人員和會計師現在傾向採取折衷方案，他們將「投入資本」定義為今天為了建構和舊組織、舊工廠、舊設備具備同樣生產能力的新組織、新工廠、新設備所耗費的成本。理論上，這個定義也有缺陷，例如在經濟蕭條時期，當新設備的價格和建造成本很低的時候，這個定義會扭曲了獲利能力的意義。但是最主要的問題還在於實務面。由於要假設重置準備金的數額很不容易，數字也不可靠，即使假設的基準上有小小的變化，可能都會造成最終結果的極大誤差。

換句話說，到目前為止，還沒有找到真正有效的方法。或許最明智的做法是，不要試圖找到能一舉解決問題的辦法，而是接受目前最簡單的方式，了解其中的缺點，並且事先防範可能造成的嚴重問題。

因此我要提倡一個幾乎沒有什麼理論基礎的方法：藉由折舊後的稅前淨利和以最初成本投入的原始資金（換句話說，是折舊前的金額）之比，來衡量獲利能力。在通貨膨脹時期，由於成本升高，會略微調整所投入的原始資本的金額。在通貨緊縮時期（這個方法尚待測試），原始投資金額則同樣的會向下調整。如此一來，無論原始投資或原始的貨幣購買力是在什麼時候發生，我們都可以用在三、五年內約略可以比較的幣值，推出統一的投資數額。我承認這個方法很粗糙，我也沒有辦法反駁朋友的說法：這個方法豈不是和粉飾鏽跡斑斑的汙點差不多，但是至少這個方法很簡單，而且正因為它的計算方式很粗糙，因此任何經理人都不會受到愚弄，而誤以為這個數字很精確，事實上，無論投資報酬率的數字是怎麼算出來的，充其量也只是粗略的猜測而已。

其餘關鍵領域

關於其餘三個關鍵領域：經理人的績效與培育、員工績效和態度，以及社會責任，在此不須多作說明，因為我們在後面幾章還會詳細探討。

不過，需要特別說明的是，這些領域的績效與成果無法完全以數字來衡量。這三個領域都和人有關。由於每個人都是獨一無二的，我們不能只是把他們加總起來或相減，而必須建立質的標準，需要的是判斷而非數據，評價而非衡量。

決定經理人的績效和培育目標並不難。企業要長久經營下去，並持續獲利，就必須為經理人設定目標，加強自我控制，釐清工作執掌，建立管理組織的精神，健全管理結構，並且培養未來的經理人。一旦目標清楚了，就可以評估是否達成目標。當然，我們在第13章討論的管理精神評估將找出組織的重要缺點。

每個企業中，都唯有經營管理階層能決定社會責任的目標為何。我們在結語部分會討論到，這個領域的目標雖然非常具體，卻必須根據影響每個企業、同時也受企業影響的社會和政治環境來決定，同時也必須以經營管理階層的信念為基礎。這也是為什麼社會責任如此重要，因為企業主管跨越了周遭小小世界的侷限，盡責地參與了社會的運作。但是，每個企業最重要的共同目標是努力為社會生產，凡是能促進社會進步與繁榮的也都能增強企業實力，帶給企業繁榮與利潤。

然而，當我們為員工績效和態度設定目標時，卻問題多多，原因倒不在於這個領域太過抽象。其實內容非常具體，到目前為止，我們對這個領域了解不多，主要靠迷信、預兆和口號來運作，而不是以知識為基礎。

看清楚問題所在，找到有意義的衡量方式，將是企業經營管理階層的最大挑戰。這個領域的目標應該包括勞資關係的目標。

如果本書的主題是工業社會，那麼應該特別突出工會的角色（正如同我在《新社會》中的討論），但本書談的是管理實務，工會只是管理階層必須因應的外界團體和力量之一（例如供應商是另外一股勢力），但工會是一股強大的外力，可以透過加薪的要求打擊企業，同時藉著罷工瓦解管理階層對企業的掌控能力。在任何成立了工會的企業中，管理階層都需要為勞資關係訂定長程目標。如果任憑工會主導勞資關係，那麼這家企業可以說毫無管理可言。不幸的是，過去十五、二十年來，美國許多企業主管正是採取這種方式來處理勞資關係，把主控權交到工會手上。他們甚至無法預期工會可能提出什麼要求，他們基本上不了解工會，不知道工會如何運作，也不了解工會為什麼會這麼做。當屬下報告工會將提出某些要求時，管理階層通常都充耳不聞，認為工會不會真的提出要求，因為這些要求根本不合理。然後，等到工會真的提出要求時，他們往往一口拒絕，表示「絕無可能」、「這樣做會毀了公司」。但三、四天後，他們卻又讓步，屈服於工會的要求，還在聯合聲明中，和工會領袖一起盛讚這份協議是「民主化勞資關係的一大里程碑」。這樣做簡直不是在管理，而是放棄管理的權利。

究竟勞資關係的目標應該為何，已經超出了本書討論的範圍，但首先管理階層應該收回主導權，設法了解工會是什麼，為什麼會成立工會，同時他們也必須知道工會將提出什麼樣的要求，以及為什麼提出這些要求。他們必須能預測到工會可能的要求，設法把最後達成的協議導向有利於企業的方向，或至少不要傷害企業。更重要的是，企業經營者也應該學會提出要求。如果只有工會提出要求，企業經營者會一直處於被動，在勞資關係中始終是缺乏效能、頻頻挨打的一方。

無論勞資關係多麼重要，在工作管理和員工管理中都只佔一小部分而已，至於主要的部分，我們甚至不曉得能夠具體衡量的項目——流動率、員工出缺勤、勞工安全與就診紀錄、提案制度參與率、員工申訴、工作態度等——和員工績效有沒有任何關係，或充其量只是表面的指標而已。但是我們仍然可以利用這些項目來建立勞資關係指標，儘管我們仍然只能臆測衡量出來的結果所代表的意義，但至少系統化地嘗試找出員工工作狀況，將有助於管理階層集中心力到能做和該做的事情上。儘管只是暫時的緩和劑，至少能提醒經理人對於組織員工和工作應該擔負的責任。這個方法甚至連權宜之計都談不上，勉強只能算承認自己的無知。必須建立以知識為基礎的真正目標，以取代目前的做法。

目標的時間幅度

設定目標時，應該把目標限制在多大的時間幅度內？我們應該把達成目標的時間，設定在多久之後？

這個問題顯然和企業的性質有關。對某些服裝業者而言，下個星期的清倉大拍賣可能已經算是「長遠的未來」了。但是建造一部蒸汽渦輪機可能需要花四年的時間，另外還要再花兩年的時間來安裝機器，因此對渦輪機業者而言，六年可能算「最近」的事情。克羅恩柴勒巴克公司甚至不得不在今天就種植五十年後才能收成的樹苗。

不同的領域需要訂定不同的時間幅度。至少可能要花五年的時間，才能把銷售組織建立起來。目前工程和化學領域的創新，至少要五年後才能在市場和利潤上有所斬獲。另一方面，資深的銷售經理認為，促銷攻勢必須在六個星期內見效。一位經驗老道的銷售員表示：「當然，有些產品正在沉睡當中，但是大多數卻從來不曾醒過。」

也就是說，為了達成目標，管理階層必須設法在最近的將來（未來幾年）和五年以上的長遠未來之間，藉由「管理下的支出預算」，而取得平衡。因為幾乎所有影響平衡的決策都被視為會計師所謂的「管理下的支出」決策——是由目前的管理決策所決定，而不是由不可改變的過去決策（如資本費用）或當前企業經營上的要求（例如勞工和原料成本）來決定。今天的「管理下的支出」將成為明天的利潤；但也可能成為明日的虧損。

每個讀到大二的會計系學生都曉得，只要改變折舊費用的計算基準，幾乎可以把任何「利潤」數字都改變為「虧損」，而且新的基準似乎和舊基準一樣有道理。但是企業經營者（包括他們的會計師）往往不了解這類支出有多少是奠基於對長期和短期需求的評估，而這種不了解對長短期需求都會帶來重大影響。以下是部分的支出清單：

折舊費用；維修預算；資本重置、現代化和擴張成本；研究預算，產品開發和設計支出；經營團隊的支出，包括人員多寡、薪酬，和培育未來經理人的開支；建立和維持銷售組織的成本；促銷和廣告預算；顧客服務成本；人力資源管理，尤其是訓練費用。

以上支出，幾乎每一項都可以大幅削減或刪除，而且刪減後有一段時間，或許是很長的一段時間，都不會出現任何反效果。我們也可以大幅提高其中任何一項支出，而且也由於種種緣故，有很長一段時間看不出經費增加的效益。但是，削減支出以後，帳面數字總是立刻會顯得好看許多，而提高支出以後，帳面數字也立刻顯得難看許多。

要制定決策來管理企業支出，沒有一定的公式可循，只能依賴個人判斷，而且幾乎都是妥協後的結果。但即使是錯誤決策，都比信手亂砍預算好得多——換句話說，千萬不要在晴天時亂開支票，一旦看到天邊出現第一朵烏雲，就立刻大刀闊斧削減支出。所有管理良好的支出都必須長期執行才能見效，短時間拚命衝刺，不見得能提升效果。突然刪減經費可能在一夕之間摧毀了長期耕耘的成果。與其在公司發達的時候誇耀公司福利，大手筆成立棒球隊，但是當訂單掉了一〇%，就大幅緊縮開支，甚至不再供應盥洗室的洗手肥皂（不要以為我誇大其詞，美國在一九五一年真的發生過這種狀況），還不如細水長流，規劃適度而穩定的員工活動。與其等顧客習慣了良好的服務後，卻在公司利潤下降時，裁掉半數的客戶服務人員，還不如從一開始就只提供顧客穩定的基本服務。與其一年投入兩百萬美元的研究經費，之後九年卻都不花一文錢從事研究，還不如連續十年每年花五萬美元在研究上。在思考管理支出的問題時，寧可每天都有一片麵包，而不要今天有半條麵包，明天卻什麼都沒有。

幾乎上述的每一項支出都必須仰賴能幹的員工，才能發揮效用。然而如果工作時經常覺得受制於突發、不可預測的高低起伏，那麼一流人才就不願繼續留在公司裡，或即使留下來，也不再盡最大的努力——因為「到頭來上面還是說砍就砍，努力工作又有什麼用呢？」如果在面臨「經濟浪潮」衝擊時，企業大刀闊斧地裁掉了訓練有素的員工，那麼當經營者突然決定要重整旗鼓時，就很難找到替代的人員，或是要花很長的時間重新訓練人才。

有關管理支出的決策對於企業整體發展非常重要（更甚於對於個別企業活動的影響），必須逐項慎重考慮，並且思考其加總起來的整體效益。經營階層必須了解並釐清每一項開支在每個領域中有何用途，以及為什麼要這麼做。經營階層也必須了解並釐清哪個領域最重要；哪個領域的經費可以先砍，削減的幅度有多大；以及哪個領域的經費需要增加，增加的幅度有多大。最後，經營階層還必須了解並釐清為了追求短期成果，必須承擔多少攸關長遠未來的風險；以及需要哪些短期犧牲，以換取長期的成果。

為期五年的支出預算應該顯現在最近的將來，要達到企業每個領域的經營目標所需的必要支出；也應該顯示為了維持企業五年後的地位，實現具體的目標，每個領域需要哪些額外的支出。如此一來，企業可以釐清當景氣好時，必須先提高哪些領域的支出；如果生意下滑時，必須先刪減哪些領域的支出。因此經營團隊可以預先規劃即使在景氣不好時，仍然應該維持哪些基本開支；如何隨景氣波動調整開支，以及即使碰到經濟榮景，仍然應該避免哪些支出。支出預算應該顯示這些支出對於達到企業短期成果所發揮的整體功效，以及預期在長期發揮的影響。

平衡各種目標

除了要權衡最近的將來和長遠的未來之外，企業主管也必須在各種目標之間取得平衡。哪個目標比較重要：是擴張市場，衝高銷售量，還是提高投資報酬率？應該花多少時間和心力在提升製造部門的生產力上？如果把同樣的心力和資金投注於新產品設計上，會不會獲得更高的回收？

要區別管理有效能與否，最好的指標莫過於經理人在平衡各種目標上所顯現的績效。這項工作也沒有公式可循，每一家企業都必須達到自己的平衡，而且可能在不同的時期必須達到不同的均衡狀態。唯一能確定的是，平衡各種不同的企業目標並非機械化的工作，不是靠「編列預算」就可以辦得到。預算只是最後用來表達平衡決策的文件；但是決策本身有賴於良好的判斷力，而健全的判斷則必須奠基於完善的企業經營分析。企業主管能否謹守預算，往往被視為管理能力的一大考驗。但是當預算將企業各種不同的需求做了最佳調合後，能否盡力達成預算，才是檢驗管理能力更重要的指標。已故的凱迪拉克領導人德雷斯達特（Nicholas Dreystadt）是我所認識的企業主管中最有智慧的一位，他曾經說過：「每個笨蛋都懂得遵守預算，但是我這輩子見過的企業主管中，只有極少數能擬出值得遵守的預算。」

關鍵領域的目標是引導企業發展方向的必要「儀表板」。沒有目標的管理就好像飛行時只是憑直覺碰運氣一樣，既缺乏地標、地圖的引導，過去也沒有飛過相同路線的經驗。

不過，儀表板固然重要，飛行員的解讀能力也同樣重要。對企業經理人而言，則代表預期未來的能力。根據完全錯誤的預期來擬訂目標，可能比根本沒有目標還更糟糕。憑直覺駕駛飛機的飛行員至少還知道飛機目前可能不在他預期的所在位置。因此，接下來我們必須討論企業經理人需要哪些工具，才能讓今天的決策在明天產出成果。

8 今天的決策，是為了明天的成果

預測五年、十年、或十五年後的發展，通常都只能算「猜測」而已。但「有系統知識的猜測」和「單憑直覺」不同，理性評估後所做的猜測和如賭博壓注般的瞎猜之間，還是有差別。

企業訂定目標，是為了決定應該在今天採取什麼行動，才可以在明天獲得成果，是以對未來的預期為基礎。因此要達成目標，必須採取行動來塑造未來，權衡今天的手段和未來的成果，在不久的將來和遙遠的未來之間求取平衡。

上述的考慮對於企業經營尤其重要。首先，幾乎所有的經營決策都是長期決策——就今天而言，甚至十年的時間都算短了。不管是有關研究發展、建造新工廠、設計新的銷售組織或產品，每個重大的經營決策都需要經過多年時間，才能真正奏效，更要在多年以後，才能有真正的產出，投入的資金和人力也才得以回收。

企業經營者別無選擇，唯有預測未來的發展，並試圖塑造未來，在短期和長期目標之間取得平衡。要做好這兩件事，遠超出凡人的能力，不過雖然缺乏老天的指引，企業主管絕對不可輕忽這些艱難的責任，必須盡己之力，善盡職責。

預測五年、十年、或十五年後的發展，通常都只能算「猜測」而已。但「有系統知識的猜測」和「單憑直覺」不同，理性評估後所做的猜測和有如賭博壓注般的瞎猜之間，還是有差別。

跳開景氣循環的問題

任何企業都生存於經濟的大環境之中，因此規劃未來時勢必會關注「整體經營條件」的變化。不過企業經營者需要的不是一般人心目中的「經營環境預測」，也就是企圖預測明天的天氣，或解讀三、五年後，甚至十年以後的經營環境。企業經營者需要的是能夠不受制於景氣循環，讓企業自由思考與規劃的工具。

乍看之下，這種說法似乎很弔詭。對企業而言，景氣循環當然是重要的因素，執行決策時碰上的究竟是經濟繁榮時期或蕭條時期，可能會帶來截然不同的結果。經濟學家通常都勸工商界在經濟蕭條、景氣跌落谷底時進行資本投資，在經濟榮景達到巔峰時，停止擴張，暫緩新的投資，這種做法幾乎已經變成基本常識了。

事實上，這個建議不會比低價買進，高價賣出的建議更加有用和有效。儘管這個建議很好，但是應該如何執行呢？又有誰曉得我們現在正處於景氣循環的哪個階段呢？而經濟學家過去的平均打擊率並不怎麼樣，生意人預測成功的機率也好不到哪裡。（還記得一九四四年或一九四五年間，大家都預測戰後經濟會開始走下坡嗎？）即使這個建議很好，利用景氣循環依然是個無法實施的建議。

如果工商界人士真的能遵照這個建議行事，那麼從一開始，壓根兒就不會出現景氣繁榮和景氣蕭條了。經濟之所以會出現兩極化的波動，正是因為就心理學而言，這個建議根本不可行。在經濟繁榮時期，幾乎每個人都相信這下子可以海闊天空，無所限制；而在景氣跌落谷底時，同樣的，每個人都相信，這一回景氣再也不可能恢復了，經濟會一直走下坡，或永遠停在谷底，無法翻身。只要生意人一直圍繞著景氣循環在思考，他們就會受這種心理所擺布，無論原本的意圖有多好，經濟學家的分析有多高明，他們都將因此做錯決策。

更糟糕的是，即使連經濟學家現在都開始懷疑，是否真的有「景氣循環」這回事。當然，經濟一直有起有落；但是經濟情勢的發展真的具備了可以預測的週期性嗎？偉大的經濟學家熊彼得（Joseph A. Schumpeter）在世時曾經耗費了二十五年的時間，苦心鑽研景氣循環的問題，但他找到的「景氣循環」，充其量只是各種不同的週期性運動加總起來的結果，而且是事後分析出來的形態。景氣循環分析只能告訴我們曾經發生了景氣循環，卻無法告訴我們未來會如何發展，因此對於企業經營管理發揮不了什麼作用。

最後，對許多經營決策而言，景氣循環所涵蓋的時間太短了。舉例來說，我們沒有辦法根據對未來四年、五年或六年的預測，擬訂重工業的工廠擴建計畫。這類計畫通常必須放眼

十五、二十年後。無論要根本改變產品或銷售組織，成立新商店，或開發新的保險方案，也都會碰到同樣的情形。因此企業真正需要的，是能協助他們不需要猜測目前經濟究竟處於景氣循環的哪個波段，就能制定決策的工具。無論目前景氣如何，企業都需要借助這類工具做三年或七年以後的規劃。

今天，這類工具有三種，在經營企業時，三種工具都很有效。

首先，我們可以假定經濟總是會不斷起伏，而不須試圖臆測目前的經濟正處於景氣循環的哪個波段。換句話說，藉著分析過去的經驗，找出預期可能碰到的最壞可能或最可能碰到的嚴重挫敗[7]，並據以檢驗目前的經營決策。如此一來，企業的決策就不必受制於對景氣的臆測。

這個方法無法告訴我們決策是對是錯，但卻能顯示其中所牽涉的最大和最小景氣風險，因此在評估企業需要的最低利潤時，這是最重要的預測工具。

第二種工具比較不容易掌握，但功效更大。這種工具是根據可能對未來經濟產生重大影響的事件來制定決策，把考量的重心放在過去已經發生、且不具經濟意義的事件上，而不去預測未來；試圖找出影響經濟環境的基本因素，而不去猜測未來的經濟環境。

我們在前面曾經提過，有一家公司在二次大戰期間決定在戰後轉行成為保險絲盒和開關箱製造商。這個決定就是奠基於影響經濟發展的基本要素——一九三七年到一九四三年間，美國出現了新家庭日益增多的趨勢和人口結構的變化。

到了一九四三年，很明顯，美國的人口趨勢已經發生根本變化，即使人口統計專家的推論正確——他們預測高生育率是戰時的短暫現象，在戰後就會下降（這是歷史上最缺乏根據的輕率推測）——仍然無法改變一個事實，新家庭形成率從一九三七年的低點開始大幅上升，遠超過蕭條時期的數字。即使新家庭形成率和人口出生率在戰後再度下降，這些新家庭仍然需要房子住。除此之外，房地產市場已經停滯了將近二十年，所以對於住宅潛藏了驚人的需求。由此可以得到的結論是，除非美國戰敗，否則戰後營造業必定非常興旺。

如果戰後美國發生嚴重的經濟蕭條，住屋興建計畫就會由政府主導。事實上，人口趨勢和住屋供需情況都顯示，興建住屋勢必成為政府對抗經濟蕭條的重要政策。如果戰後美國經濟日益繁榮，而後來情況也確實如此，那麼房地產市場就會更加活絡，私有住宅會大量興建。換句話說，無論戰後景氣是好是壞，住屋營造業都會蓬勃發展（事實上，如果戰後真的發生經濟蕭條，可能營造業還會更加興旺）。

企業正是根據針對這類已經發生、而且預期會影響未來經濟發展的趨勢所做的分析，決定是否跨入新事業。因此即使在做長程規劃時，企業經營者仍然可以理直氣壯地說，他們其

❼ 對大多數美國製造業而言，過去碰過的最壞狀況並非一九二九到一九三二年的「經濟大蕭條」，而是一九三七到一九三八年短暫的景氣衰退。除了日本和德國戰敗後經濟崩潰的慘況外，這八個月的衰退幅度在工業國家中可說是前所未見。

實不是在預測未來。

當然，人口結構只是其中一項基本要素。在二次大戰剛結束的那段期間，人口結構可能是影響美國經濟發展的主要因素，但在其他時候，人口結構可能只是次要、甚至不相干的因素。

不過，基本方法依然放諸四海皆準：找到過去已經發生過的非經濟性、卻會影響經濟環境的事件，然後據以制定未來的決策。

但是，儘管基本要素分析是我們手邊所能擁有的最佳工具，卻離完美還有一大段距離。一九四四年，法國也很可能根據同樣的人口趨勢分析而推出相同的結論——戰後營造市場將是一片榮景。儘管他們的分析很正確，法國的營造業卻沒有盼到預期的榮景。當然，原因可能完全與經濟體系無關。或許問題出在法國實施房租管制和糟糕的稅制；也可能營造業的榮景只是暫時延後，仍然蓄勢待發。戰後住屋不足的窘境可能是法國政治和經濟問題的主因，因此根本就不該讓這種情形發生。然而，對生意人而言，這些安慰沒什麼用。在法國，轉行生產保險絲盒和開關箱的決定雖然是基於理性的猜測，卻仍然是錯誤的決定。

換句話說，我們不能說任何事情在未來一定會發生。即使必然會發生的事情確實發生了，我們仍然無法預估發生的時間。因此，我們絕不能單獨運用基本要素分析法，必須由第三個降低預測風險的工具加以檢驗：趨勢分析——這也是今天美國人普遍採用的方法。基本要素分析試圖探究未來的事件「為什麼」會發生，趨勢分析問的問題則是：「有多大的可能」和會「多快」發生。

趨勢分析所根據的假設是：經濟現象——例如家庭用電，或平均每一塊錢的家庭所得有多少花在壽險上——是長期的趨勢，不會很快改變或變幻莫測。這種趨勢可能會受到週期性波動的干擾，但經過長時間後，終將恢復原本的走勢。拿統計學家的術語來形容，「趨勢曲線」會是一條跨越十年、十五年或二十年的「真實曲線」。

所以，趨勢分析就是要找出關於企業發展的特有趨勢，藉著反映趨勢，企業在制定長期決策時，不需要太在意短期的景氣循環。

趨勢分析非常重要，可以拿來檢驗基本要素分析的結果，但是也不能單獨運用這個工具，以免變得盲目依賴過去的經驗或「社會慣性法則」。事實上，儘管這兩種分析採用的方法不同，卻有如老虎鉗的兩個鉗子，我們試圖用來捕捉飛逝的時光，以便能好好審視一番。

儘管這三種方法都有缺點，但如果能持續熟練地運用這些方法，並且了解其限制，應該可以向前跨一大步，制定經營決策時，不再單憑預感，而是「有系統知識的猜測」，至少經營階層知道，目標應該奠基於什麼樣的期望值上，期望值是否合理，或是當預期的情況沒有發生，或是不在預期的時間內發生時，什麼時候該檢討目標。

未來的經理人，才是企業真正的保障

企業真正的安全保障，是明天的經理人。即使有了這些改良後的方法，攸關未來的決策仍然只是預期而已，可能出現猜錯的情況。因此任何經營決策都必須預先做好改變、調整或補救的準備。針對每一個經營決策，企業主管都必須預做充分準備，盡可能將未來打造成預期的模樣。否則，就算預測未來的技術再高明，經營決策都不過是一廂情願的如意算盤，和所有根據長期預測所做的決定一樣，將走向不可避免的下場。

具體來說，這表示今天的經理人必須有系統地為明天的經理人做好準備。明天的經理人能夠調整今天的決策以適應明天的環境，能將「有系統知識的猜測」轉變為紮實的成就，讓明天的環境更適合今天所制定的決策。

在探討主管培育時，我們強調必須協助有能力制定未來決策的主管做好準備。話雖沒錯，但我們之所以需要有系統的主管培育計畫，首要目的還是為了今天的決策，尤其重要的是，必須為了解這些決策及其背後思維的人做好準備，因此當今天的決策變成明天的困擾時，他們才能採取明智的行動來因應。

最後我要指出，無論企業經濟學的理論是多麼完備，分析是多麼周密，工具是多麼有用，企業管理終究都要回歸人的因素。

9 生產的原則

生產並非把工具應用在材料上，而是將邏輯應用在工作上。能更清楚、一致而合理地應用正確的邏輯，生產所受到的限制就會愈少，碰到的機會則愈多。

生產管理就像銷售、財務、工程管理，或保險公司的投資管理一樣，都不是本書討論的焦點。但是，任何從事商品生產或銷售的企業，其高階主管都應該認真思考生產的原則。因為在這類企業中，能否達成績效目標，完全要看企業能否依照市場要求的價格和數量生產商品，並供應市場所需而定。製造業在設定目標時，必須考量其生產能力。經理人的職責是克服生產的實質限制，在經營企業時，必須把這些實質限制轉為機會。

當然，這些都是老生常談。但傳統上，經理人對於生產限制的反應往往就是對生產部門施壓：與其他部門相較之下，「驅策管理」在生產部門總是特別流行。而生產人員則把解決之道寄託在從機器設計到工業工程的各種技術和工具上。

不過，這些都不是關鍵。要克服生產限制，或將限制轉為機會，管理階層首先必須了解企業營運需要的是哪一種生產系統，其次是必須一致而徹底地應用這些原則。生產並非把工具應用在材料上，而是將邏輯應用在工作上。能更清楚、一致而合理地應用正確的邏輯，生產所受到的限制就會愈少，碰到的機會則愈多。

在企業的每個領域和每個階層，每一種生產系統對企業管理都有不同的要求，要求經理人展現不同的能力、技巧和績效。任何一組要求不一定「高於」另外一組要求，就好像非歐幾里德式的幾何學不一定就高於歐幾里德幾何學一樣。但是每一組要求都不同。管理階層必須了解他們所採用的生產系統有何要求，才能有效管理。

今天，當許多企業都從一種生產系統轉換到另外一種生產系統時，這種觀念尤其重要。如果經理人認為轉換生產系統只關乎機器、技術和生產原理，企業操作新系統時將不可避免地碰上重重難關。要享受到新系統的好處，經理人必須明白，新系統會關係到新原則，因此必須先了解新的生產原則到底是什麼。

三種生產系統

到目前為止，我們所知的基本工業生產系統有三種：單件產品的生產系統、大量生產系統和流程生產系統。我們也可以把它算成四種生產系統：「舊式」大量生產系統，也就是大量生產同一種產品；以及「新式」大量生產系統，製造同一種零件，卻組裝成不同產品。

每一種系統都有自己的基本原則；每一種系統對於管理也都有其特殊的要求。

要提升生產績效，克服生產限制，有兩個通則：

一、能夠在愈短的時間內將生產限制降得愈低，就能將生產系統的原則應用得更徹底，並一以貫之。

二、這幾個系統本身代表了不同的先進程度，單件產品的生產系統是最落後的生產系統，流程生產則是最先進的生產系統。這幾種系統也代表了對於物理限制不同的控制程度。這並不表示只要從單件產品系統往流程生產系統邁進，就一定能掌握進步的契機。每一種系統都有其特定的應用方式、要求和限制。但我們的確能進步到懂得遵循較先進系統的原則來組合生產的各個部分，並同時學習如何在企業內部調和兩種不同系統。

關於每一種系統對於管理能力的要求，也有兩個通則：

一、各種系統的要求不但困難度有別，所要求的管理能力和績效順序也不同。從一種系統轉換到另一種系統時，經理人必須學習如何做好新工作，而不只是把舊工作做得更好。

二、愈能成功地貫徹每個系統的原則，就愈容易達到系統對管理的要求。

每個經理人都必須根據其產品和生產的性質，來滿足公司應採系統的要求，而不是只求達到企業現有系統的要求。不能或不願採用最適當的系統，只會導致績效不彰，而不會降低系統對管理能力的要求。的確，如此一來，將不可避免地提高了企業管理的困難度。

其中一個例子是基本鋼鐵製造業，採用「整批生產流程」（batch process）的單件產品生產系統。鋼鐵製造業比任何產業都努力改進單件產品系統，而且也非常成功。不過，基本鋼鐵業的經營階層所面臨的問題完全出在流程生產上：由於對固定資本的要求很高，而且需要連續生產，因此損益平衡點很高，需要維持大量而穩定的業務，並且及早為長遠的未來制定基本投資決策。但同時，基本鋼鐵業卻沒有享受到什麼流程生產的效益。

總而言之，管理企業時，很重要的是必須了解企業所採用的是哪種系統；盡力貫徹系統的原則；找出生產系統的哪些部分能組合應用到更先進的系統，並且加以組合；了解每一種系統在管理上有哪些要求。

正如同基本鋼鐵業的情形，當歷史和技術障礙阻撓生產組織採取適當的系統時，經理人的重大挑戰就是如何有系統地克服這些障礙。的確，在這種情況下，不應該再把焦點放在如何讓根本上已經錯誤的系統發揮更高的效益。我相信鋼鐵業在技術上投入的龐大心力，都用錯了方向。一味把焦點放在改善傳統製程，結果只是白費力氣，因為鋼鐵製造業終究會改採流程生產方式，而且這種改變很可能在不久的將來就會發生。採用錯誤系統的企業仍然需要滿足適當而先進的系統對管理的種種要求，但是卻缺乏必要的資金為後盾，因為唯有靠更先進的系統來增強生產能力，才能提供充足的資金。

單件產品的生產

那麼，這三種生產系統及其生產原則究竟是什麼？

在第一種生產系統——單件產品的生產系統中，每個產品都自給自足，各自獨立。當然，嚴格說起來，根本沒有所謂單件產品生產這回事，只有藝術家才會製造出獨一無二的產品。但是建造戰艦、大型渦輪機或摩天大樓和生產單件產品十分類似，蓋房子也一樣，而在大多數的情況下，在工作坊中進行的整批生產也一樣。

在這種系統下，基本原則是將生產過程組成許多同質性的階段。舉個最單純的例子——建造傳統獨棟住宅好了，我們可以把它分為四個階段：首先是挖地基，為基地牆和地下室的地板澆灌水泥；接著是架設樑柱，建構屋脊；第三個階段則是在內牆鋪設管線；最後進行室內裝潢。這四個階段各自獨立，施工每完成一個階段，都可以停下來一長段時間，而不至於對整個工程造成傷害。另一方面，在每個階段中，工作都必須一氣呵成，否則就會損及已完成的工程，甚至必須重頭來過。建造不同的房子時，可能會有不同的階段，但每個階段不會為下一階段帶來任何困擾或延誤，也不需要調整下階段的施工。每個階段都有其產品（房子）內在的邏輯，自成一完整的實體。

單件產品生產由於將工作組合成同質的階段，和技能性組織截然不同。在技能性組織中，木匠完成所有的木工，水管工負責所有的水管維修工作。透過適當的組合，單件產品的生產不是靠手藝，而是靠半技術工來完成。安裝電話的技工就是個好例子，電話安裝工人不見得是技術熟練的電工、木匠、水管工或蓋屋頂的工人，但是他卻能鋪設電線、鋸木板、連接地線、換裝瓦片。換句話說，要不然就是參與某個階段工程的每一位工人都必須有辦法完成那個階段所有必要的工作；否則就像建造大型渦輪機一樣，每個階段都必須有一支整合性的團隊，其成員擁有這個階段需要的一切技能，但個別工人或整個小組所擁有的技能不須超越這個階段的要求。

二次大戰期間，美國之所以能在極短的時間內成功建造所需戰艦，這正是主要的原因。能夠建造出前所未見的大量戰艦，不是因為大量生產系統，而是把工作分割成同質性的不同階段；因應每個階段的特別需求而系統化組合工作，並且有系統地訓練大量人力來完成各個階段的所有工作。結果實現了積極的工作進度規劃，節省了很多時間。

「舊式」和「新式」的大量生產

大量生產是把標準化的相同零件組裝成（大量或小量的）不同產品。

今天在製造業中，大量生產已成為最普遍的生產系統，而且也被視為工業社會的典型生產系統，儘管流程生產可能很快就會變成強勁的競爭對手。

今天大量生產已經如此普遍，大家可能假定我們完全了解大量生產系統及其基本原則，但事實並非如此。經過了四十年以後，我們現在才開始了解應該做什麼，原因在於當初引進大量生產系統的人誤解並誤用了這個系統，先驅者往往會走上這條路。

當亨利·福特說：「顧客可以選擇任何顏色的汽車，只要是黑色的都成」時，他可不是在開玩笑。他的話正充分表達了大量生產的本質——大量製造出相同的產品。當然，福特知道要讓顧客選擇顏色也很容易，只需要給生產線末端的噴漆工人三、四個噴漆槍就可以了。但是福特也很清楚，一旦他對產品多樣性讓步，產品的一致性立刻就會徹底消失，對他而言，產品一致性是大量生產的關鍵。

這種舊式的大量生產系統是建立在誤解之上。真正的大量生產系統比人類所設計的任何生產方式都能製造出更多樣的產品，而不是只能生產統一的產品。大量生產系統其實是以統一的零件大量組裝成各種不同的產品。

因此大量生產的最佳範例並非福特汽車公司的生產線，反倒是南加州的農具製造商，他設計和製造特殊農耕機具，以供在灌溉過的農地上進行大規模耕作時使用。他們所設計的機具都十分獨特。例如，他們製造的機器加上各種配件後，能夠包辦大規模栽種黃瓜的所有工作——從春天挖土施肥播種，在黃瓜成熟時適時收割，到醃製黃瓜。每一種機器他每次都只製造一部，然而他所設計的七百多種不同的機器，每一部機器完全由大量生產、統一而標準化的零件所組裝而成，而這些零件都是由美國經濟體系中的某個廠商所大量製造。這位製造商最重要的工作不是解決設計機器的問題，例如如何讓機器挑出成熟得可以拿來醃製的黃瓜，而是找到能大量生產某個零件的廠商，儘管這個零件原本是為了截然不同的用途而設計，但是把它裝配到黃瓜耕種機上，卻能發揮所需的功能。

應用這個原則的訣竅在於，必須能系統化地分析產品，找出多樣性中隱藏的共通形態，然後設法組織這個形態，因此可以用最少量的零件組裝出最大量的產品。換句話說，把多樣化的重擔從製造轉移到組裝工作上。

十年前，有一家大型電機公司製造三千四百種機型的產品，每一種機型都包含四十到六十種零件。他們分析產品線後，發現其中有一千二百種機型是重複的，因此先將產品種類減少了三分之一，為了製造剩餘的二千二百種產品，這家公司自行製造或採購了超過十萬種不同的零件。

分析了產品之後，他們建立了產品形態，決定了需要的零件，結果發現這二千二百種機型可以依照使用的電壓，歸為四類。只有四十種產品沒有辦法納入這種形態。因此他們可以再度縮減產品需要的零件種類。接下來，他們又把每一種零件的種類減到最低；只有一種零件還需要十一種不同的類型，今天每個零件平均只有五種類型。

儘管最終產品種類繁多，這家公司的生產其實只是零件生產，零件組裝要肩負起多樣化的重任。零件持續生產的進度是由存貨的多寡來決定，而不是視顧客訂單而定，而存貨的多寡則是由組裝和運送產品所需時間來決定。

這種新式的大量生產是今天最立即可用的生產概念。但是只有少數從事生產工作的人理解這個觀念，也只有少數公司實踐這個概念。充分運用這種觀念的技術和方法也直到現在才出現。這是「作業研究」的合理方式，使得我們能夠針對產品和零件進行必要而複雜的分析，讓正確的大量生產原則發揮效果。

只要運用了新生產原則的工廠，成本都大幅降低，有時候甚至降低了五〇％、六〇％。而且這種概念也不是只能應用在生產流程上。由於零件存貨取代了最終產品存貨，公司因此能降低成本，並提供顧客更好的服務。

換句話說，這種新原則確實達到了福特所追求的理想：持續生產統一的商品，不會因為訂單不穩定或需要替換工具、式樣或機型而中斷。但是達到目標的途徑並非藉著生產統一的產品，而是透過生產標準化的零件而辦到的，是製造的一致性加上了組裝的多樣性的結果。

顯然，要應用大量生產的原則並不容易，已經超越了生產的範疇，需要行銷人員、工程師、財務人員、人力資源部門和採購人員共同努力。這種做法的生產週期約三個月、六個月，有時候甚至十八個月，而且會連續使用機器，因此有它的風險，需要掌握新會計工具。新式大量生產也不可能在一夕間達成，這家電機公司花了三年的時間來發展新的生產系統。但是由於省下的成本實在太驚人了，兩年內就彌補了重新設計產品和生產設備的花費。

流程生產

第三種系統是流程生產，流程和產品合而為一。

流程生產最古老的例子就是煉油業。煉油廠所採用的製程決定了從原油提煉出來的最終產品究竟為何。煉油廠只能依照當初建廠時的設計，以確切的比例生產石油蒸餾物。如果要加上新的蒸餾物，或要大幅改變不同蒸餾物之間的比例，就必須將煉油廠重新改建。化學工業都遵循流程生產的原則而運作，和乳製品及平板玻璃工廠的基本生產系統其實大同小異。

「新式」的大量生產及流程生產系統都很容易轉換成自動化生產。

經理人應該要求負責生產的人員先了解哪一種生產系統最適合，然後持續採行那種系統的原則，並將之發揮到極致。要消除生產對於經營績效的限制，這是決定性的第一步。唯有採取了這些步驟之後，才能展開下一步：依照更先進的系統來組織零件生產。

預鑄房屋失敗的經驗正顯示了沒有先分析生產流程，並適當組織生產流程，便急於推動更先進的生產系統可能造成的結果。以標準化的預鑄零件來蓋房子似乎是理所當然的事情。

然而二次大戰後預鑄房屋的嘗試卻慘遭敗績。失敗的原因在於，硬要把標準化的統一零件（也就是大量生產方式）套用在缺乏組織的單件產品生產系統上。營造業的生產原則比較接近技能性的組織，而不是同質階段的生產方式。在技能性的生產系統中，採用預鑄零件的結果反而會比傳統方式更加昂貴、也更費時。不過當長島的拉維茲公司把興建住宅的過程組合成同質階段時，他們立刻就因為採用統一的標準化預鑄零件，而明顯節省了時間和金錢。

同樣的，如果一家火車頭維修廠採取技能性的組織方式，標準化的零件將省不了什麼成本。但是如果他們把工作分成幾個小組來執行，每個小組都擁有他們所負責階段所需的一切技能，換句話說，階段組織方式取代了技能性組織方式，標準化零件就能大幅節省成本。

這在大量生產多種產品的產業中特別重要，因為這類產業中蘊藏了應用自動化生產的大好機會；但唯有當企業能充分了解生產是怎麼回事，並將之組織為統一零件的生產，再將零件組裝成多樣的產品，才能發揮自動化的效益。

前面提到的電機公司很容易就可以運用自動化的方式來生產零件，這種生產作業十分類似煉油廠和玻璃平板工廠那種持續生產和自動控制的狀況。

美國標準局最近為海軍發展出電路的自動化生產方式。這種方式不再需要個別焊接電路，換句話說，取消了電子業傳統的「裝配」生產過程。同時，他們又大量採用不同的電路和電路組，而不需要重新設計生產流程或改變生產方式。因為他們以少數預先設計好的零件取代收音機或電視機裡面的線路，這些零件能在裝配線上快速組裝成許多電路和電路組。

我最喜歡的例子是一家襯衫製造商。他們面臨的問題是襯衫的尺寸、樣式和顏色種類繁多，幾乎不可能做什麼生產規劃。不過他們也發現所生產的襯衫中，有四分之三是白襯衫，而且製造白襯衫只需要三種基本布料，比例也都不難預測。此外，所有襯衫都包含了七個部分：前片、後片、墊肩、領子、右袖、左袖、袖口。在組裝各個部分、縫製成襯衫時，只要裁掉多餘的長寬，調整襯衫的尺寸即可。因為犧牲幾英寸的布料，要比生產不同尺寸的襯衫零件便宜多了。生產不同樣式時，也只需組合不同的衣領、袖口和鈕釦即可。結果，除了袖口和領子之外，所有的襯衫組件都一律只用三種等級的布料即可；袖口有三種，領子則有六種。今天，只有容易生產的衣領是根據客戶訂單而製作。二十年前，還完全要靠手工在縫紉機上將一件件襯衫製作完成，今天卻已經變成由存貨標準來控制的連續自動化生產流程。結果成本大幅降低，成品的尺寸和樣式種類都大幅增加，也大大提升了顧客滿意度。

生產系統對管理的要求

經理人必須了解不同的生產系統對於管理能力和績效有什麼不同的要求。

在單件產品生產的情況下，經理人的首要之務是獲得訂單。在大量生產的情況下，經理人的職責是建立有效的銷售組織，教育顧客適應企業所供應的產品種類。在流程生產中，經理人的首要之務是創造、維持與擴大市場，並且發現新市場。五十年前標準石油公司的著名故事——免費贈送中國農民煤油燈，藉此創造煤油的市場——正是個好例子。

對於個別產品而言，生產單件產品的成本很高，但工廠卻享有較大的靈活度。「新式」大量生產能在廣泛的產品範圍內，廉價供應顧客需要的產品。但大量生產系統需要較高的資本投資和高度的連續作業，同時也有存貨風險，必須建立能持續銷售產品的組織，而不是拚命追求特殊的個別訂單。流程生產需要的資本投資最高（以絕對金額來計算的話），也需要幾近連續不斷的一貫作業方式。由於製程和產品合而為一，即使現有市場對於新產品沒有任何需求，流程的改變仍然會創造出新的產品，化學工業就經常發生這種情況。因此企業經營者必須為新產品開發新市場，同時為舊產品維持穩定的市場需求。的確，在自動化的時代，無論採取大量生產或流程生產，經理人的主要責任都是維持更穩定的經濟活動，防止經濟兩極化波動——無論是趨向繁榮或蕭條。

在單件產品的生產系統中，決策的時間幅度很短。在大量生產的系統中，決策的時間可以長一點：例如，就像凱瑟福雷澤汽車公司（Kaiser-Frazer Automobile Company）在二次大戰後發現，可能要花十年的時間，才能把銷售組織建立起來。但是在流程生產系統中，制定決策往往是為了更長遠的未來，生產設備一旦完工，就沒有什麼變動的彈性，必須耗費巨資才能改變；投資總額可能非常龐大，市場開發也需要長期的努力。大型石油公司的行銷體系就是個好例子。生產組織愈先進，針對未來所做的決策就愈重要。

每個系統都需要不同管理技巧和管理組織。單件生產需要的是身懷絕技的人才，「新式」和「舊式」的大量生產需要的管理人才必須受過分析思考、生產進度排程和規劃的訓練。新式大量生產和流程生產一樣，經理人在整合觀念和制定決策時，都必須視企業為整體。

單一產品的生產系統可能採取中央集權的管理方式，需要由高層來協調不同的部門。銷售、設計、工程和生產部門可能各自分立，只有在制定公司決策時才需聚集一堂。儘管在一九五〇年代的美國大多數產業中，採取單件產品生產方式可能是例外，而非常態，但是我們的組織理論多半仍然以這種生產形態為假設狀況。

「舊式」的大量生產仍然可以維持這種管理方式，只不過會碰到相當大的困難，並且效率不彰。如果能夠將決策和整合的功能下放，將會獲得較佳的績效。因為在這種生產系統下，設計產品的工程師和製造產品的工人、行銷產品的業務人員之間需要密切的協調。

在「新式」大量生產和流程生產的系統中，根本不可能由中央一手控管企業所有的功能，因為所有的部門在每個生產階段中都必須密切合作，因此必須由各部門代表組成小組，同時處理有關設計、生產、行銷和組織的問題。小組成員必須一方面了解自己部門的工作，並且隨時都明白部門工作對於整個企業的影響。企業必須在分權的層級上（有時候甚至是今天不被視為「管理階層」的層級）制定影響企業整體的決策。

在員工管理的做法上，不同的生產系統也有極大的差異。單件產品的生產系統通常會因應經濟波動來調整員工結構，在不景氣時，他們只保留領班和高技能的核心幹部，因為通常很容易就可以在勞動市場上找到其他技術人員。也正因為技術有限，「舊式」大量生產系統中的勞工必須不斷要求企業保障他們的工作穩定性。然而在採用自動化系統的企業中——無論是「新式」大量生產或流程生產系統——企業本身必須努力穩定人力狀況，因為自動化所需要的員工大半都是同時受過技術和理論訓練的人才。流失這類人才不但意味著龐大的投資付諸流水，而且通常唯有透過公司內部培訓，經由多年的努力，才能造就這樣的人才。難怪採取流程生產方式的典型公司——石油公司，即使在經濟蕭條時期，仍然費盡心力為員工保住穩定的工作，這絕非偶然，也不是石油公司突發善心所致。

在自動化的生產系統中，看不到什麼「工人」。我們在前面曾經說過，自動化並不會減少企業整體雇用人數——就好像大量生產系統也沒有減少雇用人數一樣。目前，我們從採取流程生產的產業中明顯看到的情形是，整體工作人力不但沒有縮減，反而增加了。但是自動化需要的是截然不同的人力，他們需要的人力更近似於專業和技術人才，而不是今天的生產線工人。因此在員工管理上就面臨新的問題，完全不同於過去生意人很熟悉的「人力資源管理問題」。

自動化是革命，還是漸進的改變

每當有人開始預測：技術或企業組織即將發生革命性或壓倒性的改變時，我通常都抱著懷疑的態度。畢竟，今天距離第一次工業革命已經有兩百年的時間了，但是我們仍然看到紐約製衣業蓬勃發展，這個龐大的工業採取的是「外包」生產方式，而教科書卻告訴我們這種方式早在一七五〇年就已經落伍了。我們很容易就可以找到其他類似的例子，這些活化石很幸運地（而且還很賺錢地）渾然不知自己早已滅絕。

當然，自動化革命前面橫亙著重重阻礙——尤其是在新觀念和新技能上受過良好訓練的人員嚴重不足。據估計，就一九五〇年代的技術水準上，只有十分之一的美國產業已經能從自動化中獲利。即使這場貨真價實的「自動化革命」，都是漸進而非常不平穩的過程。

不過，革命確實發生了。在美國經濟體系中，將會有一股巨大的力量——工作人力的不足，在未來十年推動自動化革命的發展。主要肇因一九三〇年代生育率過低，美國的勞動人口到一九六五年只會增加一一%。然而即使目前破紀錄的高生育率不再，美國總人口數增加的速度仍然比勞動人口增加的速度快得多。因此許多公司如果繼續採用現有的生產系統，就必須雇用兩倍人力，才能達到上述人口數字、技術進步和經濟趨勢所提示的最低成長目標。

即使沒有發生革命，在未來數十年中，提升企業經營績效最有希望、最具持續性的重大契機，將不在於新機器或新流程的發明，而在於持續應用新式的大量生產原則，和持續應用自動化的生產原則。未來，生產管理的技術和工具仍然是只有生產人員才需要精通的專業科目，但是每一位經理人都必須了解生產的原則——尤其了解到真正影響有效生產的其實是原則的問題，而不是機器的問題。因為如果缺乏這樣的理解，企業主管在未來數十年中，將無法善盡職責。

第二篇

對經理人的管理

10 福特的故事

福特公司從一九四四年之後浴火重生的故事，是美國工商界的著名史詩。福特公司重生的關鍵在於建構了健全的經營管理階層——正如同當初福特公司衰敗的關鍵是在於摧毀了經營管理階層。

包括秩序、結構、激勵和領導等企業的基本問題，都必須透過管理「經理人」來解決。經理人是企業最基本的資源，也是最稀有的資源。在全自動化的工廠中，幾乎看不到任何基層員工，但是卻有很多經理人——事實上，經理人的數目將會比我們今天在工廠中看到的多很多。

對大多數企業而言，經理人是最昂貴的資源，也是最快折損，需要不斷補充的資源。建立起一支管理團隊，需要花多年的時間，但是卻能因管理不當而毀於旦夕。經理人的數目和每位經理人所代表的資本支出都會穩定地增加，過去半個世紀以來，就呈現這樣的趨勢。同時企業對於經理人能力的要求也不斷提高，每一代都加倍成長，在未來數十年中，我們看不出這個趨勢有減緩的趨向。

究竟能不能好好管理「經理人」，決定了企業是否能達到目標，也決定了企業如何管理員工和工作。因為員工的態度反映了管理階層的態度，也直接反映出管理階層的能力和結構。而員工的工作效益則大半取決於員工管理方式。早期的「人事管理」之所以涵蓋範圍只侷限於基層員工，而將經理人排除在外，有其形成的歷史背景。儘管如此，這仍然是個嚴重的錯誤。最近有一家大公司成立了人群關係部門，他們採取的正是一般通行的做法：「人群關係部門的管理範圍是公司與年收入低於五千美元的員工間的關係。」但這種做法幾乎預告了新部門的種種努力必然失敗。

如何管理「經理人」是每位經理人關注的焦點。過去十到十五年來，美國企業主管不斷在各種演講會和研討活動中彼此告誡提醒，經理人的工作就是管理部屬，應該把這項任務當成首要之務，同時他們還互相交換各種「向下溝通」的方法和昂貴的工具。我所碰過的經理人，無論官階和職務為何，幾乎每個人最關心的都是和上司的關係，以及如何和上面溝通。我所認識的每一位企業總裁，無論他們的公司是大是小，擔心和董事會的關係都遠甚於擔心與副總裁的關係，而每位副總裁也認為和總裁的關係才是真正重要的問題。以此類推，一直到第一線的主管、生產線領班或高級職員，他們都很確定，只要「老闆」和人力資源部門不要管那麼多，他們一定能和部屬處得很好。

人力資源部門認為，這種情況透露出人性的黑暗面，其實並非如此。經理人理所當然會優先考慮和上面的關係。身為經理人，意味著必須分擔責任，設法達成企業績效。如果沒有被預期來承擔這份責任的人，就不是經理人。而沒有把這項任務當成自己的首要職責的人，即使不是有虧職守，也是不稱職的經理人。

經理人所擔心的與上司的關係，包括：與頂頭上司的關係，上司對他的期望，難以將自己的看法傳達給上司知道，無法讓上司接受他的計畫，重視他的活動；還有與其他部門和幕僚單位的關係等等——這些問題全都和管理「經理人」有關。

因此在探討企業中「人」的組織時，無論基層員工的人數有多少，都不能從基層員工和工作開始談起，而必須先討論如何管理「經理人」。

缺乏經理人是福特衰敗的主因

我們最好還是以實際例子來說明管理「經理人」的根本挑戰和基本概念，而最好的例子就是福特汽車公司的故事了。❽

美國企業界最戲劇化的故事莫過於福特公司在短短十五年間，從無比的成功走向瀕臨瓦解，同時，也唯有福特公司過去十年內迅速敗部復活的戲劇化過程，可以與之相提並論。

一九二〇年代初期，福特公司佔有三分之二的美國汽車市場。十五年後，在二次大戰爆發前，福特的市場佔有率卻滑落為二〇%。當時福特公司還是未上市公司，沒有公布財務數字，不過同業普遍認為，在那十五年間，福特公司一直處於虧損狀態。

當亨利・福特（Henry Ford）的獨生子愛德索（Edsel Ford）在二次大戰期間突然去世時，從業界近乎恐慌的反應，可以看出當時福特公司是多麼岌岌可危。因為二十年來，汽車業者經常說：「老頭子不可能活多久了，就等著看愛德索接班了。」但是愛德索卻先老福特而去，迫使業界面對現實，正視福特公司的狀況。而當時福特公司的狀況實在很糟，幾乎不太可能敗部復活，有人甚至斷言這根本是不可能的事。

從當時底特律相關業者提議的救急方案，就可以看出當時福特公司的生存危機是多麼嚴重。他們建議美國政府足額貸款給美國第四大汽車製造公司（但規模還不及福特公司的六分之一）史都貝克（Studebaker），讓史都貝克收購福特家族的股權，接管福特公司。業界普遍認為，如此一來，福特公司可能還保有一線生機，否則的話，就必須將福特公司收歸國有，免得一旦福特倒閉，將危及美國經濟和戰力。

為什麼福特公司會陷入如此嚴重的危機呢？我們已經聽過很多遍老福特治理不當的故事，知道許多不見得正確的恐怖細節。美國管理界也很熟悉老福特祕密警察式的管理和唯我獨尊的獨裁統治。然而大家不了解的是，這些事情並不只是病態的偏差行為或老糊塗所致，儘管兩者或多或少有些影響。老福特失敗的根本原因在於，他在經營十億美元的龐大事業

❽ 撰寫本書時，完整的福特汽車公司發展史尚未面世。內溫斯（Allan Nevins）的著作《福特》（*Ford*, New York: Scribner's, 1954）只涵蓋了一九一五年之前的發展。不過相關的重要事實幾乎已經變成常識，在詮釋上，我自負文責。

時，有系統且刻意地排除經理人的角色。他派遣祕密警察監視公司所有主管，每當主管企圖自作主張時，祕密警察就向老福特打小報告。每當主管打算行使他們在管理上的權責時，就會被炒魷魚。而老福特的祕密警察頭子貝奈特（Harry Bennett）在這段期間扶搖直上，成為公司權力最大的主管，主要原因就是，他完全缺乏經理人所需的經驗和能力，成不了氣候，只能任憑老福特差遣。

從福特汽車公司草創時期，就可以看出老福特拒絕讓任何人擔負管理重任的作風。例如，他每隔幾年就降級第一線領班，免得他們自以為了不起，忘了自己的飯碗全要拜福特先生之賜。老福特需要技術人員，也願意付高薪聘請技術人員，但是身為公司老闆，「管理」可是他獨享的職權。

正如同他在創業之初，就決定不要和任何人分享公司所有權一樣，他顯然也決定不和任何人分享經營權。公司主管全都是他的私人助理，只能聽命行事；頂多能執行命令，絕對不能實際管理。他所有的作風都根源於這個觀念，包括祕密警察，他深恐親信會密謀背叛，基本上很缺乏安全感。

在許多機構中，都可以看到這種視經理人為所有者的延伸和代表意義的作風。在西方社會中軍官最初只是領主的家臣。直到十八世紀，許多歐洲國家的軍隊裡，軍階仍然被視為軍團司令官的私人財產，司令官可以把軍階任意賣給出價最高的人；而今天軍中職銜（尤其是尉官）也要回溯到過去軍官職銜還是私相授受的年代。同樣的，政府公僕起先只是領主的代表（即使不是家僕）。法王路易十一可能最先想到設立全職行政管理人員的概念，因此他雇用了專職的私人理髮師、祕密警察頭子和總管大臣。直到今天在英文中，政府部會首長與「祕書」（secretary）還是同一個字。

老福特的觀念在產業界並不算特別。在二十世紀初期，這是很普遍的觀念。例如，當代最有名的人物——列寧，就抱著同樣的觀念。難怪早期的布爾什維克領導人都十分崇拜老福特。「福特主義」似乎為缺乏技術勞工的國家提供了快速工業化的竅門，尤其似乎有可能在缺乏管理的情況下實現工業化，由政治獨裁統治者所代表的「所有者」可以掌控所有的經營決策，而企業只需要雇用技術人員。然而第一個五年計畫剛實施不久，所有美夢就化為泡影，也種下一九三〇年代血腥「整肅」所有企業主管的種子。蘇聯政權不得不容許繼任的主管發揮經理人的功能，而不只是扮演技術人員的角色，這代表了共產革命理論的失敗。我們不需要預言的天分就能預測，長期下來，管理階層的興起更確立了蘇聯共產政權必然敗亡的命運。

當然，福特汽車的衰敗正是因為缺乏經理人所致。即使在二次大戰前夕，福特公司跌落谷底的時候，他們的銷售和服務組織依然十分健全。汽車業界認為，即使歷經十五年的虧損，福特的財力仍然和通用汽車相當，儘管當時福特汽車的銷售額幾乎只略高於通用汽車的三分之一。但是，福特公司中沒有幾個經理人（除了銷售部門），大多數人才不是被開除，就是早已自行求去；美國在歷經十年的經濟蕭條後，二次大戰開創了大量的就業機會，也吸引了大批福特主管另謀他就。少數留下來的主管多半都是因為不夠優秀，找不到其他工作機會。幾年後，當福特公司重整旗鼓時，這群老臣大都無法勝任中高階管理工作。

重生的關鍵：建構經營團隊

如果二次大戰後發生經濟蕭條，福特公司是否還能繼續存活下去，是很值得爭辯的議題。不過即使戰後經濟日趨繁榮，如果不是老福特的孫子和接班人福特二世徹底推翻了老福特排斥經理人的觀念，福特公司可能早就垮了。福特公司從一九四四年之後浴火重生的故事，是美國工商界的著名史詩。除了福特汽車公司內部人員之外，其他人都不清楚中間的細節，現在應該是公開整個故事的好時機。不過就我們目前所知，也足以清楚顯示，福特公司重生的關鍵在於建構了健全的經營管理階層——正如同當初福特公司衰敗的關鍵在於摧毀了經營管理階層。

由於父親驟然過世，祖父的健康狀況又急遽惡化，經營福特公司的重責大任突然落在福特二世身上，當時他才二十來歲，完全沒有任何經營企業的經驗，公司裡能夠輔佐他的高階主管也所剩無幾。不過，福特二世顯然明白真正的問題所在，因為他踏出的第一步是把建立實質經營團隊列為基本政策。他必須從外界網羅人才來組成經營團隊。但是在引進人才之前，必須先清理內部，建立起公司未來營運的基本原則。由於祖父仍然在世，祖父的親信也位居要津，因此他必須獨力完成這些工作。唯有如此，他才能挑選新人來協助他管理，新的主管能獨立工作，獲得充分授權，也負完全的責任。事實上，他任命的第一個新人是執行副總裁布里奇（Ernest R. Breech），他同時宣告，布里奇將完全擔負起營運大任。在建立各層級的管理職位時，他都充分遵守這個基本概念。

福特二世還採取了目標管理的方式。在過去，福特公司的主管對於公司營運狀況一無所知，新領導人則設法讓每位經理人都能獲得工作上所需資訊，並盡可能提供他們有關公司狀況的訊息。他們拋棄了舊觀念——主管是企業老闆的私人代理，取而代之的新觀念是——經理人的權威乃奠基於客觀的工作職責上。根據目標和評量項目而訂定的績效標準取代了專斷的命令。

或許最大、也最明顯的挑戰是組織結構上的挑戰。

過去福特公司採取嚴格的中央集權式管理。老福特不僅一手掌控了所有的權力，制定所有的數字，而且只用一套數字來反映公司整體複雜的營運狀況。

舉例來說，福特公司擁有自己的鋼鐵廠，每年有一百五十萬噸的產能，是美國最大的鋼鐵廠。但是，在福特公司的總成本數字中，根本看不到這座鋼鐵廠的成本數字，這種情況在底特律早已是公開的祕密。例如，鋼鐵廠廠長不知道他用的煤炭是花了多少錢買來的，因為在舊政權時代，採購合約是福特公司的「最高機密」。

相反的，今天福特公司分成十五個自主管理的事業部，每個事業部都有健全的經營團隊，為經營績效負起完全的責任，也享有充分的授權，能制定政策，設法達成目標。而鋼鐵廠也是眾多事業部之一，和福特與水星－林肯事業部、零件與設備事業部，以及負責國際營運和出口事務的事業部一樣。

當然，這些管理觀念和組織觀念並非福特二世所獨創，他其實是吸收了福特公司最大的競爭對手——通用汽車公司的管理觀念及人才。這些觀念是通用汽車公司的基石[9]，也是通用汽車能躍升為美國最大製造公司的背後原因。但福特二世最特別的地方是，他從一開始就採取整套原則，而不是一邊做，一邊不知不覺地發展出來。他的經驗等於在實際驗證這些管理觀念，因此也別具意義。福特公司原本已經走到窮途末路了——缺乏管理、士氣低落、乏人領導，十年後，福特公司的市場佔有率卻穩定上升，在汽車市場上和通用汽車的雪佛蘭車爭奪第一名的寶座，從一家奄奄一息的公司脫胎換骨為不斷成長的重要公司。而奇蹟的誕生完全要歸功於福特公司徹底改變了管理「經理人」的原則。

管理的質變

根據福特的故事，我們可以很有把握地說，企業不能沒有經理人。我們不能辯稱，經理人是透過「企業主」的授權代替他執行管理工作。企業需要經理人，不僅是因為管理工作太過龐雜，任何人都沒有辦法獨力完成，也因為經營企業原本就和管理私人產業截然不同。

老福特把公司當成他的私人財產來經營。他的經驗證實了無論法令如何規定，都不可能以這種方式經營現代企業。唯有當企業資源能夠長存，而且超越個人壽命時，企業所投入的資源才能創造出財富。因此企業必須能夠永垂不朽，要達到這個目標，就必須仰賴經理人。經理人的工作是如此複雜，即使在小公司中，都不可能由一個人在眾多助手的輔佐之下完成。而必須建立起有組織的整合性團隊，團隊中的每一分子都善盡自己的管理職責。

因此現代企業的定義是——必須建立經營管理階層，也就是治理和經營企業的機制。只有一件事能決定經營管理階層的功能和責任：企業需要的目標。在法律上，企業主可能是管理階層的「雇主」，甚至在某些情況下，享有無限的權力。但是在本質上，經營管理階層的功能和責任永遠是因其任務來決定，而不是透過雇主的授權來決定。

沒錯，管理最初確實源自於小公司老闆在公司不斷成長的情況下，將自己無法負荷的工作授權給助手來完成。但是當事業成長到一定規模，也就是發生量變之後，管理就必須產生質變。小生意一旦發展為企業，就不能單從企業主授權的角度來定義管理的功能，而是因為企業客觀的需求而產生管理的功能。否定或貶低管理的功能，不啻於摧毀整個企業。

管理本身並非目的，管理只是企業的器官。管理階層是由個人所組成，因此管理「經理

❾ 有關通用汽車管理觀念及管理實務的詳細描述請參見拙作《企業的概念》（*The Concept of the Corporation*, 1946）。我曾經應通用汽車最高主管的要求，針對通用汽車公司進行了兩年的研究分析，本書呈現的就是這項研究的成果。

人」的第一個要求是，必須將個別經理人的願景導向企業的目標，而將他們的意志和努力貫注於實現目標上。管理「經理人」的第一個要求是「目標管理與自我控制」。

但是，經理人個人也需要付出必要的努力，產出企業要求的成果。設定工作內容時，必須以能達到最大的績效為前提。因此，管理「經理人」的第二個要求是「為經理人的職務建立適當的結構」。

雖然經理人都是獨立的個體，但他們必須在團隊中共同合作，而這類有組織的團體總是會發展出自己的特質。雖然這種群體特質是經由個人以及他們的願景、實踐、態度和行為而產生，但所產生的卻是大家共有的特質。即使始創者都已不在，這種群體特質仍然會持續長存，並塑造新進人員的行為和態度，決定誰將在組織中脫穎而出，以及組織究竟會肯定和獎勵卓越的表現，還是成為安於平庸者的避風港。的確，組織特質決定了其成員會不斷成長，還是停滯不前；會抬頭挺胸，頂天立地，還是彎腰駝背，醜態畢露。組織精神卑劣，則產生的經理人也言行粗鄙；組織精神崇高，則能造就卓越的管理人才。因此管理「經理人」的重要要求是創造「正確的組織精神」。

企業必須具備治理的機構。事實上，企業需要能全面領導和制定最後決策的機制，也需要能全面檢討和評估的機制。企業既需要執行長，也需要董事會。

企業必須為自己的生存與成長做好準備，也為「未來的經理人」預做準備。有組織的團體需要有結構。因此管理「經理人」最後一個必要條件是「為管理組織建立健全的結構性原則」。

以上並非企業「應該」做的事情，而是每個企業目前已經在做的事情（無論經理人是否意識到這點）。在每一家企業中，經理人要不是方向正確，就是誤入歧途；但是他們總是得將願景和努力聚焦於一致的目標上。在每一家企業中，經理人的職務安排可能很適當，也可能不適當；但卻不能漫無章法，缺乏條理。每一家企業的組織架構也許很有效，也可能缺乏效益；但還是必須有一個組織架構。組織必定有其特有的精神，無論組織精神是在扼殺活力，還是激發生命力。企業總是不斷在培育人才，唯一的選擇是要促使員工充分發揮潛力，符合企業未來的需求，還是讓員工不當的發展。

由於亨利·福特不想要任何管理人員，結果他誤導了經理人，而且安排管理職務失當，導致組織中瀰漫懷疑和挫敗的氣氛，公司缺乏組織，管理人員也沒有得到適當的發展。在上述六個領域中，經理人只能選擇做好管理工作或是做得不好，卻不可能逃避不做。而管理工作做得好不好則決定了企業的存亡興衰。

11 目標管理與自我控制

目標管理最大的好處或許在於，經理人因此能控制自己的績效。自我控制意味著更強烈的工作動機：想要有最好的表現，而不只是過關而已，因此會訂定更高的績效目標和更宏觀的願景。

任何企業都必須建立起真正的團隊，並且能結合個人的努力，成為共同的努力。企業的每一分子都有不同的貢獻，但是所有的貢獻都必須為了共同的目標。他們的努力必須凝聚到共同的方向，他們的貢獻也必須緊密結合為整體，其中沒有裂痕，沒有摩擦，也沒有不必要的疊床架屋，重複努力。

因此企業績效要求的是每一項工作必須以達到企業整體目標為目標，尤其每一位經理人都必須把工作重心放在追求企業整體的成功上；期望經理人達到的績效目標必須源自於企業的績效目標，同時也透過經理人對於企業的成功所做的貢獻，來衡量他們的工作成果。經理人必須了解根據企業目標，他需要達到什麼樣的績效，而他的上司也必須知道應該要求和期望他有什麼貢獻，並依據此評斷他的績效。如果沒有達到這些要求，經理人就走偏了方向，他們的努力付諸流水，組織中看不到團隊合作，只有摩擦、挫敗和衝突。

目標管理必須投注大量心力，並具備特殊工具。因為在企業中，經理人並不會自動自發追求共同的目標。相反的，企業在本質上包含了三種誤導經理人的重要因素：經理人的專業工作；管理的層級結構；以及因願景和工作上的差異，導致各級經理人之間產生隔閡。

在企業管理會議上，大家很喜歡談的故事是：有人問三個石匠他們在做什麼。第一個石匠回答：「我在養家餬口。」第二個石匠邊敲邊回答：「我是本郡最卓越的石匠。」第三個石匠抬頭仰望，眼中閃爍著夢想的光芒：「我在建造一座大教堂。」

當然，第三個石匠才是真正的「經理人」。第一個石匠知道他想從工作中得到什麼，而且也設法達到目標。他或許能「以一天的勞力換取合理的報酬」，但他不是個經理人，也永遠不會成為經理人。

真正有問題的是第二個石匠。工作技藝很重要，沒有技藝，工作不可能發光發亮；事實上，如果組織不要求成員展現他們最大的本事，員工必定士氣低落。但太強調個人技藝，總是隱藏了一個危險，真正的工匠或真正的專業人士，常常自以為有成就，其實他們只不過在磨亮石頭或幫忙打雜罷了。企業應該要鼓勵員工精益求精，但是專精的技藝必須和企業整體需求相關。

大多數的企業經理人都和第二位石匠一樣，只關心自己的專業。沒錯，企業應該把功能性經理人的數目維持在最低限度，儘量增加「一般經理人」的數目，一般經理人負責管理整合性的業務，並且直接為績效和成果負責。但即使將這個原理發揮到淋漓盡致，大多數經理人負責的仍然是功能性職務，年輕的主管尤其如此。

經理人通常都在從事功能性和專業性工作時，逐漸建立起管理的習慣、願景和價值觀。對專業人員而言，達到高技術水準是很重要的事情，他們追求的目標是「成為全國最優秀的石匠」。不為自己的工作設定高標準，是不誠實的行為，不但自己會日漸墮落，也會腐化了屬下。唯有強調專業水準和追求專業水準，才能激發每個管理領域的創新和進步。努力達到「專業的人力資源管理」水準，經營「走在時代尖端的工廠」，從事「真正科學化的市場研究」，「實施最現代化的會計制度」或「最完美的工程」，都值得鼓勵。

但是這種努力提高專業水準的做法也會帶來危險，可能導致員工的願景和努力偏離了企業整體目標，而把功能性工作本身當成目的。我們在太多例子中，都看到部門主管只在意自己是否達到專業水準，而不再根據部門對於企業的貢獻來評估自己的績效。他根據部屬的專業技術水準來評估他們的表現，決定獎勵和升遷，抗拒上級為了達到經營績效而提出的要求，視之為對於「良好的工程品質」、「順暢的生產」和「暢銷的產品」的一大干擾。除非能加以制衡，否則部門主管追求專業水準的合理要求，將成為令企業分崩離析的離心力，整個組織變得十分鬆散，每個部門各自為政，只關心自己的專業領域，互相猜忌提防，致力於擴張各自的勢力範圍，而不是建立公司的事業。

目前正在發生的技術變遷更加深了這種危險性。受過高等教育的專業人才進入企業工作的比例將大幅增加，他們需要達到的技術水準也會大幅提升，因此將技術或部門功能本身當成工作目標的傾向也會愈演愈烈。但同時，新科技要求專業人才之間更密切地合作，即使最低階的部門主管都必須將企業視為整體，並且了解企業對經理人的要求是什麼。隨著新技術的發展，不同階層的經理人既需要追求技術的專精與卓越，同時也必須同心協力，為共同的目標而努力。

老闆的誤導

管理的層級結構更令問題惡化。在屬下眼中，「老闆」的言行舉止，甚至漫不經心的談話或個人怪癖，都經過精心規劃和算計，具有特殊意義。

「平常我們在周遭聽到的話題都圍著人與人之間的關係打轉；但是當你遭到老闆責罵時，原因總不外乎責任額太高了；而碰到升遷機會時，雀屏中選的總是把會計部門的表格填得最好的那些人。」幾乎從每個階層的主管口中，我們最常聽到的都是這個普遍的基調，只是內容各有不同版本，結果導致管理績效不佳，即使在削減成本上都成效不彰。同時也顯示員工對於公司和經理人失去信心，也缺乏敬意。

對許多經理人而言，誤導部屬絕非他們的初衷。他們都真心相信，人群關係是工廠主管最重要的任務。他討論成本數字，是因為他覺得必須讓屬下認為他很「務實」，或是以為和屬下說同樣的「行話」，會讓屬下覺得他很清楚問題所在。他再三強調會計表格的重要性，只不過是因為會計部門一直拿這個東西來煩他，就好像他一直拿這些表格來煩他的屬下一樣，或純粹只因為會計主管已經把他煩得快受不了了。對屬下而言，這些理由都隱而未宣；他們眼中所見，耳中所聞，都是關於成本數字的問題，以及一再強調填表格的重要性。

要解決這個問題，在管理結構上，必須兼顧經理人及其上司對管理工作的要求，而不是只重視上司的看法。目前許多企管論述只是一味強調行為和態度，並不能解決問題，反而因為提高了不同層級的經理人對於關係的自覺，加重了問題的嚴重性。的確，今天在企業界屢見不鮮的情況是，經理人試圖改變行為，以避免誤導部屬，卻反而把原本還不錯的關係變成充滿誤解、令人尷尬的夢魘。經理人變得過於小心自己的一言一行，以至於再也無法恢復過去和屬下之間輕鬆自在的相處方式。結果屬下反而抱怨：「救救我們吧，老頭子讀了一本書；以前我們還知道他對我們的要求是什麼，現在我們卻得用猜的。」

車站盥洗室的破門之斧

造成這種偏差的原因可能是因為不同階層的經理人關心的問題各異，功能也不同。以下故事充分說明了這種狀況，我稱之為「車站盥洗室的破門之斧」：

美國西北部一家鐵路公司剛上任的會計主管注意到，每年公司都花一筆超高的費用來為火車站盥洗室更換新的門。他發現原本照規定，小車站應該鎖上盥洗室的門，有人要用盥洗室時，再去向售票員拿鑰匙。但是為了省錢，他們只發給每位售票員一把鑰匙——一位早就卸任的總裁在位時頒布了這個節約措施，還沾沾自喜一下子為公司省了兩百美元。因此每次有旅客上完盥洗室，忘記歸還鑰匙時——而這種情形總是一再發生，售票員就沒有鑰匙可以開門。但是，花兩毛錢來打一把新鑰匙被歸為「資本支出」，必須得到總公司旅客服務部門的長官批准，才能支出，而且公文往來要耗掉六個月的時間。另一方面，售票員卻可以自行動支「緊急維修」費，並且直接從現金帳戶支付這筆費用。還有什麼事情比盥洗室的門破了還要緊急呢？於是，每個小車站都準備了一把斧頭，可以隨時破門而入！

這個故事聽起來荒謬絕頂，但是每一家企業都有自己的「盥洗室破門」——獎勵錯誤行為、懲罰或抑制正確行為的偏差政策、程序和方法。而且在大多數情況中，其結果都比每年花兩萬美元來更換盥洗室的破門嚴重許多。

我們同樣不能靠改變態度和行為來解決問題；因為問題的根源在於企業的結構。同樣的，「良好的溝通」也無法解決問題；因為要有良好的溝通，前提是先建立良好的共識和共同的語言，而這正是一般企業所缺乏的。

難怪管理界的人老是喜歡談論瞎子摸象的故事。因為每個階層的主管都從不同的角度，看到同樣一頭「大象」——企業。正如同盲人摸到象腿，卻以為是樹幹一樣，生產線領班也只看到眼前的生產問題。而高層主管則好像盲人摸到象鼻，卻斷定那是一條擋路的蛇一樣，他們一心視企業為整體，眼中只看到股東、財務問題，全是一堆極端抽象的關係和數據。營運主管則好比摸到了象肚，卻以為天崩地裂的盲人，完全從功能性的角度來看事情。每個階層的經理人都需要具備獨特的眼光，否則無法把工作做好。但是，由於每位經理人看事情的角度大相逕庭，因此常見的情況是，不同階層的經理人明明在討論同一件事情，卻渾然不知，或明明討論的是南轅北轍的不同事情，卻誤以為大家談的是同一件事。

高效能的企業經營團隊必須將公司所有主管的願景和努力導向一致的方向，確定每位經理人都了解公司要求達到的成果，而且他的上司也知道應該預期屬下達到哪些目標。高效能的企業經營團隊必須激勵每位主管在正確的方向上投入最大的心力，一方面鼓勵他們發揮最高的專業水準，另一方面，要把高超的專業技能當作達到企業績效目標的手段，而不是把達到高標準本身當成努力的目標。

經理人的目標應該是什麼？

從「大老闆」到工廠領班或高級職員，每位經理人都需要有明確的目標，而且必須在目標中列出所管轄單位應該達到的績效，說明他和他的單位應該有什麼貢獻，才能協助其他單位達成目標。最後，目標中還應該包括經理人期望其他單位有什麼貢獻，以協助他們達到目標。換句話說，目標從一開始就應該強調團隊合作和團隊成果。

而這些目標應該根據企業的整體目標來訂定。我發現有一家公司甚至提供領班一份詳細的說明，讓他不但了解自己的目標，同時也了解公司的整體目標和製造部門的目標，結果發揮了很大的實際功效。儘管由於公司規模太大，領班的個別生產績效和公司總產量相比，有如九牛一毛，但結果聚沙成塔，公司的總產量仍然大幅提升。因此，如果「領班是經營團隊的一分子」，是我們的真心話，那麼就必須說到做到。因為根據定義，經理人的工作是為整體績效負責——換句話說，當他在切割石材時，他其實是在「建造一座大教堂」。

每位經理人的目標都應該說明他對於公司所有經營目標的貢獻。顯然，並非每位經理人都能對每個領域有直接的貢獻。例如，行銷主管對於提升生產力的貢獻可能非常有限。但是如果我們並不期望每位經理人和他所管轄單位對於影響企業生存繁榮的某個領域有直接貢獻的話，就應該明確說明。經理人應該要明白，他在不同領域所投入的努力和產出的成果之間必須達到平衡，企業才能發揮經營績效。因此必須一方面讓每個功能和專業領域都能發揮得淋漓盡致，但是另一方面也要防止不同單位各據山頭，黨同伐異，彼此妒忌傾軋。同時也必須避免過度強調某個重要領域。

為了在投入的努力中求取平衡，不同領域、不同層級的經理人在訂定目標時，都應該兼顧短期和長期的考量。而且，所有的目標也應該包含有形的經營目標和經理人的組織和培育，以及員工績效、態度和社會責任等無形的目標。

不當的危機總動員

適當的管理必須兼顧各種目標，排除常見的不當管理作風：「危機」管理和「驅策」管理。這點對高階主管尤其重要。雖然的確有些公司的管理階層不會說：「在我們公司裡，如果想要完成任何工作，唯一的辦法就是找到驅動力。」不過，「驅策」管理在企業界是常態，而非例外。等到驅動力消失後，整個情況總是又回到三個星期以前的原點，每個人都很清楚這種狀況，而且顯然也預料到事情會如此演變。「節約運動」帶來的唯一結果，很可能是收發員和打字員都遭到解雇，年薪一萬五千美元的高級主管被迫要自己打信，做低薪打字員的工作。然而，許多經理人直到現在還沒有辦法推出這個明顯的結論：驅策管理根本不是完成工作的有效方法。

除了效益不彰，驅策管理還會誤導工作方向，把焦點完全放在工作的其中一個層面，因此不可避免的，其他一切都被犧牲了。

一位危機管理的老手描述：「我們先花了四個星期，努力削減存貨，然後又花四個星期削減成本，接下來是四個星期處理人際關係。我們只有一個月的時間提升顧客服務水準和禮貌，接著存貨又恢復到剛開始的狀況。我們甚至沒有設法完成自己原本的工作，每個經理人腦子裡想的，嘴巴中談論的，都是上個星期的存貨數字或這個星期接到的顧客抱怨。他們根本不想知道我們如何完成其他的工作。」

在實施驅策管理的組織中，人們不是為了眼前的驅力而忽略了自己的工作，就是默默串聯起來抵制，以便完成手邊的工作。無論是上述哪一種狀況，他們都對「狼」的嚎叫充耳不聞，因此當真正的危機來臨時，當所有的人都必須放下工作，全力投入時，大家卻以為這又是管理階層製造的另一次歇斯底里的「危機總動員」。

驅策管理就好像「斥責與懲罰式」的管理一樣，必然引起困惑，等於承認自己的無能，顯示管理階層不懂得如何規劃。更重要的是，驅策管理反映出公司不曉得應該對經理人有什麼期望，因為不知道如何引導經理人，結果就誤導了他們。

寫給上司的信

就定義而言，經理人應該負責讓自己所管轄的單位對於所屬部門有所貢獻，並且最後對於整個企業有所貢獻。他的績效目標是向上、而非向下訂定。也就是說，每位經理人的工作目標必須根據他對於上級單位的成功所做的貢獻來決定：地區銷售經理的工作目標應該由他和銷售小組對於公司銷售部門應有的貢獻來決定，專案工程師的工作目標應該由他和手下的工程師、繪圖員對於工程部門應有的貢獻來決定，事業部總經理的工作目標應該由他所管轄的事業部對於母公司應有的貢獻來決定。

所以，每位主管必須自行發展和設定單位的目標。當然，高階主管仍然需要保留對目標的同意權，但是發展出這些目標則是經理人的職責所在。的確，這是他的首要之務。而這也意味著每位經理人應該負責任地參與，協助發展出更高階層的目標。單單「讓他有參與感」（套用大家最愛用的「人群關係」術語）還不夠，經理人必須負起真正的責任。正因為經理人的目標必須反映企業需要達到的目標，而不只是反映個別主管的需求，因此經理人必須以積極的態度，認同企業目標。他必須了解公司的最終目標是什麼，對他有什麼期望，又為什麼會有這樣的期望，企業用什麼來衡量他的績效，以及如何衡量。每個單位的各級主管都必須來一次「思想交流」。而唯有當每一位相關主管都能徹底思考單位目標時，換句話說，積極並負責地參與有關目標的討論，才能達到會議的功效。唯有當基層主管積極參與時，高層主管才知道應該對他們抱著什麼樣的期望，並據以提出明確的要求。

這件事太重要了，我認識的幾位高效能的企業高階主管還更進一步，要求屬下每年要寫兩封信給上司。在這封寫給上司的信中，每位經理人首先說明他認為上司和自己的工作目標分別為何，然後提出自己應該達到哪些工作績效。接下來，他列出需要做哪些事情，才能達到目標，以及他認為在自己的單位中，有哪些主要的障礙，同時也列出上司和公司做的哪些事情對他會形成助力，哪些又會構成阻力。最後，他概要敘述明年要進行哪些計畫，以達到目標。如果上司接受信中的陳述，這封信就變成他進行管理和營運的工作契約書。

這個設計比我所看過的其他管理上的設計都更能顯示，即使最優秀的「老闆」都多麼容易透過未經思考的輕率發言來混淆和誤導屬下。有一家大公司已經推行這種制度長達十年之久，然而幾乎每封信列出的目標和績效標準都令上司極其困惑。每當他問：「這是什麼？」得到的回答都是：「你不記得幾個月前和我一起搭電梯下樓時說的話了嗎？」

這種情形也反映出上司和公司對於員工的要求往往充滿矛盾。當速度和高品質只能取其一時，是否公司仍然要求兩者兼顧？如果為了公司利益著想，應該如何妥協？上司在要求屬下具備自主性和決斷力的同時，是否又要他們事事都先徵得他的同意？他是否經常徵詢屬下的想法和建議，但是卻從來不採用或討論他們的建議？每當工廠出問題的時候，公司是否期望工程小組能夠立刻上陣，但是平常卻把所有的努力都投注於完成新設計上？他們是否期望經理人達到高績效標準，但同時又不准他開除表現不好的屬下？在公司所塑造的工作環境中，員工是否認為「只要老闆不知道我在做什麼，我就能把工作做完」？

這些都是常見的狀況，都會打擊士氣，影響績效。「給上司的信」或許不能防止這種狀況，但是至少會把它攤在陽光下，顯示有哪些需要妥協的地方、需要深思熟慮的目標、需要設定的優先順序，以及需要改變的行為。

這些設計說明了：管理「經理人」需要特殊的努力，不僅要建立共同的方向，而且要消除誤導的情況。相互理解絕對無法單靠「向下溝通」或談話而達成，而必須透過「向上溝通」。上司必須願意聆聽，同時也設計適當的工具讓低層主管的聲音能上達天聽。

以自我控制取代上對下的統治

目標管理最大的好處或許在於，經理人因此能控制自己的績效。自我控制意味著更強烈的工作動機：想要有最好的表現，而不只是過關而已，因此會訂定更高的績效目標和更宏觀的願景。雖然即使有了目標管理，企業經營團隊不一定就會同心協力，方向一致，但是如果要透過自我控制來管理企業，勢必推行目標管理。

到目前為止，我在本書中還沒有討論到「控制」這件事；我只談到「評量」。因為「控制」的意思很含糊，一方面代表一個人管理自我和管理工作的能力，但也意味著一個人受到另外一個人的支配。就第一層意義而言，目標是「控制」的基礎；然而在第二層意義中，目標卻絕非「控制」的基礎，因為如此一來，會失掉了原本的目的。的確，目標管理的主要貢獻在於，我們能夠以自我控制的管理方式來取代強制式的管理。

在今天的美國或美國企業界，毋庸置疑，大家都非常嚮往自我控制的管理。所有關於「把決策權儘量下放到基層」或「論功行賞」的討論，其實都隱含了對這種管理方式的認同，因此傳統觀念和做法需要找到新工具，和推動深遠的改變。

為了控制自己的績效，經理人單單了解自己的目標還不夠，還必須有能力針對目標，衡量自己的績效和成果。所有公司都應該針對每個關鍵領域提供經理人清楚統一的績效評估方式。績效評估方式不一定都是嚴謹的量化指標或都很精確，但是卻必須清楚、簡單而合理，而且必須和目標相關，能夠將員工的注意力和努力引導到正確的方向上，同時還必須很可靠——至少大家能夠認知和理解誤差範圍有多大。換句話說，績效評估方式必須是不言而喻，不需要複雜的說明或充滿哲理的討論，就很容易了解的。

每位經理人都應該具備評估自己績效所需的資訊，而且應該及早收到這類資訊，因此才能及時修正做法，以達到預定目標。這類資訊應該直接提供經理人，而非他的上司；是自我控制的工具，而不是上級控制下屬的工具。

今天由於資訊蒐集、分析和整合的技術大幅進步，我們獲得這類資訊的能力也提高許多，因此特別需要強調這點。直到目前為止，我們不是根本無法獲得有關重要事實的資訊，就是即使蒐集到資訊，卻為時已晚，因此派不上什麼用場，只有歷史上的意義。不過，無法產生可衡量的資訊卻不見得全然是件壞事。因為如此一來，固然很難有效地自我控制，但上級也因此不容易有效控制經理人。由於公司缺乏資訊來控制經理人，因此經理人得以採行自己認為最適當的工作方式。

透過新科技，我們有能力獲得可衡量的資訊，因此也能進行有效的自我控制；如此一來，管理階層的工作效能和績效將大幅提升。但是如果企業濫用這種新能力來加強對經理人的控制，新科技反而會打擊管理階層的士氣，並且嚴重降低經理人的效能，造成無法估計的傷害。

奇異公司的例子充分顯示企業可以將資訊有效運用在自我控制上：

> 奇異公司有一個特殊的控制單位——巡迴稽查員。稽查員每年都會詳細研究公司每個管理單位一次，但他們的研究報告卻直接呈交該單位主管。只要偶爾與奇異公司的主管接觸，都可以感受到奇異內部所流露出的自信心和信任感，這種運用資訊來加強自我控制，而非加強上對下控制的作風，直接影響了公司的氣氛。

但是奇異的做法在企業界並不普遍，也不太為一般人所了解。管理階層的典型想法通常都比較接近下面例子所提到的大型化學公司的做法：

> 在這家公司裡，控制部門負責稽查公司裡每個管理單位，然而他們並不會將稽查結果交給受稽查的主管，只會將報告上呈給總裁，總裁再把單位主管召來當面質問。從公司主管為控制部門起的綽號：「總裁的祕密警察」，就充分顯示這種做法影響士氣。的確，現在愈來愈多主管不是把單位營運目標放在追求最佳績效上，而是只力求在控制部門的稽查報告上能展現漂亮的成績。

千萬不要誤以為我在鼓吹降低績效標準或主張不要控制。恰好相反，以目標管理和自我控制為手段，可以達到比目前大多數公司的績效標準還高的績效。而每位經理人都應該為績效成果承擔百分之百的責任。

但是，究竟要採取什麼做法來獲得成果，應該由經理人來主導（而且唯有他能主導）。他們應該清楚了解哪些行為和手段是公司所禁止的不道德、不專業或不完善的做法。但是，在限制範圍內，每位經理人必須能自由決定該做的事，而且唯有當經理人能獲得有關部門作業的充分資訊時，他才能為成果負起百分之百的責任。

儘量簡化報表

要採取自我控制的管理方式，就必須徹底反省我們運用報告、程序和表格的方式。報告和程序都是管理上的必需工具，但是我們也很少看到任何工具會如此輕易被誤用，而且造成這麼大的傷害。因為當報告和程序被誤用時，就不再是管理工具，而成了邪惡的掌控者。

有三種最常見的誤用報告和程序的方式。第一，一般人普遍相信程序是道德規範的工具，但其實不然，企業制定程序時，根據的完全是經濟法則，程序絕對不會規定應該做什麼，只會規定怎麼做能最快速完成。我們永遠也不可能靠制定程序來規範行為的問題；相反的，正確行為也絕不可能靠程序來建立。

第二個誤用方式是以為程序可以取代判斷。事實上，唯有在不須判斷的地方，程序才能發揮效用，也就是說，唯有在早已經過判斷和檢驗的重複性作業上，程序才派得上用場。西方文明十分迷信制式表格的神奇效用，而當我們試圖用程序來規範例外狀況時，就是這種迷信危害最烈的時候。事實上，能否在看似例行的程序中，迅速分辨出目前的狀況並不適用於標準程序，而需要特別處理，根據判斷來做決定，正是檢驗良好程序的有效方法。

但是，最常見的誤用方式是把報告和程序當作上級控制下屬的工具，尤其是純為提供資訊給高階主管而繳交的每天例行報告更是如此。常見的情況是，工廠主管每天必須填二十張表格，提供會計師、工程師或總公司的幕僚人員連他自己都不需要的資訊，其他可能還有幾千個類似的例子。結果，經理人沒有辦法把注意力集中在自己的工作上，在他眼中，公司為了達到控制目的而要求他做的種種事情，反映了公司對他的要求，成為他工作中最重要的部分；儘管心裡忿忿不平，但是他只好把力氣花在處理報表上，而不是專注於自己的工作上。最後甚至連他的上司都受到這些程序所誤導。

幾年前，有一家大型保險公司推動了一項「經營改善」大計畫，並且為此還特地建立了強而有力的中央組織，專門處理有關續約率、理賠、銷售成本、銷售方式等事宜。這個組織表現卓越，高層對於保險公司的經營學到了寶貴的經驗。但從那時候開始，這家公司的實際經營績效就一路下滑。因為專業經理人必須花愈來愈多的時間寫報告，愈來愈沒有時間把工作做好。更糟糕的是，他們很快就曉得「漂亮的報告」比實際績效還重要，因此不只績效一落千丈，內部風氣更日益敗壞。專業經理人開始視公司高層和他們身邊的幕僚為寇讎，不是陽奉陰違，就是敬而遠之。

類似的故事簡直不勝枚舉，幾乎在每個產業、在大大小小的公司裡，都可以看到同樣的故事上演。就某個程度而言，這種情況可說是錯誤的「幕僚」觀念所造成的，我們隨後會在本書其他章節中討論。但是，最重要的仍然是誤把程序當成控制工具所帶來的後果。

企業應該把報告和程序保持在最低限度，唯有當報告和程序能節省時間和人力時，才運用這項工具，並且應該盡可能簡化。

有一家大公司的總裁說了這個親身經歷的故事。十五年前，他在洛杉磯為公司買了一座小工廠。工廠每年有二十五萬美元的利潤，他也以這樣的獲利狀況為基礎來開價購買。當他和原本的工廠老闆（他留下來擔任廠長）一起巡視工廠時，總裁問：「你們當初都是怎麼決定價格的？」這位前老闆回答：「很簡單，我們每一千個單位要比你們便宜一毛錢。」下一個問題是：「那麼，你們怎麼控制成本呢？」他回答：「很簡單，我們知道總共花了多少成本在原料和人工上，也知道應該有多大的產量才能賺回我們花出去的錢。」最後一個問題是：「那麼，你們如何控制管銷成本呢？」「我們不操心這個問題。」

這位總裁想，嗯，只要引進我們的制度，實施徹底的控管，肯定能為工廠省下很多錢。

但是一年後，這座工廠的利潤下滑為十二萬五千美元；儘管他們的銷售量不變，定價也相同，但是繁複的報表程序卻吃掉了一半的利潤。

每一家企業都應該定期檢視是否真的需要那麼多報告和程序，至少應該每五年檢討公司內部表格一次。我有一次不得不建議一家公司採取激烈的手段來整頓內部，因為他們的報表就像亞馬遜流域的熱帶雨林一樣茂盛，已經深深危及這家老公司的生存。我建議他們暫停所有的報告兩個月，等到過了兩個月不看報告的日子以後，經理人仍然要求使用的報告才恢復使用。如此一來，居然淘汰了四分之三的報告和表格。

企業應該只採用達到關鍵領域的績效所必需的報告和程序。意圖「掌控」每件事情，就等於控制不了任何事情。而試圖控制不相干的事情，總是會誤導方向。

最後，報告和程序應該是填表者的工具，而不是用來衡量他們的績效。經理人絕對不可根據部屬填寫報表的品質來評估他的績效，除非這位部屬剛好是負責這些表格的職員。而要確保經理人不會犯下這個錯誤，唯一的辦法就是除非報表和工作績效密切相關，否則不要隨便要求屬下填任何表格，交任何報告。

管理的哲學

企業需要的管理原則是：能讓個人充分發揮專長和責任，凝聚共同的願景和一致的努力方向，建立團隊合作，調和個人目標和共同福祉的原則。

目標管理和自我控制是唯一能做到這點的管理原則，能讓追求共同福祉成為每位經理人的目標，以更嚴格、更精確和更有效的內部控制取代外部控制。經理人的工作動機不再是因為別人命令他或說服他去做某件事情，而是因為經理人的任務本身必須達到這樣的目標。他不再只是聽命行事，而是自己決定必須這麼做。換句話說，他以自由人的身分採取行動。

管理圈子裡近來愈來愈喜歡大肆討論「哲學」這個名詞。我曾經看過一份由一位副總裁署名的論文，題目是〈處理請購單的哲學〉（就我所了解，此處所謂的「哲學」是指請購時應該採用三聯單）。不過，目標管理和自我控制被稱為管理「哲學」倒是合理的，因為目標管理與自我控制是奠基於有關管理工作的概念，以及針對經理人的特殊需要、和面臨的障礙所做的分析，與有關人類行為和動機的相關概念。最後，目標管理和自我控制適用於不同階層和功能的每一位經理人，也適用於不同規模的所有企業。由於目標管理和自我控制將企業的客觀需求轉變為個人的目標，因此能確保經營績效。目標管理和自我控制也代表了真正的自由，合法的自由。

12 經理人必須管理

經理人的工作範圍和職權應該盡可能的寬廣；凡是不能明確排除在外的事務都視為經理人的職責。最後，經理人應該受績效目標的指引和控制，而不是由上司指導和控制。

經理人的工作應該以能夠達成公司目標的任務為基礎，是實質工作，能對企業的成功產生明顯而且可以清楚衡量的貢獻。經理人的工作範圍和職權應該盡可能的寬廣；凡是不能明確排除在外的事務應該都視為經理人的職責。最後，經理人應該受績效目標的指引和控制，而不是由上司指導和控制。

企業需要哪些管理工作，以及工作內容為何，永遠都應該取決於達到公司目標必須進行的活動和產生的貢獻。經理人的工作之所以存在，是因為企業所面臨的任務必須有人來管理，沒有其他原因。既然管理工作有其必要性，經理人就必須權責相符。

由於經理人必須為企業的最終成果負責並有所貢獻，他們的工作必須涵蓋充足的範圍，總是迎接最大的挑戰，承擔最大的責任，產生最大的貢獻，而且必須是明顯可見並可衡量的具體貢獻。經理人必須能夠指著企業最終成果說：「這部分就是我的貢獻。」

有些任務對於個人而言太過龐大，而且無法分割為許多完整而明確的工作，就應該把它組織為團隊的任務。

在企業界之外，團隊組織廣泛受到社會肯定。舉例來說，幾乎每一篇學術論文上面都有三、四位作者的名字，其中每一位——無論是生化學家、生理學家、小兒科醫生、外科醫生，都有其特殊的貢獻。然而，每個人都貢獻了自己的技能，並且為整個工作負責。當然，團隊總是會有一位領導人，雖然領導人掌握了較大的權力，但是他總是採取引導的方式，而非監督或命令。他的權威是根源於知識，而非階級。

企業界也經常採取團隊運作方式，次數遠比文獻上所記載的頻繁許多。每一家大型企業都經常運用團隊來擔負短期任務；做研究時，團隊合作也很普遍。運作順暢的工廠實際採用的是團隊組織，而非組織圖上顯示的階層組織，尤其當牽涉到工廠廠長和直屬技術部門主管之間的關係時，更是如此。流程生產和新式大量生產方式的許多工作都只能靠團隊運作的方式來完成。

但是在任何企業中，最重要的團隊任務都是高階經營工作。高階經營任務無論在範圍、技能要求、工作的性質和種類上，都超越了個人能力。無論教科書和組織圖怎麼說，管理完善的公司都沒有單人「執行長」，只有經營團隊。

因此很重要的事情是，經營階層必須了解團隊組織是什麼，什麼時候應該運用團隊，以及如何運用團隊。最重要的是，經營階層必須了解，團隊的每一位成員都有明確的角色。團隊並非只是把一團混亂變成美德，團隊運作比個人的工作需要更多的內部組織、更多合作和明確的工作分派。

管理責任的幅度

在討論管理職務究竟涵蓋了多大的幅度時，教科書通常都會從一個觀察開始：一個人只能督導少數人的工作，也就是所謂的「控制幅度」。這種說法導致管理變成怪物：疊床架屋的複雜層級阻礙了合作和溝通，抑制了未來經理人的發展，腐蝕了管理工作的真義。

不過，如果企業透過工作目標上的要求來控制經理人，借助工作成果來衡量他的績效，就不須採取傳統的監督方式——交代屬下應該完成的工作，然後確定他確實一一完成。根本沒有控制幅度的問題，理論上，經理人手下有多少人直接向他報告，都不成問題。的確，「管理責任的幅度」有其限制（我相信這個名詞是由奇異公司的雷思博士（Dr. H. H. Race）提出來的）：一位上司只能夠輔導有限的屬下達到目標。這是實質限制，卻非固定數字。

我們聽到的說法是，每個人的控制幅度不能超過六到八位屬下。然而，管理責任的幅度卻要視屬下需要協助和教導的程度而定，唯有在研究過實際狀況後，才能決定。和控制幅度不同的是，當我們在組織中步步高升時，管理責任的幅度也隨之擴大。管理新手需要最多的協助；他們的目標最難清楚界定，績效也最難具體衡量。另一方面，我們假定資深主管應該知道如何把工作做好，他們的目標是要直接為企業帶來貢獻，他們的績效是根據企業營收成果的標準而定。

因此，管理責任的幅度遠比控制幅度寬廣許多（雷思博士認為理論上，上限應該在一百人左右），為了不任意擴大控制幅度，經理人負責領導的人數應該總是略高於他實際能照顧到的人數。否則，就會抵擋不住監督部屬的誘惑，不是乾脆跳下去做部屬的工作，就是什麼都要管。❿

管理責任的幅度大小，不會因經理人的部屬是個人或團隊而有所差異。不過團隊成員的數目不應該太多。我在企業界見過最大的功能性團隊是標準石油公司（Standard Oil）的董事會，董事會完全由公司全職主管組成，是全世界規模最大、最複雜、也最成功的企業經營團隊。因此，十四位董事會成員似乎不算太多。但是，唯有靠嚴謹的紀律，這麼大的團隊才能運作順暢。舉例來說，標準石油的董事會討論問題時，必須全體無異議通過，才會成為決議。然而就一般情況而言，這個程序實在太過繁複了，因此團隊人數通常最多不超過五、六個人，而且一般而言，三、四個人的效果最佳。

團隊通常不會是傑出的管理者，換句話說，團隊不應該有直屬的下級主管——雖然團隊中的個別成員可能會直接管轄到低階主管。基本上，還是由個人來承擔管理職責中的協助和

❿ 過去任職於施樂百百貨公司，後來任職於美國商務部的渥斯（James C. Worthy）曾針對這點，提出許多支持性的證據。

教導等要素比較適當。

第一線主管是組織的基因

盡可能給予經理人最大的工作幅度和職權，其實只是把決策權儘量下放到最低階層，以及讓決策權盡可能掌握在實際行動者手中的另一種說法罷了。然而就效果而言，如此要求嚴重悖離了由上而下授權的傳統觀念。

企業的活動和任務可以說都是從上而下規劃，必須先從期望的最終產品著手分析：企業的績效目標和預期成果為何。從分析中再一步步決定應該完成哪些工作。但是在組織經理人的工作時，我們必須由下而上規劃。我們必須從「第一線」活動著手——負責產出實際的商品和服務、把商品和服務銷售給顧客，以及製作出藍圖和工程圖的工作。

第一線經理人負責基本管理工作——其他所有工作都完全仰賴基本管理工作的績效。由此可見，高階管理工作是基本管理工作衍生出來的產物，目的是協助第一線經理人做好他們的工作。如果從企業的結構和組織上來看，第一線經理人才是所有權責的中心；唯有第一線主管無法親自完成的工作才會向上交由高階主管來完成。因此可以說，第一線經理人是組織的基因，所有更高階的器官都是由基因預先設定，也從基因發展而成。

顯然，第一線經理人能夠做和應該做的決定，以及應該擔負的權責，仍有其實際限制。他仍然會受到職權所限。例如，改變銷售人員的報酬就不干生產線領班的事，地區銷售經理無權插手其他地區的業務等等。他能做的決定也有其限制。顯然他不應該制定會影響到其他經理人的決策，也不應該制定會影響到整個企業及其精神的決策。例如，任何經理人都不能在未經評估的情況下，獨自決定屬下的生涯和前途，這是基本的審慎態度。

我們不應該期待第一線主管制定他們無法制定的決策。例如，必須為短期績效負責的主管沒有時間考慮長期決策。生產線人員缺乏知識和能力來擬訂養老金計畫或醫療計畫。這些決策當然會影響他，他應該知道這些計畫，了解這些計畫，而且盡可能參與這些計畫的籌備和形成過程，但是他無法制定這些決策，因此也無法承擔這方面的權責，因為權與責應該以任務為導向。這個原則適用於所有管理階層，一直到執行長本身的工作。

我們可以根據一個簡單的原則，來設定經理人的核准權限。奇異公司的電燈事業部在部門規章中引用了美國憲法來表達：「凡是沒有明文規定保留給高階主管的職權，都屬於低階主管的職權。」（這種說法和過去普魯士的公民權概念恰好相反：「凡是沒有明確表示准許的事項都是禁止的。」）換句話說，凡是經理人在職責範圍內無權決定的事項都應該明確說明；除此之外的一切，他應該都擁有充分的權責來處理。

經理人與上司的關係

那麼經理人的上司應該做哪些事情呢？他的職權為何？責任又是什麼？

如果純粹從文雅的角度而言，我不太欣賞美國布雷克皮鞋公司（American Brake Shoe

Company）的紀文（William B. Given, Jr.）提出的「由下而上的管理」（Bottom-up Management）這個名詞。

不過，這個名詞所代表的涵義卻很重要。高階和低階主管之間的關係不只是「督導」這個詞中所表達的上對下關係，事實上，甚至不是雙向的上下關係，而包含了三個面向：低階主管與高階主管的下對上關係；每位經理人和企業的關係；以及高階主管與低階主管的上對下關係。而其中每一種關係基本上都代表責任——是負責，而不是享受權利。

每位經理人都有一項任務——對上級單位的需求有所貢獻，以達成上級的目標。的確，這是他的首要之務，他也據此發展出自己的工作目標。

其次，則是經理人對企業的責任。他必須分析自己單位的任務，清楚界定需要採取哪些行動，才能達到目標。他必須建構這些活動所要求的管理職務，協助屬下經理人通力合作，結合個人利益與企業整體利益。他必須指派屬下執行這些管理工作，撤換績效不佳的經理人，獎勵績效良好的部屬，並且讓表現卓越的經理人獲得額外的報酬或升遷機會。他還需要協助屬下經理人充分發揮能力，以及為明日的管理任務預做準備。這些責任都很繁重，但是卻不是其他人（屬下）的工作責任，而是主管自己的工作責任。這些責任隱含在經理人自己的工作中，而不是在部屬的工作中。

最後則是對於屬下經理人應負的責任。他首先必須確定他們了解他的要求，幫助他們設定工作目標，並達成目標。因此他必須負責讓屬下獲得必需的工具、人員和資訊，提出建議和忠告，並在必要的時候，教導他們如何表現得更出色。

如果需要用一個詞來定義這種上對下的關係，「協助」將是最接近的字眼。的確，許多成功的公司（其中最著名的是ＩＢＭ公司）稱經理人為屬下的「助手」。出於目標管理上的必要性，每個部屬都必須為自己的工作負責，他們的績效和成果歸他們自己所有，同時也自己承擔達成目標的責任，但是上級主管的責任是盡一切力量，幫助屬下達成目標。

我們在習慣上總是認為天主教會對於神父施加威權式的控制。主教有權指派神父到某個教區（雖然他不能毫無理由地撤換他，必須先經過審訊）。主教能設立新教區，廢止或合併現有教區，但他不能指揮教區神父做事，神父的工作內容是客觀地由職務性質來決定，並且在教會規章中早有明文規定。主教本身也不能行使神父的職權，只要該教區有教會正式指派的神父，那麼這位神父就完全擁有該職位的一切權責。根據神學，每一位神父都是透過使徒的傳承而被授與神職；因此根據天主教律法，他基於神職的要求而獨享教區神父的職權，只受職務功能所限。

管理單位的目標應該包括本單位對於企業的成功必須貢獻的績效與成果，應該總是把焦點放在上級的目標上，但是單位主管的目標應該包括如何協助下級主管達到目標。經理人的願景應該總是向上看，視企業為整體。但是他同樣應該向下負責，向他所領導的團隊中的經理人負責。或許在有效組織經理人的工作時，基本的要求是，經理人應該明白他和屬下的關係是一種責任，而不是上對下的監督。

13

組織的精神

目標管理告訴經理人應該做什麼，但是組織精神卻決定了經理人是否有意願完成工作。組織精神能喚醒員工內在的奉獻精神，激勵他們努力付出，決定了員工究竟會全力以赴，還是敷衍了事。組織的目的是「讓平凡人做不平凡的事」。

我們可以用兩段話來涵蓋「組織的精神」。第一段話是卡內基的墓誌銘：

此人長眠於此
他很懂得如何延攬
比他更優秀的人
來為他服務

另外一段話則是為殘障人士找工作而設計的口號：「真正重要的是能做什麼，而不是不能做什麼。」

目標管理告訴經理人應該做什麼，透過工作的合理安排，經理人能順利完成工作，但是組織精神卻決定了經理人是否有意願完成工作。組織精神能喚醒員工內在的奉獻精神，激勵他們努力付出，決定了員工究竟會全力以赴，還是敷衍了事。

套句白佛里奇爵士（Lord Beveridge）的話，組織的目的是「讓平凡人做不平凡的事」。沒有任何組織能完全仰賴天才；天才總是非常罕見，而且不可預測。但是能不能讓普通人展現超凡的績效，激發出每個人潛在的優點，並且運用這些優點，協助組織其他成員表現得更好，換句話說，能否截長補短，是組織的一大考驗。

好的組織精神必須讓個人的長處有充分的發揮空間，肯定和獎勵卓越的表現，讓個人的卓越表現對組織其他成員產生建設性的貢獻。因此，好的組織精神應該強調個人優點——強調他能做什麼，而不是他不能做什麼，必須不斷改進團體的能力和績效；把昨天的優良表現當作今天的最低要求，把昨天的卓越績效視為今天的一般水準。

總而言之，良好組織精神真正的考驗不在於「大家能否和睦相處」；強調的是績效，而不是一致。「良好的人群關係」如果不是根植於良好的工作績效所帶來的滿足感與和諧合理的工作關係上，那麼其實只是脆弱的人群關係，會導致組織精神不良，不能促使員工成長，只會令他們順從和退縮。我永遠忘不了一位大學校長說過的話：「我的職責是讓一流的老師能夠好好教書，至於他和我或其他同事相處得好不好（真正好的老師往往和同事處不好），完全是兩碼子事。當然，我們學校有很多問題人物——但是他們很會教書。」當他的繼任者改變政策，強調「安寧與和諧」時，教師的表現很快就每況愈下，士氣也瓦解。

相反的，對組織最嚴重的控訴莫過於說他們把傑出人才當成威脅，認為卓越的績效會造成別人的困擾和挫折感。對組織精神殺傷力最大的莫過於一味強調員工的缺點，而忽視他們的長處，不正視員工的能力，只怪罪他們的無能。企業必須把焦點放在員工的長處上。

實踐，而非說教

組織精神良好，表示組織所釋放出來的能量大於投入努力的總和。顯然，企業無法靠機械手段，產生這樣的結果。理論上，機械手段充其量只能完整無缺地保存能量，而不能創造能量。唯有靠道德力量才有可能獲得高於投入的產出。

為了在管理階層中塑造良好精神，必須仰賴道德力量，強調優點，重視誠實正直，追求正義，在行為上樹立高標準。但是道德不等於說教。道德必須能夠建立行為準則才有意義；道德也不是告誡、說教或善意，重要的在於實踐。的確，要達到效果，道德必須超然，獨立於員工能力和態度之外，是有形的行為，是每個人都看得到、可實踐和衡量的行為。

為了避免有人說我提倡偽善，我得先聲明，人類歷史上所有曾經展現偉大精神的組織，都是藉由實踐而達成。美國最高法院可以讓迂腐的政客轉變為偉大的法官；美國海軍陸戰隊和英國海軍也藉由實踐，打造出著名的團隊精神；世界上最成功的「幕僚機構」——耶穌會的精神也是奠基於有系統的實踐。

因此，管理需要具體、有形而清楚的實踐。在實際做法上必須強調優點，而非缺點；必須激發卓越的表現；必須說明組織的精神根植於道德，因此必須建立在誠實正直的品格上。

企業必須透過五方面的實踐，才能確保正確的精神貫徹於整個管理組織中：

一、必須建立很高的績效標準；對於不良或平平的績效不假寬貸，而且必須根據績效給予獎勵。

二、每個管理職位本身必須有其價值，而不只是升遷的踏板。

三、必須建立合理而公平的升遷制度。

四、管理章程中必須清楚說明誰有權制定攸關經理人命運的重要決定；經理人必須有管道可以向高層申訴。

五、在任命經理人的時候，必須很清楚誠實正直的品格是對經理人的絕對要求，是經理人原本就需具備的特質，不能期待他升上管理職後才開始培養這種特質。

安於平庸的危險

當經理人說：「在這裡，你沒有辦法致富，但也不會被炒魷魚」時，對公司和組織精神的傷害，莫此為甚。這種說法強調安於平庸，結果會養成官僚，變相懲罰了企業最需要的人才——企業家。這種心態不鼓勵員工冒險犯錯，導致員工不願嘗試新事物，既無法建立組織的精神——唯有高績效才能提振士氣，甚至建立安全感。管理階層所需要的安全感是建立在對高績效的認知和肯定上。

管理精神的首要條件是要求高績效。經理人不應該受人驅策，但應該自我驅策。的確，要求經理人為自己訂定高績效標準，是推行目標管理的主因之一。

當經理人持續績效不佳或表現平平時，公司絕對不能有所寬貸，更遑論加以獎勵了。公司不應該容許訂定低目標或績效總是不佳的經理人留在原本的位置上，應該把他降調到低階職位或開除他，而不是把他「踢上樓去」。

這並不表示應該懲罰犯錯的經理人。每個人都是從錯誤中學習，愈優秀的人犯的錯愈多，因為他比較願意嘗試新事物。我絕對不會把從未犯錯的人升到高階職位上，因為沒犯過大錯的人必然是平庸之輩。更糟的是，沒犯過錯的人將學不到如何及早找出錯誤，並且改正錯誤。

但是，應該撤換持續績效不佳或表現平平的員工，並不表示公司應該大開殺戒，無情地到處開除員工。公司對於長期效忠的員工負有強烈的道德責任。就像其他決策機制一樣，企業的經營管理階層在提拔一個人時，因自己犯下的錯誤，升了不該升的人，就不該為了他後來的表現沒有達到預期的工作要求，而把他開除。公司或許不該完全怪罪這名表現不理想的員工，很可能經過幾年後，工作的要求已經超越了他的能力。舉例來說，沒有多久以前，許多公司還認為稽核工作和資深會計差不多，今天他們卻視稽核為重要決策功能，因此十年前勝任愉快的稽核人員在今天的新觀念下，可能變得能力不足，表現不佳。但是這不能完全歸咎於他，而是遊戲規則已經整個改變了。

當屬下失敗的原因顯然出自管理上的失誤時，就不應該將他解雇，但仍然應該把績效不佳的人調離目前的工作崗位。這是經理人對企業應盡的責任，也是為了全體的士氣和精神著想必須做的事情，這樣才對得起表現優異的員工。這也是主管應該為績效不佳的部屬盡到的責任，由於能力不足而無法勝任工作，其實受創最深的還是員工自己。當員工績效顯示調整工作的必要性時，無論個人情況如何，經理人都必須痛下決心，採取行動。

至於是否應該繼續雇用這名員工，考慮又完全不同。關於第一項決定的政策必須嚴格，關於第二項決定的政策卻必須多一些體諒與寬容。堅持嚴格的標準能激勵士氣和績效，但關於人的決定卻必須盡可能考慮周全。

福特汽車公司的做法是很好的例子。當福特二世接班後，某個部門的九位主管都無法勝任組織重整過程中創造的新職位。結果，公司沒有指派任何一位主管去新職位，反而在內部另外為他們找到勝任愉快的技術專家職位。原本福特公司大可請他們走路，毋庸置疑，他們都無法勝任管理工作；尤其在這種特殊狀況下，新官上任當然自認有權展開大幅人事改革。然而，福特的新經營團隊秉持的原則是，一方面沒有人能夠霸住職位，卻交不出漂亮成績單；另一方面也沒有人應該為了舊政權所犯的錯而受罰。福特汽車後來快速重整旗鼓，有很大部分要歸功於高層嚴格遵守這個原則。（附帶說明一下，那九位主管中，有七個人後來在新職位上表現優異，其中一人因為績效卓越而被擢升到比他最初的職位更重要的位置。有兩個人仍表現不好，一人被迫退休養老，另一人則遭到解雇。）

在實務上，要兼顧對高績效的堅持和對個人的關懷並不難。只要肯努力，再發揮一點想像力，幾乎都一定能在組織中找到與個人能力相符的實際工作（而不是「製造出來的工作」）。我們經常聽到的藉口：「我們根本動不了他；他在這裡待太久了，不能隨便把他開除。」根本邏輯不通，站不住腳，會傷害到經理人的績效、士氣，以及他們對公司的尊敬。

評估需要清楚的標準

要堅持高目標和高績效，就必須系統化評估屬下設定目標和達成目標的能力。

當經理人指派工作、調配人力、建議薪資幅度和升遷名單時，他其實都在根據對屬下及其績效的評估來做決定。因此經理人需要系統化的評估方式，否則他就會浪費太多時間做決定，而且仍然依賴直覺、而非知識，來做決定。屬下也必須要求主管制定這些決策時是出於理性，而不是單憑直覺行事，因為這些決策說明了上司對他們的期望以及重視的目標。

因此，美國企業界愈來愈流行系統化的經理人績效評估，大企業尤其如此。許多評估程序都必須借重專家協助，而且通常是心理學家，把焦點放在開發個人潛能上。這種做法或許合乎心理學，卻是很糟的管理。評估是主管的責任，永遠都應該把焦點放在改善績效上。

評估屬下及其績效，是經理人的職責。的確，除非親自評估屬下，否則他無法善盡協助和教導屬下的責任，也無法盡到對公司的責任，把對的人放在適合的位置上。評估程序不應困難和複雜到必須委託專家來進行，因為如此一來，經理人不也是放棄職權，規避責任？

評估必須奠基於績效。評估是一種判斷，而總是需要有清楚的標準，才能下判斷；缺乏清晰、明確的公開標準而做的價值判斷是非理性而武斷的，會腐化了判斷者和被判斷者。無論是多麼「科學化」，無論能產生多少「洞見」，強調「潛能」、「性格」和「承諾」的評估方式，都是在濫用評估。

針對長期潛能所做的判斷是最不可靠的。一個人對別人所下的判斷通常都不值得信賴，而變化最大的莫過於人的潛能了。許多人年輕時潛力無窮，前程似錦，步入中年後卻庸庸碌碌，平凡無奇。也有許多人原本只是販夫走卒，四十歲以後卻成為耀眼的明星。試圖評估一個人的長期潛能，簡直比蒙地卡羅的賭盤更沒有勝算。而且評估制度愈「科學化」，預測錯誤的風險就愈大。但是，最大的錯誤是試圖根據缺點來做評估。

有一個古老的英國趣聞很適合說明這個觀點。彼特不到二十歲就擔任英國首相，在拿破崙橫掃歐洲，英國孤軍奮戰的那段黯淡日子裡，彼特以無比的勇氣與決心，領導英國人頑強對抗拿破崙，並深以自己純潔的私生活自豪。他在那腐敗的年代展現了絕對誠實的作風；在道德低落的社會中，他是完美的丈夫和父親。可惜他年紀輕輕就過世了。根據這個故事，彼特過世時來到天國之門，聖彼得問他：「身為一個政客，你憑什麼認為自己可以上天堂？」彼特指出自己從來不接受賄賂，也沒有情婦等等。但是聖彼得粗暴地打斷了他的話：「我們對於你沒有做什麼，一點也不感興趣，你到底做了哪些事情？」

一個人不可能藉由他所沒有的能力來完成任何事情，一個人也不可能什麼都不做，而能達到任何成就。每個人唯有靠發揮自己的長處，努力實踐，而有所成就。因此評估的首要目標必須是讓每個人的能力能充分發揮。唯有當一個人的長處為人所知，並受到賞識時，提出以下的問題才有意義：他必須克服哪些缺點，才能發揮長處，有所進步？一個人希望做得更好、懂得更多、表現得不一樣，這些需求都非常重要，必須達到這些目標，他才能成為更優秀的強者。

獎勵卓越績效和特殊貢獻

如果一個人會因為表現不好而被開除，他應該也要有機會因為表現特別優異而致富。經理人所得到的報酬應該和工作目標息息相關。一方面根據短期利潤來決定經理人的薪資，另一方面卻要求他平衡長短期目標，為公司保留長期獲利的能力，簡直就是最糟糕的誤導。

幾年前，一家大型製藥公司就發生過這種情形。公司經營階層原本強調他們希望資深化學家多從事基本研究，而不是去開發立即可以上市的產品。有一年，其中一位資深化學家在有機化學的領域有了重大的發現，但是還需要多年的努力，才能把他的發現轉換成商品。結果發年終獎金的時候，這位化學家發現他得到的獎金數目和前一年差不多，拿到高額獎金的同事對既有產品做了很多簡單的小改善，但是卻立即可以推出上市。經營階層認為自己的行為完全合理，這位化學家的重大發現對於該年的獲利毫無貢獻，而年終獎金原本就是以每年獲利為基礎。但是這位化學家卻覺得高層口是心非，於是他遞了辭呈，四、五位同事也和他一起離職，公司損失了一批最優秀的化學家，直到現在還無法網羅到一流的研究人員。

此外，薪資制度不可太過僵化，以至於「超乎職責要求的特殊績效」得不到其應有的獎勵。

我曾經在一家公司認識了一位工程人員，多年來，他訓練了無數剛進公司的年輕工程師，包括連續四任總工程師當年都是從他手下訓練出來的，但是他自己始終待在基層，毫無升遷機會。工程部門裡每個人都知道他的貢獻，然而直到他退休為止，公司始終沒有給他應有的肯定。等他退休後，公司不得不雇用訓練主任和兩名助理來填補他留下的空缺。後來，這家公司為了彌補先前的疏忽，送了一份厚禮給這位退休老人。

這類的貢獻應該在當時就獲得獎勵。這類貢獻或許無法直接帶給企業可衡量的經營成果，但是卻能塑造企業精神，提升績效，而且通常員工都很看重這類貢獻，如果經營階層不能肯定和獎勵這些人，員工會覺得非常不公平。因為偉大的組織之所以有別於一般組織，正是因為其成員願意奉獻心力，達到超乎工作要求的成就。任何組織如果擁有這樣的員工，應該暗自慶幸，把原本的薪資上限拋在腦後。針對這類貢獻而頒發的獎勵應該像美國國會榮譽獎章或英國維多利亞十字勛章一般珍貴、眩目而偉大。

金錢上的獎勵絕對不能變成賄賂，也不能製造出高階主管既無法辭職，也不能被革職的處境。美國企業界為了節稅，很流行延後酬勞給付的做法，因而引起嚴重的疑慮。

其中一個效應是，有位高階主管多年來一直覺得在公司無法一展所長，想要離開。其他公司開出了極富吸引力的條件，他總是在最後一刻婉拒了，原因很簡單，他還有一筆五萬到七萬五千美元的延後紅利扣押在公司裡，他必須繼續為公司效命五年，才能領到這筆錢。結果，他繼續待在原本的工作崗位上，卻是沮喪痛苦，經常為去留問題彷徨不已，成為整個經營團隊不滿的對象。

企業無法買到忠誠，只能努力贏得忠誠。我們不能賄賂員工留在公司；結果明明是員工自己禁不起誘惑，他們卻只會怪罪公司。我們不能把開除員工變成太過嚴厲的懲罰，以至於從來沒有人敢輕易嘗試。我們不應該讓高階主管變得太注重安全感。處理自己的事情時，老是只考慮安全保障的人，不太可能從其他角度看待工作，也不太可能開拓和創新。

我舉雙手贊成彌補高稅率帶給高階主管的損失。一九五〇年代的美國，只有企業主管的稅後收入明顯地比一九二九年的水準還低，我認為這種情形無論對於社會福祉或經濟發展，都會帶來嚴重的危機。提高薪水不能解決問題，因為高稅率會吃掉加薪幅度，達到的唯一效果是激起勞工的憤怒（因為沒有幾個勞工明白稅前收入其實不算真正的收入）。但是除了用延後給付報酬來賄賂員工之外，一定還有更好的解決辦法，既能強調經理人的企業家角色，獎勵卓越的績效，而又不會讓經理人變成公司的奴隸。

不要過度強調升遷

每個經理人應該都能從工作本身獲益，得到滿足，管理職位不應只是在組織階梯中向上攀升的踏腳石。即使在快速成長的公司裡，能夠升上去的經理人仍然只佔少數。對於其他各階層主管而言，今天的職位很可能就是他們會一直做到退休、甚至過世的工作。每五位經理人中，可能就會有三、四個人會因為公司過度強調升遷而深感挫敗，士氣低落。過度強調升遷的做法也會引發不當的競爭風氣，為了自己能脫穎而出，員工將不惜犧牲同事。

為了避免過度強調升遷的壞處，薪資結構中應該提供特殊表現的獎賞，獎金幾乎相當於因為升遷而增加的酬勞。舉例來說，每個階層的薪資幅度應該保留適當的彈性，因此績效卓越的員工獲得的報酬將超過比他高一個層級員工的平均薪資，而且相當於高兩個層級員工的最低薪資。換句話說，即使沒有升遷的機會，如果表現優異的話，每個人還是有可能大幅加薪，而加薪幅度相當於連升兩級所增加的酬勞。

但是單單靠金錢獎勵還不夠。無論經理人或一般員工，無論在企業內外，每個人都還需要另外一種獎勵——聲望和榮耀。

對於大企業而言，這個問題尤其嚴重。無法滿足這方面需求的有兩個領域，而且主要都出現在大企業中：企業大單位主管以及專業人才對外的地位聲望的象徵。

通用汽車或奇異公司的事業部主管經營的事業幾乎都是產業界的龍頭，規模通常相當於或大於獨立經營的任何一家同業，不過他們的職銜卻只是「總經理」而已，而那些規模較小的競爭者，公司首腦卻享有「總裁」的頭銜和身為企業領導人的地位和肯定。因此基本上，大企業給予經理人的頭銜必須能與他們承擔的責任和重要性相稱。或許應該稱他們為事業部「總裁」，而事業部高層主管則叫「副總裁」。許多公司的例子顯示（其中最著名的是聯合碳化物公司和嬌生公司），其實在企業內部，這些頭銜並不會改變實質關係，但是對於享有頭銜的主管對外的身分地位、榮耀感、工作動機及組織精神，卻都產生莫大影響。

同樣的，企業也必須給予專業人才在專業地位上應有的肯定和獎勵。

即使沒有過度強調，升遷問題仍會不斷盤旋在經理人的腦海中，激發他們的雄心壯志。因此必須有合理的升遷制度，才能塑造良好的組織精神和營運績效。

企業應該根據已證實的績效來決定升遷。危害最深的做法莫過於為了把績效不彰的員工踢出去，而推薦他升官，或遲遲不肯讓優秀的員工更上一層樓，因為「假如沒有他，我們不知道該怎麼辦」。升遷制度必須確保所有具升遷資格的員工都列在考慮名單上——而不是只有最受矚目的人出線。同時還必須由更高層的主管審慎評估所有的升遷決定，才不容易發生「把庸才往上推」或「把優秀人才藏起來」的情況。

升遷制度還應該充分運用公司內部的管理資源。如果升遷機會總是落在工程師、業務員或會計人員頭上——或是像許多鐵路公司的情況，落在職員頭上——不但受冷落的團體士氣會大受打擊，而且也浪費了寶貴而稀有的資源。有些企業會需要某些特殊功能或技術背景的人才來擔當要職，既然如此，他們就應該有系統地雇用較低階的人員來擔任其他工作，並且實實在在地和員工說清楚，免得他們抱著虛幻的期望。但是在大多數企業中，升遷機會失衡其實只反映了僵化的傳統、混淆的目標、心理上的怠惰，或不看實力、只看「能見度高低」來決定升遷的做法依舊陰魂不散。

持續引進外部人才

企業不應該完全從內部升遷。內部升遷確實是企業的常態，但很重要的是，不要讓管理階層完全倚賴近親繁殖，結果變得自鳴得意、自我封閉。公司規模愈大，就愈需要局外人的參與。公司內部應建立起清楚的共識——即使是高階管理職位都需要定期引進外部人才，而外部人才一旦加入公司，享受的待遇將和循正常軌道升上來的「老幹部」沒什麼兩樣。

施樂百的發展過程顯示了這種做法是多麼重要。郵購事業自行培養出來的人才，沒有一個人能夠將事業領域擴展到零售商店，並且確保公司不斷成長。因此他們必須尋求外援，借重伍德將軍的長才。同樣的，福特汽車在重整旗鼓的過程中，必須從外界引進人才，擔任高階職位。企業必須持續引進外部人才——而不是碰到危機才尋求外援——才能避免危機，或未雨綢繆。

升遷決策是我所謂攸關經理人命運的重大決策，其他重大決策還包括有關解雇或降級、薪資高低及工作範圍的決策。同樣重要的則是有關經理人管轄單位的工作範圍和內容的決策，例如資本支出。即使連續效評估，都深深影響到經理人在公司的生涯發展。這些決策都非常重要，不應該只仰賴一個人獨自下判斷。

就評估而言，一般人都認同上述觀點，因此許多公司的評估制度都要求經理人和上司一起檢視他對下屬的評估。有些公司甚至把這個原則延伸到所有影響主管地位的決策，例如有關薪資或職位的決策。舉例來說，奇異公司要求經理人制定這類決策後必須再經由上級長官核准，才能正式生效。但是在大多數的公司裡，只有在任命高階主管時，才會遵守這個規定。至於企業在任命低階主管時，通常都沒有明確劃分權責，也沒有制定任何措施來防止個人專斷或錯誤決定。除了會直接影響個人升遷、降級、解雇或薪資的決定外，其他的決策就更缺乏明確準則了。

經理人應該了解誰是有權做決定的人，知道在做這類決定時必須諮詢哪些人的意見，同時也知道在攸關自己工作和職位的決策上，是否有適當的措施防止個人獨斷獨行或錯誤判斷。他們也應該有申訴的權利。

大陸罐頭公司（Continental Can）的做法最明智。在他們公司裡，每一位經理人都能夠針對直接影響自己的重要決定——例如有關職位或工作的決定——提出申訴，而且可以一直上訴到總裁和董事長的層次。不過上訴到「最高法院」的機會微乎其微，因為絕大多數的申訴都在第一次審訊中就處理完畢。但是有權向最高層申訴的措施對整個管理階層造成極大的衝擊，每位經理人碰到這類重大人事決定時，都會三思而後行。而受人事決策影響的主管也不會覺得自己受到惡意、偏頗或愚蠢的對待，卻無力扭轉局勢。

甚至比這些防範措施都更有效的做法是，告訴全體員工，管理階層真正想要的是健全的組織精神。事實上，最簡單的方法就是告訴所有的主管：「建立組織精神是每一個人的責任。想想看你在自己所領導的部門中，做了哪些事情來建立健全的組織精神，然後告訴我們這些高階主管，我們可以做哪些事情，為你所屬的部門建立起健全的組織精神。」

經理人深切反省自己和上司的做法，往往有助於改善現況，對管理精神帶來重大貢獻，也讓員工相信管理階層並不是只愛說教，而且也決心有所作為。這樣做將能塑造出渴望改善的企圖心，而這種不斷改善的決心和意願甚至比實際的績效還要重要，因為動態的成長遠比靜態的完善能帶來更豐富的收成。

上梁不正下梁歪

除非公司高層每次在任命管理職時，都能言行如一，秉持一貫信念，否則即使做法再完善，也無法建立起健全的精神。如果管理階層在拔擢人才時，能夠重視正直的人格，絕不輕易妥協，那麼就是誠心誠意恪遵信念的最終明證。因為領導才能是透過人格而展現，領導人的品格能樹立典範，上行下效。人格無法靠在職訓練來培養，如果一個人就任新職前沒有良好的品格，那麼他以後也絕不可能培養出良好的品格。一個人的人格是無法作假的，不出幾個星期，他的同事（尤其是屬下）就會看穿他究竟是不是個正直的人。他們或許不計較別人的無能、無知、缺乏安全感或無禮，但是他們將不會輕易寬恕一個不正直的人，也不會原諒高層主管當初錯誤的決定。

我們或許很難為正直下明確的定義，但是不難釐清什麼是極端不正直的表現，以至於令人喪失擔任經理人的資格。如果一個人老是把眼光放在別人的缺點而不看別人的長處，就不應該擔任管理職。對於別人不能做什麼總是瞭若指掌，卻從來不去看他們能做什麼，將嚴重打擊士氣。當然，經理人應該明瞭屬下的侷限，但是他應該視之為其能力上的限制，以及激發他們進步的挑戰。經理人應該是個務實的人，而憤世嫉俗的態度一點都不切實際。

如果一個人對於：「誰是對的？」這個問題比：「什麼是對的？」還感興趣，那麼他就不應該擔任經理人。把人的重要性置於工作要求之上，是腐敗的表現。詢問「誰是對的？」（即使不是玩弄政治手腕），也是鼓勵屬下只求穩當就好。更重要的是，這種態度鼓勵屬下在犯錯時只求「掩蓋錯誤」，而不是一發現錯誤，就立刻修正。

認為聰明才智比誠實正直更重要的人，也不應該擔任管理職，因為這是不成熟的表現。企業絕對不該把害怕屬下能力太強的人升上來當主管，因為這是經理人的一大弱點。不能為自己的工作設定高標準的人，也不應該當主管，因為這樣會養成對工作和管理能力的輕視。

一個人或許知識不足，表現不佳，缺乏判斷力，又沒有才幹，任用他擔任主管卻沒有太大的害處。但是如果他品行不佳，為人不夠誠實正直，無論他是多麼博學多聞，才華出眾，成就非凡，卻可能造成毀滅性的後果。他將毀了企業最寶貴的資源——人才，同時也摧毀了組織精神和營運績效。

尤其當企業最高主管不夠正直時，為害特別大。組織的精神是從上而下塑造。如果一個組織的精神很偉大，那是因為最高主管具備了偉大的人格。如果組織腐敗，那也是因為高層開始腐化，就好像俗話所說：「上梁不正下梁歪。」因此在任命高階主管時，考察候選人是否為人誠實正直就非常重要。事實上，任命任何主管時，都應該先確定公司是否願意拿他作為屬下的榜樣。

關於領導力

我們已經界定組織的目的為「讓平凡人做不平凡的事」。不過我們還沒有討論如何讓平凡人變成不平凡的人。換句話說，我們還沒有討論領導力的問題。

我是故意如此。領導力非常重要，領導力是無可替代的，但同時我們無法創造或提倡領導力，也無法教導或學習領導力。

在古希臘或古以色列關於領導力的論述中，作者已經充分明瞭有關領導力的一切。如今每年都冒出許多關於企業領導才能的書籍、論文和演講，其中並無新的創見，不外乎古代先知的話語及艾思奇利斯（Aeschylus, 525～456B.C.，古希臘劇作家）的作品中早已談過的話題。第一部有系統討論領導力的著作是色諾芬（Xenophon, 431～350B.C.，希臘史學家）的《賽魯士的教育》（Kyropaidaia），這本書迄今仍然是有關領導力最好的一部傑作。然而經過了三千年的研究、告誡、約束和循循善誘，領導人才並沒有顯著增加，我們也沒有比過去更懂得如何培養領導人才。

領導才能是無可替代的，但是單單靠管理無法塑造領導人，只能創造出有利領導潛在特質發揮的環境或抑制領導人才發揮潛能。由於領導人才太過稀有而難以預測，因此我們無法仰賴領導人來創造能讓企業發揮生產力及凝聚力的企業精神。經理人必須透過其他方式來塑造組織精神，這些方法或許比較平凡無奇，效果也沒有那麼好，但至少是經理人可以掌握的方法。事實上，太把焦點放在領導才能，反而很容易在建立組織精神上毫無建樹。

領導力需要看個人資質——而優秀的總工程師或總經理已經非常罕見，更遑論還要他們具備領導天分了。領導力還需要正確的基本態度，但是最難定義、也最難改變的莫過於基本態度了。因此把領導力當作建立組織精神唯一的關鍵，結果往往一事無成。

但是，無論個人資質、個性或態度如何，總是能透過實踐，完成實務，雖然實踐的過程可能單調乏味。實踐不需要靠天分，只需要應用；重要的是做事，而不是討論。

正確的實踐應該要充分激發、肯定和運用管理團隊的領導潛能，同時為正確的領導打好基礎。領導力並不等於吸引人的個性——那只是煽動人心的行為；領導力也不是「結交朋友，影響他人」——那只是推銷能力。真正的領導力能夠提升個人願景到更高的境界，提升個人績效到更高的標準，鍛鍊一個人的個性，讓他超越原本的限制。要為這樣的領導奠定良好基礎，必須先建立起健全的管理精神，在組織日常運作中確立嚴格的行為準則和職責，追求高績效標準，並且尊重個人及其工作。有個儲蓄銀行的廣告詞對於領導也頗適用：「單單許願不會實現願望，唯有築夢踏實。」

14

執行長與董事會

執行長的職位所要求的不只是「有開拓心的人」、「思考者」和「行動者」，除此之外，還必須是一流的分析家和整合者。當然沒有人能在一生中同時扮演好這四種角色，遑論在同一個工作天中四者兼顧了。

俗話說：「瓶頸通常都出現在瓶子的頭部。」任何企業都不可能展現出比它的最高主管更宏觀的願景與更卓越的績效。企業（尤其是大企業）或許可以靠著前任最高主管的願景和績效而有一段風平浪靜的日子，但這只是把結算的時刻往後延，而且通常都比大家以為可以拖延的時間更短。企業需要建立中央治理機制和績效評估機制——而這也是高層管理工作的內涵，企業的績效、成果和精神主要有賴於這兩個機制的品質。

前一陣子，我參加了幾位大企業總裁為一位工商界大老所舉辦的晚宴。當晚的貴賓早年白手起家，建立了一家大公司，並且擔任了多年總裁，一年前才轉任董事長。晚餐後，他開始緬懷往事，而且很快就開始熱切地討論繼任者的表現。他花了將近一小時的時間，詳細描述新總裁的工作方式。他一邊講，我一邊匆匆記下他提到的各種活動。他最後說：「我為公司所做過最好的一件事，就是挑選他當我的接班人。」於是我根據他的談話，列了一張清單，說明企業執行長所從事的活動和肩負的責任。

我在這裡列出這些活動，不是為了正確分析執行長的工作，而是因為這張清單忠實反映了一位成功企業家的思維。

企業執行長深入思考公司的事業領域。他發展並設定整體目標，制定達到目標所需的基本決策，和管理人員溝通這些目標與決策，教導經理人把企業視為整體，並協助他們從企業整體目標中發展出自己的目標。他根據目標衡量績效和成果，並視情況檢討及修正目標。

執行長也決定高層人事，並且確定公司每個階層都在培育未來的經理人。他負責制定有關公司組織的基本決策。他必須曉得應該問公司主管什麼問題，並且確定他們都明白問題的涵義。他協調公司各個部門和產品線，在發生衝突時擔任仲裁，防止或解決同事間的摩擦。

執行長就好像船長一樣，在緊急狀況下親自發號施令。

這位大老說：「五個月以前，我們有個大廠發生火災，打亂了所有的生產進度。我們必須把急著交貨的訂單挪到其他工廠生產，有些訂單得外包給競爭者，有的只好延遲交貨。我們還必須安撫重要客戶，或為他們找到替代的供應商。我們還必須立刻決定，究竟要整修這座老工廠，還是乾脆重新蓋一座現代化的工廠。我們可以在六個月內，花二百萬美元整修這座工廠，但結果新總裁決定花一千萬美元和兩年的時間來蓋新廠，新廠的產能將是舊廠的兩倍，成本卻低很多。這是正確的決定，但這表示所有的生產排程和資本支出計畫都必須改變。這也意味著在發行公司債籌款之前，必須先想辦法拿到六個月的銀行貸款來應急，而原本我們打算一年後才發行公司債。於是，足足有四個星期的時間，新總裁日以繼夜地待在辦公室裡工作。」

他接著說，同樣的，當公司業務碰到嚴重的麻煩時，新總裁一肩挑起應負的責任。當有人控告他們公司侵害專利權時，新總裁和公司律師及外面的法律事務所為了應付這場官司，一起花工夫準備資料，還撥出兩個星期的時間出庭作證，為公司辯護。

接下來這位總裁做的事情（也唯有他能做的事情）是，負責規劃資本支出，籌募資金。不管是銀行貸款、債券發行或股票上市，總裁都積極參與決策和談判。他也向董事會建議股利政策，關心公司和股東之間的關係。他必須在年度股東大會上回答問題，保險公司和投資信託公司等大型法人投資機構的證券分析師在需要時，必須能隨時找得到他，同時他還不時和重要報紙和財經雜誌的金融記者見面。他必須為每個月的董事會議安排議程，在董事會報告和回答問題，同時把董事會的決議傳達給公司主管。

「他每個月都會到華盛頓一次，花兩天的時間參加兩個政府顧問委員會的會議，原本我是委員，現在則由他接手。」前總裁報告：「直到現在，我還在我們最大的工廠所在城市擔任醫院委員會的委員，也仍然擔任地區紅十字會的董事，但是新總裁已經接手擔任社區福利基金會的副主席，同時也擔任公司為員工子女設立的教育基金會董事。他獲選為母校（一所工程學院）的理事，明年還將擔任母校募款活動的地區主席。他儘量減少公開演講的次數，委由副總裁出面，但是每年仍然必須參加一、兩次商會的會議——通常只發表簡短的談話。上個月，他參加美國管理協會的會議，報告我們公司的組織結構。每年我們還會召開一次經銷商大會，總裁必須作開場演講，介紹我們的新產品和銷售計畫；他還必須在經銷商大會的最後一天，主持一場盛大的晚宴。另外，在我們公司，由服務二十五年以上的資深員工組成的『老骨頭俱樂部』每年有一次聚會，總裁在大會上介紹新會員，並且頒發紀念章。我們每年也為即將退休的主管（從工廠領班到副總裁在內）舉辦兩、三次晚宴。我主持其中一次晚宴，新總裁則負責主持其他幾場。公司還有個由我發起的寶貴習慣，就是每年都邀請剛擢升到管理職位的新人到總公司來，介紹他們給高階主管認識。當然，我們每批只介紹五、六位新主管，因此每年有八、九次這類的聚會，而且總裁要招待他們在高階主管餐廳用午餐。」

清單上最後一項工作是：每年新總裁都親自造訪在美、加的五十二座工廠。他規劃在不久的將來，就去視察在歐洲和拉丁美洲的七座工廠。

「我們的工廠都滿小的，」這位前任總裁說。「只有一座工廠——就是起火的那座工廠，員工超過兩千名。其他的工廠員工人數都不到一千人，平均只有四百人左右。我們希望保持小規模，才能把工廠管理得好一點。我們盡可能給工廠主管最大的自由度，但因此更必須強調，所有的工廠都是公司的一分子，所有經理人都屬於同一個團隊。而唯有『大老闆』親自造訪每一座工廠，才能達到這樣的共識。而且總裁從參觀工廠中學到的，也遠比坐在辦公室讀報告要多得多。他通常都花一天的時間視察工廠，另外一天則拜訪那個地區的客戶，看看他們有什麼不滿的地方。」

當這位老紳士描述完接班人的工作後，立刻引發同桌企業家的共鳴，又加進了其他總裁可能從事的活動。其中一位問：「你們新總裁視察工廠時，需不需要會見當地大學、醫院慈善機構的募款人？對我來說，這是最耗時的事。」另一位說：「你們總裁不用參與勞資談判嗎？我們公司的人事副總裁堅持我必須參與談判過程。」第三位問：「你們去年在芝加哥發生的罷工事件是怎麼解決的？誰負責處理這問題？」沒有一個人說：「我不會親自處理這件或那件事，我授權屬下去做。」一小時後，有位企業總裁提了一個問題，事實上，從那位貴賓開始談話之後，我就一直想問：「請問，你們這位新總裁是不是有三頭六臂？」這時，我已經列了四十一項不同的活動，全都是老經驗的公司總裁認為執行長責無旁貸的工作。

執行長每天都在忙些什麼？

幾乎沒有一項工作比企業執行長的工作更需要組織和系統。企業總裁和其他人一樣，一天只有二十四小時，而他需要的睡眠和休閒時間當然也和其他工作比較輕鬆的人沒有兩樣。唯有把總裁的工作項目拿來徹底研究一番，總裁工作時才不會漫無章法；唯有系統化地安排優先順序，執行長才不會把時間和精力都耗費在不重要的瑣事上，忽略了重要大事。

不過，我們幾乎沒有看過如此嚴謹而系統化的工作安排，結果無論公司大小，許多執行長工作時都缺乏條理，浪費了很多時間。

瑞典卡爾森教授（Sune Carlsson）的研究報告是我所見過的唯一一份已發表的研究把重心放在分析執行長日常工作方式上。卡爾森和同事花了幾個月的時間用碼錶記錄瑞典十二位產業界領導人物如何運用工作時間。他們記錄了這些企業家花在談話、開會、拜訪、聽電話等等的時間，結果發現這十二位企業家沒有一位可以連續工作二十分鐘，而不受到干擾——至少在辦公室中絕對辦不到。他們只有在家裡，才可能集中注意力。他們經常需要在一大堆冗長而不重要的電話和「危機」問題之間，勉強擠出時間，即席做重要的裁示和長期的決策，唯有一位執行長例外。而這位例外的執行長每天早上進辦公室之前，都先在家裡工作一個半小時。

我們沒有針對美國的企業執行長，做過這樣的研究，但是我們不需要研究就可以推斷，許多執行長都任憑外在壓力和緊急事件佔據了他們的工作時間，消耗了他們的心力。

即使是受到外在壓力支配的執行長都比某些執行長好多了，至少他們還把時間花在執行長的工作上（儘管是比較不重要的部分），更糟的是把時間浪費在某部分的功能，而非經營企業上：例如在應該制定財務政策時，卻在招待客戶；忙著修正工程圖上的細節，卻忽略了組織不良的危機；親自檢查每個銷售人員的費用帳目等。這些人不但無法完成自己的工作，而且因為他們把屬下的工作搶過來做，因此妨礙了下面的經理人完成工作。這種緊抓著自己擅長熟悉的功能性工作不放的執行長其實不在少數。

這個問題牽涉到工作的系統化概念和組織。如果沒有建立這樣的概念和組織，即使是最能幹、最聰明和用意良善的執行長都無法把工作做好，只好忙於應付壓力和緊急狀況。我曾經聽到一位演講人說：「騎虎難下，咎由自取。」這正是深受工作壓力所左右，而不能有系統地研究、思考和安排工作和時間的最好寫照。

一位著名的法國工業家諾德陵（Rolf Nordling）最近指出，執行長的工作是科學管理的應用中最缺乏探索的一大領域，尤其在「簡化工作」方面。首先要做的應該是效法卡爾森在瑞典的做法：用碼錶精確記錄執行長每天的工作時間安排，並加以研究。

這種做法當然很不錯，但（正如諾德陵急於指出的），在進行工作時間研究的同時，也必須深入思考執行長的工作內容應該是什麼。有哪些活動需要執行長親自參與？哪些事情可以放手讓其他人做——讓誰來做？應該把哪些活動擺在第一位？無論「危機」帶來的壓力有多大，他應該為這些活動保留多少時間？

換句話說，單憑直覺行事的經理人無法勝任執行長的職務，無論他多麼才智過人、反應靈敏都一樣。執行長的工作必須有所規劃，而且也必須根據計畫來執行工作。

打破一人領導的迷思

即使有了系統化的研究、周全的組織和充分的授權，執行長的職務仍然不是單靠一己之力就能做得好、應該由個人承擔的工作。的確，執行長工作上的問題有百分之九十都根源於一人領導的迷思。我們就和亨利．福特一樣，仍然把現代企業的執行長想成傳統經濟模式中獨資的私人產業業主。

任何人在上班時間都有忙不完的工作。前面我列舉了許多執行長實際參與的活動，或許我們根本應該從執行長的工作清單中刪除其中一半的活動，交給其他人辦理。剩下的十五、二十項重要工作，仍然不是單靠執行長一己之力就可以獨力完成的。每一項工作對企業而言都非常重要，都困難而耗時，必須縝密地規劃、思考和籌備。即使儘量加以簡化，這份工作仍然超越了個人所能承擔的管理責任幅度。即使老天爺能無限量供應萬能的天才，除非祂也能同時命令太陽永不下山，否則一人執行長的觀念仍然站不住腳。即使是《聖經》中的約書亞都只能成功一次，更何況一人執行長必須每週七天，天天都創造奇蹟。

執行長職務中所包含的活動性質也太過南轅北轍，很難完全由一個人來執行。執行長的工作清單中主要都是和規劃、分析、政策執行相關的工作，例如決定公司的業務、設定目標等等；也包括需要迅速決策、當機立斷的事項，例如因應重大危機；有的工作和公司長遠的未來有關，有的則著眼於解決眼前的問題。不過，基本原則是，如果你把明日事和今日事混淆在一起，那麼就絕對不可能達成目標，更遑論還和昨日事糾纏不清了。諸如仲裁內部衝突或發行股票等活動需要發揮談判者的技巧，有些活動需要的則是教育家的才幹，還有一些活動要求高明的交際手腕（至於像參加公司社交活動、喜慶宴會等，最重要的恐怕是要有鐵打的腸胃了）。

企業執行長必須具備三個基本特質：「思考者」、「行動者」和「具開拓心的人」（引用一位在企業擔任高層主管的朋友的說法）。我們或許可以在一個人身上找到其中兩項特質（「但是，你真的想要找個精神分裂的人坐在執行長的位置上嗎？」同一位朋友質疑），通常很難在同一個人身上看到三種特質並存。不過，如果企業要繁榮發展，就必須在這三個重要領域中，都找到人好好負起責任。

因此結論只有一個：（或許除了非常小的企業），即使再妥善的安排，都不可能由個人來承擔企業執行長的所有工作，必須由好幾個人共同努力，透過團隊合作來完成。

這個結論還有兩個值得討論的論點：第一，是執行長的孤立狀態。

無論公司大小，總裁的職位都會把他隔絕於其他人之外。每個人都有求於他：下面的主管想要「推銷」自己的想法或升官；供應商想把產品賣給他；顧客希望獲得更好的服務或享受到更低的價錢。因此總裁和其他人打交道時，出於自我保護，不得不採取若即若離的態度。而且一旦公司達到一定的規模，到達他手中的資訊或等待決定的事項勢必先經過篩選、整理或摘要，不是活生生的原始資料，而是過濾過的資訊，否則總裁根本不可能處理。他的社交生活（如果他有任何社交生活的話，考慮到總裁的工作壓力，他根本不太可能有社交生活）通常都是和同樣階級與身分地位的人在一起，因此他幾乎沒有什麼機會和觀點、經驗或意見不同的人交流。他可能是全世界最隨和的傢伙；但是他視察工廠或和主管午餐時，卻如拜占庭式的國家訪問，儘管這完全不是他的錯。結果，有一位敏銳的管理觀察家曾經對我說：「坐上總裁位置的人是全世界最寂寞的傢伙。」

妥善組織執行長的工作或許更強化了這種孤立的狀況。因為執行長最不應該親自插手的事情很多時候正好能讓他穿破與世隔絕的帷幕。每個人都認為，執行長應該多花一點時間思考和規劃，但這表示他花在和客戶通電話，處理生產或設計上的細部問題，接見突如其來的訪客或慈善機構募款人，以及與記者聊天或在銷售大會上和大家打成一片的時間就更少了（或根本沒有時間）。然而，儘管還不足夠，但這些全是能打破總裁與外界隔閡的活動。

不過，妥善組織執行長的工作仍然絕對必要。為了達到這個目標，並且在隨之而來的高度孤立狀態中，仍然維持執行長職位的效能，就需要團隊的協助。有了團隊之後，執行長可以和同階層的人一起討論，而且這些人對他並無所求，他們在一起時，可以無拘無束，自由交談，不需要戰戰兢兢，謹言慎行，可以坦白說出心中真正的想法，而不需要有所承諾。同時，他因此也可以聽到各種不同的觀點、意見和經驗，這些都是完善的決策所不可或缺，但一人獨攬大權的情況下，即使是最聰明的公關專家都沒有辦法讓執行長聽到不同的聲音。

其次，公司最高經營階層採取團隊方式運作，也足以解決接班的問題。如果公司高層只有一個人獨攬大權，那麼真的很難規劃接班問題，將會引起一場龍爭虎鬥。最高主管退休（或重病、過世）都會導致危機。而一旦正式任命了接班人，一般而言，不管後來發現這個選擇有多糟，都無法中止任命或將他撤換。但是，如果最高經營階層是一個團隊，例如有三個人共同領導，那麼幾乎不太可能三人全數更迭。相對而言，要在三個人中間換掉一個人會容易許多，不會造成管理危機；即使選錯了人，也不會演變為無可挽回的致命錯誤。

奇異公司總裁寇迪那（Ralph J. Cordiner）一九五三年以「有效的組織結構」為題在哈佛商學院演講的時候，極力強調這個觀點（奇異公司本身就是在高層採取團隊領導的著名例子）。他說：「企業執行長如果善盡職責，應該在接受任命後三年內，至少找到三名以上的主管和他的表現不相上下，有資格接下他手中的棒子。……我們因此認為，企業最高階層應該有一些職位和執行長的職位一樣重要，薪資水準差不多，而且具有同樣的威望，這是非常重要的事情。如此一來，等於創造了好幾個執行副總裁的職位，他們組成了高階經營團隊。我們的想法是，這些高階主管應該和總裁及董事長成為一個團隊，每個人都有自己的特殊職責，同時在必要時，又能接替或插手其他人的工作。」

最後，未來企業執行長的工作將包括了解一系列數學和邏輯分析、綜合分析與衡量的新基本工具。執行長必須能夠明瞭可以把這些工具應用在什麼地方，教育其他主管這些工具的意義和用途，同時具備基本的應用技巧。這些工具將包括前面所討論過的分析和預測未來的技術，其中也會包括諸如「作業研究」、「資訊理論」和高等數學理論等。（本書將在第五篇中討論如何將這些工具應用到決策過程中。）

如此一來，二十年後，或可能更早一點，執行長的職位所要求的不只是「有開拓心的人」、「思考者」和「行動者」，除此之外，還必須是一流的分析家和整合者。當然沒有人能在一生中同時扮演好這四種角色，遑論在同一個工作天中四者兼顧了。

親信統治的危機

企業的最高經營階層應該是個團隊，但即使負責將高階經營工作組織為團隊工作的人都認為這種說法是異端邪說。（舉例來說，在我們前面引用的演說詞中，奇異公司的寇迪那強調需要有一組地位、威望相當的人參與高階經營，但是他仍然談到「一位執行長」。）大多數組織理論專家似乎認為，一人執行長是自然法則，不需要任何證明，也不容有任何懷疑的餘地。

在美國以外的地方，成功的經營者大多數以團隊方式來共同承擔最高主管的職務，這充分證明了根本沒有什麼自然法則可言。在德國，每家大企業都有經營團隊。通常都由其中一位成員主持團隊的運作，但所有成員都平起平坐（諷刺的是，希特勒抨擊這種運作方式為「無能的民主」和「美國主義」，他試圖推動一人領導的管理模式）。同樣的，英國銀行界「五大」（Big Five）所創造的高效率管理組織建立了不只一個、而是兩個高階經營團隊：董事長和副董事長關照基本目標，總經理群關照政策、管理實務和人事。

今天，這種觀念在企業中面臨嚴重危機，在大企業中，情形尤其嚴重，由此可見高度懷疑一人執行長的觀念是合理的。一人執行長再也無法好好制定決策。他根據屬下給他的一頁建議，來核准攸關公司存亡的重要決策，而事實上，他根本無法根據這短短一頁來下判斷，遑論改變決策了。他甚至不曉得這份簡短的報告是否呈現了所有的重要事實。更糟糕的是，他愈來愈依賴這些高度形式化的「口頭報告」來做決策，而這些報告的目的都是希望能透過最少的討論，讓老闆點頭核准——換句話說，老闆對於自己核准的決策，缺乏深入的了解。

甚至更糟糕的是，「私人智囊團」的勢力日益膨脹。由於無法做好執行長的工作，執行長周遭圍繞著一群私人親信和助理、分析家、「控制部門」等。他們都沒有明確的職責，但卻能直達天聽，在組織中擁有神祕的權力。他們削弱了線上營運主管的權力，重複了營運主管的工作，阻斷營運主管直接和高層溝通的管道。他們是組織不良最大的病源，形成了親信統治的狀況。然而一人執行長很需要智囊團，如果組織在設計上不容許他組成一支適當的經營團隊，他就只好將就一下，靠助理、祕書和親信替他拿主意，而制定公司基本決策的重要權力也逐漸落入這些人手中。

我所看過最糟糕的例子是，在一家規模不小的鋼鐵公司裡，總裁助理的數目是副總裁的兩倍。沒有一位助理有明確的工作職責，總裁吩咐他們做什麼，他們就做什麼。例如，同一位助理可能既要為總裁採購聖誕禮物，又負責公司的財務規劃。沒有一位助理握有實權，但實際上，他們卻是最後制定決策的人。然而，當新上任的董事長要求這位總裁取消這種畸形的做法，他回答：「我知道我應該這麼做。但如果不是這樣，我怎麼完成所有的工作呢？」

解決辦法其實很簡單。他們讓幾位副總裁組成「規劃委員會」，委員們每星期必須撥出兩天的時間來完成委員會的工作（因此，他們把部分職務分出去，公司另外指定了四位新的副總裁來分擔他們的工作）。委員會負責設定目標，提出有關政策、組織和高階管理人事的建議，同時為財務計畫和預算編列預做準備。換句話說，公司的經營由團隊來負責，團隊成員包括扮演「行動者」和「具有開拓心的人」的公司總裁，以及擔任「思考者」的規劃委員會。從此以後，公司就不曾再碰上什麼大麻煩，也無意恢復「私人智囊團」了。

一人執行長觀念逐漸瓦解的另外一個跡象是，許多大企業中高階主管日益增多的傾向。公司最高主管和實際營運單位之間，插進了愈來愈多管理層級。例如，通用汽車公司的總裁和各產品事業部的營運主管之間，隔了兩個管理層級。即使像雪佛蘭這麼龐大的事業部（雇用了二十萬員工，每年賣出去價值四十億美元的汽車），其總經理仍然不是直接向通用汽車的最高主管報告，而是向事業群主管報告，而事業群主管再向執行副總裁報告，然後才呈報總裁。但到了這個階段，已經不再有管理可言了，如果我們所說的「管理」仍然和「可管理的事務」有任何關係的話。

當然，要經營像雪佛蘭這麼龐大的事業（比許多所謂「大公司」的規模都還要大好幾倍），必須能和操最後生殺大權的人直接溝通。這種危險而令人困擾的管理超級結構之所以存在，純粹是因為通用汽車的總裁無法親自執行最高主管的所有工作。最後，速度的考慮導致企業一家接一家地紛紛放棄了一人執行長的觀念，這證明了一人執行長其實是只能藏身於理論中的幽靈。

美國新澤西州的標準石油公司則更跨了一大步，他們的最高階層是由十四人所組成的董事會，而這十四位董事都是公司的全職主管。比較常見的情況是奇異公司的模式：高層包括總裁和一群可以稱為代理總裁的高階主管，以及幾位負責研究、行銷或管理組織等重要領域目標和政策擬訂的副總裁。新港鐵路公司（New Haven Railroad）、美國罐頭公司（American Can Company）、聯合碳化物公司（Union Carbide and Carbon）和杜邦公司（DuPont）都採取同樣的模式。

從一人獨大到集體領導

事實上，究竟成功企業是否採用這種一人領導的觀念，都很值得懷疑。每個企業成長的案例都是至少兩、三個人通力合作所達到的成就。公司在創立之初往往活在「一個人的陰影之下」，但是除非一人獨大的領導模式逐漸轉變成團隊領導模式，否則公司不可能生存和成長。通用汽車公司成長最快的時期就是由兩、三人組成的經營團隊集體領導：其中包括先擔任總裁、後來成為董事長的史隆（Alfred P. Sloan, Jr.），以及起先是副總裁、後來擔任副董事長的布朗（Donaldson Brown），通常還包括第三位主管，實際的公司總裁。在羅森華德主政時期，施樂百公司的高層包括三個人：羅森華德自己，他的法律顧問羅伯，以及負責郵購作業的杜爾凌。伍德將軍接掌施樂百後，仍然由三人團隊擔負起經營重任，包括他自己、負責商品規劃的副總裁豪瑟，以及公司總裁。標準石油公司和其宿敵索康尼公司（Socony-Vacuum）也是如此，索康尼是在一九二〇年代由兩個人合力創建。

這份名單可以無止境地延伸下去，包括美國電報電話公司、通用食品公司、杜邦公司，幾乎所有美國大公司都不例外。即使是福特汽車公司在成長最快、事業最興旺的時期，都是由老福特和庫曾斯（James Couzens）兩人小組所領導。

以團隊組織方式執行高階經營管理職務，是成功大公司的慣例，也是他們成功的主要原因之一，一九五四年四月號《哈潑雜誌》（*Harper's Magazine*）刊登的報導就指出這點：

美國有一家很受推崇的銀行最近向研究部門的主管拋出一個問題：「有沒有任何特徵可以讓我看出一家公司到底管理得好不好？」

研究人員很快就發現，這個問題乍看之下很簡單，其實不好回答。單單利潤本身，並非可靠的指標。短視的主管只要讓工廠不停運轉或耗盡庫存原料，就可以輕易得到幾年的高獲利。另一方面，一直處於虧損狀態的公司可能正走到轉捩點，即將一飛沖天，因為多年的研究發展和高瞻遠矚的管理終於開始收成了。

最後（在研究了幾百家公司之後），研究人員發現了一個線索。這個發現完全出乎意料之外，顯然商學院或專業市場分析師都還沒有發現這個線索，銀行因此能夠更準確地投資，並獲得出色的成果（順便提一下，這個資訊還是第一次公諸於世）。

以下就是研究部門主管的報告：

「如果一家公司的最高主管領的薪水比公司第二、第三、第四號人物的薪水高了好幾倍，那麼你可以滿肯定地說，這家公司一定管理不善。但是，如果公司最高層的四、五位主管的薪資水準十分接近，那麼整個經營團隊的績效和士氣很可能都很高。

「至於薪資高低反而沒有那麼大的差別。不管公司總裁的年薪是兩萬美元或十萬美元，都不重要——只要副總裁能拿到總裁七成五到九成的年薪就無妨。但是當總裁自己拿十萬美元的高薪，而重要幹部只拿到二萬五到五萬美元的年薪時，麻煩就來了。」

成功的小公司也不例外。他們通常都由兩人小組或三人小組（通常都是公司總裁，加上銷售主管和會計主管）共同擔負「執行長」的職責。除了草創時期以外，一人領導模式都行不通。

在採取分權化經營的公司裡，例如通用汽車的事業部或奇異的產品部門，也是同樣的情況。每當我們分析這類單位時，我們發現他們的最高經營階層都是一個團隊。團隊中可能包括這個單位的總經理和一位高階主管——通常都是財務主管（因為負責財務報表的財務主管和總公司有直接的溝通管道）。有時候，則包括單位總經理和他的直屬上司——例如通用汽車的事業群副總裁和奇異的事業部總經理。我所見過最成功的例子是，以上三種高階主管通力合作，在團隊中平起平坐（儘管在正式的組織階層中並非如此）。

事實上，只有一個論點可以為一人執行長辯護——儘管這個論點不太有說服力。這個論點是：一定要有一個人對董事會負責，而他必須是最後的老闆。但是，儘管和董事會的關係非常重要，卻只是最高主管諸多功能之一，而且今天大多數大企業的董事會成員都包含好幾位高階主管，因此顯然董事會也預期將會和不只一位高階主管共事（奇異公司的董事長甚至還要向總裁報告）。

一人執行長的觀念違反了所有的經驗和工作上的要求，成功的公司都不採取這種方式，採行這種制度的公司往往也深陷麻煩之中。

如何組成經營團隊？

那麼應該如何組成高階經營團隊呢？

第一個要求是，這必須是個「團隊」，而不是「委員會」。團隊沒有集體責任，每個團隊成員在他所負責的領域中享有最終決策權，有事情大家集思廣益，但各自做決定。不過千萬不要忘了，組成「團隊」的方式有兩種，或許我可以分別用棒球隊和網球雙打搭檔為例。

在棒球隊裡，每位球員都有固定的守備位置，不能隨便離開位置。在網球雙打比賽中，每位球員一方面有自己的責任區，但是也需要在隊友出現漏洞時，靈活補位。在第一種組織形式中，必須為每位球員劃定界線。在第二種組織形式中，界線是由合作搭檔自行訂定。棒球隊的好處是，即使完全陌生的一群人也可以一起打球；但是厲害的對手可以把球擊往守備位置之間的三不管地帶。至於網球雙打比賽，如果想要贏球的話，雙打搭檔必須一起打球一段時間，等到兩人彼此了解，建立互信之後，打球時就不會出現防守的空隙，讓對手有可乘之機。換句話說，第一種團隊完全依賴完善的組織，第二種團隊則在組織中加上了個人調整和彈性的元素。兩種方式都能組織起成功的經營團隊，但是團隊每位成員以及公司其他主管都必須了解他們選擇的是哪一種組織方式。

尤其在設定有關企業關鍵領域的績效目標，以及慎重考量決策和行動對這些領域的影響時，責任歸屬必須非常明確。可能經營團隊的每一位成員都必須承擔部分責任；可能指派副總裁組成規劃委員會來負責，或指派專人負責，事實上通用汽車公司的唐納森在擔任副董事長時，就肩負這個責任，也可以在每個領域指派一人負責此事——雖然只有非常大的企業才會這麼做。奇異公司就採取這個做法，他們的最高經營階層除了總裁和集團執行長外，還有幾位副總裁，每位都橫跨整個公司，專責管理某個關鍵領域。

在這裡，公司規模和業務性質扮演了決定性的角色。最重要的是，有關長程規劃和思考、設定明確目標、發展績效評量標準和培育主管具備達到目標所需願景和技能等工作，都必須釐清責任歸屬和明確指派負責人。

第二個要求是，經營團隊的成員之間不能相互責難。無論是誰做的決定，都代表整個經營團隊的決定。這並不表示經營團隊不需要有一位隊長。相反的，隊長的角色非常必要，而且一定會有某個人憑著才幹和道德權威脫穎而出。例如，在通用汽車公司中，每當史隆先生坐上會議桌時，沒有人會質疑誰是老大。同樣的，在施樂百公司，伍德將軍的地位必然超越其他主管。但是，每當公司出現這樣一位特殊人物時，他必須加倍小心，不要任意推翻別人的意見，干涉別人的領域，運用自己的優勢，使別人變成弱勢。換句話說，他應該運用自己的長處來協助團隊成員扮演好各自的角色，發揮高效能的團隊領導。他必須扮演隊長的角色，而不只是在場邊搖旗吶喊的經理人。

團隊中究竟應該包含多少位成員？應該愈少愈好——但是至少要多於兩個人。的確，如果兩個人能密切合作，就能形成理想的團隊。但這種情況極為罕見，由兩個人組成的團隊通常都極端不穩定。有一位企業經營團隊的資深成員曾經告訴我：「如果團隊中只有兩個人，只要彼此意見稍稍不一致，都可能變得很危險。如果團隊中還有第三個人，即使其中兩個人彼此不說話，團隊還是能正常運作。」唯有當兩位搭檔在情感上有強烈聯繫時，雙人團隊才會運作得很好，但是這種狀況本身就非常不妥當。最後，接班問題會變得更嚴重。正因為兩位合作夥伴的關係必須非常親密，他們通常都會一起退休，否則留下來的人很難適應新搭檔。當通用汽車的史隆先生屆齡退休時，布朗也自願提早好幾年退休，就是個好例子。另外一個例子是奇異公司的史沃普和楊格一起從經營團隊中退休。不過千萬不要忘了，經營團隊的重要任務之一是延續經營團隊，讓繼任者能順利接班，而非製造危機，掀起驚濤駭浪。

釐清董事會的功能

我們在前面談到了執行長的概念所面臨的危機。然而，我們沒有提及其中一個原因——在企業運作機制中，董事會的功能逐漸沒落。

根據法律，董事會是企業唯一法定機構，無論用什麼形式，每個工業國家都有這種機制，即使蘇聯的法律都不例外。在法律上，董事會就代表企業主，他們掌握大權，也獨享所有的權力。

在現實世界裡，董事會在立法者眼中，充其量只是陳舊的假象罷了，甚至稱之為「影子國王」也不為過。在大多數的大企業中，董事會成效不彰，經營團隊早已取代了它的地位。

「內部」董事可能是重要原因，也就是說，董事會完全由經營團隊成員組成，他們在每個月的第一個星期一開會，監督和核准自己在每月其餘二十九天所做的事情。或是董事會完全只是做做樣子，將一堆名人安插在董事會中掛名，董事手中沒有任何資訊，也沒有影響力或權力欲。在小公司中常見的模式則是，董事會只是積極參與家族事業的家族成員和前合夥人的遺孀所參加的另外一個會議罷了。

如果我們的資訊正確的話，這種情形在其他國家也很普遍，甚至在俄國都不例外，因此董事會逐漸沒落就不是偶然，而是其來有自。部分原因在於：由於企業的所有權和控制權已經公開分立，因此由股東代表來指揮企業運作，就變成很荒謬的事情；其次，今天的企業營運變得非常複雜；或許最重要的原因是，要找到有時間召開董事會、而且還嚴肅看待董事職務的優秀人才，變得愈來愈困難。

但是，有些實際的功能卻唯有仰賴董事會的運作，才能充分發揮。公司究竟在從事什麼樣的事業及應該經營什麼樣的事業這類重大決策，必須有人點頭同意；必須有人核准公司設定的目標和發展出來的績效衡量標準；還必須有人以批判性的眼光審核公司的利潤計畫、資本投資政策和支出預算；也要有人扮演「最高法院」的角色，為各種組織問題做最後的仲裁；更需要有人來關心組織的精神，確定組織能充分發揮員工的長處，彌補他們的弱點，並積極培育未來的經理人，而且給予經理人的報酬、所運用的管理工具和管理方法都能強化組織的力量，引導整個組織朝著既定目標邁進。

董事會千萬不可變成法律上的統治機構；而必須是企業審核、評估、申訴的機制。唯有在企業面臨危機時，董事會才能變成行動的機構——撤換失敗的現有主管或填補離職、退休或過世主管的空缺。一旦新人上任，董事會就再度回復到原本審核的角色。

需要對公司目標負責的經營團隊成員必須直接與董事會合作。在大公司中，其中一個方法是針對每個重要目標，在董事會中成立委員會，而負責這個領域的高階主管則擔任委員會的祕書或主席，我知道好幾個大企業都採取這種做法，而且獲得不錯的成果。但是無論如何安排具體細節，董事會都必須能直接接觸到負責決定公司關鍵領域目標的最高主管。

董事會必須保持超然的立場，不介入公司營運。此外，董事會也必須視公司為整體，這表示實際擔負營運大任的高階主管不應該掌控董事會。事實上，如果董事會真的是個「外部」董事會，也就是大多數的董事都從來不曾在公司中擔任全職主管，那麼董事會將能發揮更高的功效。

許多人往往以大公司的複雜度為由而設立內部董事會，但是對大公司而言，董事不知道公司營運的細節，正是董事會的一大優點。當然，不誠實的最高主管可能會欺瞞董事會（雖然一旦董事開始要求看到他們應該看到的資訊，提出他們應該問的問題時，這種情況就不會持久）。但是，儘管內部董事比較不會遭到他人蒙蔽，卻很容易自己騙自己。內部的全職主管往往考慮太多眼前的問題或技術問題，外部董事因為隔了一段距離，反而不會犯這個毛病，因此能夠留意整體發展形態，關照到更宏觀的目標和計畫，針對概念和原則提出問題。

在典型小型家族企業中，外部董事具備另一個同樣重要的功能。小公司經理人通常沒有談話的對象，沒有人來挑戰或檢驗他們的決策，顯得格外孤立——而且經營團隊通常人數太少，沒辦法藉團隊成員不同的背景和個性發揮矯正的功效，而在大公司裡，經營團隊成員的多樣性往往有助於彌補孤立的壞處。因此，即使小公司的董事會中都需要包含外部董事。

不過，要真正從董事會中獲益，每個企業都必須慎選董事。無論大企業或小公司，董事的經驗、看法和利益都必須與經營團隊不同。聘請與公司往來的銀行家、供應商或客戶來擔任董事，達不到這個目標，必須尋找出身背景和經營團隊截然不同的人來擔任董事。（從這個角度而言，英國企業喜歡邀請傑出的公僕在公職生涯結束後參與董事會，相較於美國人喜歡把董事會成員侷限於一小撮「經營者的家族成員」，真可說是一大進步。）我們需要的董事會不是會附和經營團隊的董事會，而是能夠對事情抱著不同的看法，能夠提出異議和質疑，尤其必須質疑經營團隊行動背後的假設。

為了要找到公司需要的這類人才，董事的報酬必須非常有吸引力。

事實證明，董事會可以成為企業最重要、有效且建設性的根本組織。舉例來說，默克藥廠（Merck & Company）認為能建立強而有力的董事會，是默克崛起成為製藥業龍頭的主因。但是要讓董事會發揮實際功效，而不只是法定的虛設機構；釐清董事會的功能，並且設定明確目標；吸引傑出人才加入董事會，讓他們能夠並且願意對公司有所貢獻，都不是容易的事情。但這是最高經營團隊最重要的工作之一，也是成功完成使命的主要條件之一。

15 主管培育

主管培育計畫必須納入企業所有經理人，把目標放在激勵每個人的成長和自我發展上；強調績效，而不是承諾；強調明天的要求，而不是今天的需要；必須是動態而重質的，不是根據機械化的輪調而進行的靜態人事更迭。

任何企業的存亡榮枯都必須仰賴未來的經理人展現經營績效。由於今天的企業基本決策需要更長的時間才能開花結果，因此未來的經理人就變得格外重要。既然沒有人能預測未來，今天的經理人如果要制定合理而負責任的決策，就必須好好篩選、培養並考驗將在未來貫徹這些決策的明日經理人。

管理已經變得日益複雜。由於技術快速變遷，至少在美國，日常競爭已經變得愈來愈重要，也愈來愈緊迫，因此今天的經理人必須有能力處理許多新「關係」——與政府的關係、與供應商及客戶的關係、與員工或工會的關係——凡此種種，都需要更優秀的經理人。

今天的企業也需要更多的經理人。工業社會的本質就是理論知識、組織能力和領導能力

（簡單的說，就是管理能力）逐漸取代了手工技藝。事實上，美國是首先面臨這種困擾的社會，基本問題不再是：我們的社會能夠容許多少受過教育的人不必為養家餬口而操勞，而是：我們的社會容納得下多少沒有受過教育的人？

主管培育也是企業必須對社會承擔的責任——如果企業不自動自發善盡義務，社會將迫使他們採取行動。因為企業的存續，尤其是大企業的存續，是非常重要的事情。我們的社會不能容許企業主管由於找不到足以勝任的接班人，而危及重要的生財資源。

我們的公民愈來愈期待企業能夠實現社會的基本信念和承諾，尤其是對「機會均等」的承諾。從這個角度而言，主管培育不過是技術名詞而已，代表了我們實現基本社會信念和政治傳統的手段。

現代工業社會中的公民逐漸寄望在工作中滿足創造的欲望，並發揮本性，希望工作能超越經濟需求，滿足個人的自尊和自豪。因此，主管培育只是企業經營者善盡社會義務的另一種方式，如此一來，工作和工業發展的意義不只是謀生工具而已，企業藉著提供挑戰和機會，讓每位經理人將潛能發揮得淋漓盡致，企業藉此履行了對社會的義務，把工作變成一種「生活方式」。

過去幾年中，主管培育之所以突然成為美國企業關注的焦點，正是因為看到了這些需求所致。十五年前，我剛對這個議題發生興趣時，我發現只有一家公司注意到這個問題——那就是施樂百公司。今天進行中的主管培育計畫可以說數以百計，幾乎每家大公司都有類似的計畫，甚至愈來愈多小公司也在發展自己的主管培育計畫。

主管培育不能只是「升遷計畫」，只針對「可以獲得升遷的員工」來規劃，希望為高階管理職位找到接替的「後備人選」。因為「後備人選」這個名詞本身隱含的意義是：經理人的工作和公司的組織結構仍然維持不變，因此公司只是找人來接替現有主管的職務。然而我們可以確定的是，就和過去一樣，未來的工作要求和組織結構也將不斷改變。所以我們需要培養能夠因應明日工作要求的經理人，而不是只能完成昨日任務的人。

奇異公司總裁寇迪那就曾經清楚指出：

如果我們不得不完全依賴傳統方式來提高生產力，我會認為這個目標（不到十年內，要將奇異公司的生產力提高百分之五十）只是一廂情願的想法。我們的實驗室和工廠將繼續找到法子，以花費更少的時間、努力和成本，生產出更多更好的產品，但是我們不能期望物理學承擔所有的重責大任。

美國產業界逐漸了解，今天我們擁有大好機會，可以設法充分開發人力資源——尤其是培育企業主管。無論目前或未來，由於技術都不斷進步，管理也日趨複雜，因此主管培育不但有其必要性，其中也蘊藏了大好機會。熟悉這個領域的人相信，經由更完善的管理，奇異公司有機會在未來十年提升百分之五十的生產力。

為最高主管尋找備胎的做法忽略了一個事實——早在一個人被擢升到高階管理職位之前許久，這個最重要的決策就早已制定完成了。今天的低階主管將在明天擔任高階主管。等到我們必須找人來接掌大廠廠長或銷售部門主管時，我們能夠選擇的人選已經侷限於三、四個人。當我們指派員工擔任總領班、部門主管、地區銷售經理、或稽核人員時，我們已經做了攸關未來的關鍵決定。在做這些決定時，典型的後備人選其實沒有什麼幫助。

總而言之，所謂挖掘很有潛力、值得提拔的人才的觀念，完全是謬論。我還沒有見過任何方法可以預測一個人的長期發展。即使我們能預測一個人的成長，我們仍然沒有權利扮演上帝的角色。無論這些方法是多麼的「科學」，最多仍然只能有六、七成的準確度，沒有人有權根據機率來安排別人的生涯發展。

更重要的是，這種「可拔擢的人選」的觀念所重視的人才只佔全部的十分之一，充其量也只佔五分之一，卻把其餘的十分之九棄之不顧。但是，最需要主管培育計畫的卻不是這些後備人選或公司想提拔的人才，而是還沒有優秀到能步步高升，但卻也沒有糟到需要被革職的員工。這類員工在企業中佔了多數，而且他們也承擔了大量實際的企業管理工作。他們大多數在十年後仍然會堅守目前的崗位。除非他們能自我提升，以因應未來工作的要求，否則無論公司拔擢的人才是多麼優秀、經過多麼慎重的篩選和培養，整個管理團隊仍然有所不足。無論培養雀屏中選的少數人才能帶來多大的好處，遭到忽略的多數人扭曲和憤慨的心態都將抵消掉這些效果。無論企業多麼謹慎地篩選他們想拔擢的人才，就因為他們做了選擇，在眾多經理人眼中，整個選才制度仍然獨裁專斷，偏袒徇私。

主管培育的原則

因此，培育未來主管的第一個原則是必須培養所有的經理人。我們花了大量的時間、金錢和精力，只為了提高發電機五％的效率，但是可能不必花那麼多的時間、金錢和精力，就能將經理人績效提高五％，而且所激發出來的能量還會大得多。

第二個原則是，主管培育必須是動態的活動，絕不能只把目標放在取代現有——取代今天的主管、他們的工作或他們的資格，而必須總是把焦點放在明天的需求上。我們需要什麼樣的組織來達到明天的目標？因此會需要什麼樣的管理職務？為了能因應明天的需求，經理人必須具備哪些條件？他們需要獲得哪些新的技能，擁有哪些知識和能力？

因此，今天通行的許多主管培育工具都已經不再適用，不但後備人選的方式有所不足，大多數公司最喜歡採用的工具——「工作輪調」，也已經不敷應用了。

一般而言，工作輪調不外乎兩種形式。公司把某個部門的專才調到另外一個部門一段時間——通常一個接著一個輪調到不同的部門。或是公司有感於員工對於其他部門了解不夠深入，無法執行管理工作，因此安排他從工作中接受特殊訓練。有一家大型製造商不久以前宣布：「名列升遷名單的員工將被輪調到他們不熟悉的部門，在每個指派的職位上工作六個月至兩年的時間。」

但是，企業需要的不是對會計一知半解的工程師，而是能夠管理企業的工程師。一個人不會因為多增加幾項專業，就變成通才，唯有視企業為整體，才能提升一個人的視野。員工在短短六個月內，究竟能對行銷或工程等龐大的領域了解多少？或許懂得一些名詞罷了。從一門好的行銷課程或一份好的書單中，他能學到的可能還更多。整個培訓工作的觀念都違背了既有的規則和經驗。我們絕對不應該給員工一份非實際工作的工作、不要求績效的工作。

總而言之，主管培育計畫必須納入企業所有經理人，把目標放在激勵每個人成長和自我發展上；強調績效，而不是承諾；強調明天的要求，而不是今天的需要；必須是動態而重質的，不是根據機械化的輪調而進行的靜態人事更迭。培養明日的主管事實上就意味著把今天的主管培養成更重要、更優秀的經理人。

由於培育明日主管的工作太龐大、也太重要了，我們不能把它看成特殊活動，其績效有賴管理「經理人」的所有要素：工作的安排，與上司和下屬的關係，組織的精神，以及組織結構。舉例來說，在欺弱怕強的組織中，在選擇管理人才時不重視品格的組織中，即使有再多特殊的主管培育活動，都不足以培養出未來的經理人。同樣的，在中央集權的組織裡，再多特殊的主管培育活動都不足以培養出未來的經理人，只會製造出未來的專家。反之，真正的分權化管理不需要額外增加任何主管培育活動，就能培養、訓練並檢驗出未來的經理人。

鼓勵員工自我發展

培養未來主管的工作非常重要，不能只把它當成副產品。當然，在大型組織中，特殊的主管培育活動只是輔助工具，但卻是必要的輔助工具。至少這些活動凸顯了公司對於這個問題的重視，因此也激勵經理人協助屬下開發自己的潛能。

其實真正重要的是自我發展，世上最荒謬的事情莫過於由企業一肩扛下開發員工的責任。真正應該承擔這個責任的是個人，要靠自己的能力和努力才能成為好主管。沒有任何企業有能力或有義務取代員工個人自我發展的努力。這麼做不但是大家長式的不當干預，也展現了愚蠢的虛榮心理。

但是，每位企業主管都有機會鼓勵或抑制、引導或誤導個人的自我發展。企業應該特別指派經理人負責協助所有與他共事的同仁好好凝聚和運用自我發展的努力。每家公司也應該有系統地提供經理人自我發展的挑戰。

首先，每位經理人應該徹底思考部屬各自具備什麼能力。當然，思考這個問題時應該以前面提過的系統化績效評估為基礎。分析完部屬的能力後，接著應該問兩個問題：我們有沒有把這個人放在能對公司產生最大貢獻的位置上？他還需要哪方面的學習，以及克服哪些弱點，才能充分發揮長處和能力？

這兩個問題的答案決定了公司應該採取哪些行動來激發他的潛力，可能把他調去其他工作崗位，可能讓他接受某個科目或管理原則的正式教育，可能指派他解決某個具體問題，研究新政策提案或資本投資計畫。尤其在大企業中，總是不乏這類機會（假如公司不准「幕僚」擔當管理職務的話）。

公司不應該因人設事。不過在小公司中，當員工的工作範圍改變時，往往也同時滿足了個人發展的需求。而大企業經常有職位空缺，當出現了合適的工作機會時，應該根據針對個別主管發展需求的分析來填補空缺。當然，這是生死交關的重要決定，因此在人事命令生效前，應該由上級主管審慎評估，而且也應該給當事人充分參與的機會。

接下來再藉由「管理人力規劃」，依照未來管理職位的要求和需求，檢討公司在主管培育方面的努力是否足夠。

管理人力規劃先從分析公司未來的需求和目標著手——換句話說，未來公司的事業將呈現何種面貌，因為這將決定了公司未來的組織結構、有哪些工作，以及工作要求為何。短期的管理人力規劃（只看未來兩年），其實就是升遷計畫。但是真正重要的計畫是長程規劃，考慮的是五年、十年之後的管理人力。因為在這個計畫中，無論是公司目標、組織結構、主管的年齡結構，都必須加以考慮，而公司也據此擬訂主管培育的方向。

在長程計畫中，管理階層千萬不要忘了，他們的本意絕對不是在任期屆滿時結束營業。換句話說，單單找到適當人選，因應未來五年的需求還不夠。未來五年的作為究竟能產生多大的成效要到十年或十五年後才會顯現，但是現在和未來幾年的作為很可能決定了公司能否繼續生存。

今天，我們不須再爭辯主管培育是否只是大公司在景氣好時才負擔得起的奢侈品。大多數的大公司，以及許多小公司都很清楚，主管培育就好像研究實驗室一樣，不再是奢侈品。今天甚至不再需要像過去一樣，擔心公司會培養太多優秀人才。大多數高階主管都發現，優秀人才愈來愈供不應求，即使是非常成功的主管培育計畫，培養人才的速度都遠遠趕不上需求增加的速度。（當然，聰明的企業家都知道，被稱為「培育總裁的溫床」永遠不會對公司有什麼壞處。相反的，公司對優秀人才的吸引力直接和它能不能為自己和其他公司培育成功人才的聲譽有關。）

主管培育已經變成非做不可的工作，因為現代企業已經成為社會的基本機構。在任何重要機構中（不管是教會或軍隊）尋找、培育和考驗未來領導人都是非常重要的工作，最優秀的人才必須投入全部心力在這項工作上。

期望今天的經理人培養明天的經理人，對於提振他們的精神士氣，拓展他們的願景，和提高他們的績效而言，都是非常必要的。所謂教學相長，一個人在教導別人時，往往自己學到的也最多；一個人在試圖協助別人開發自我潛能時，也能充分發展自我。的確，在努力培育別人的過程中，經理人才能自我發展，提高對自己的要求。任何行業的頂尖人物都把自己培養出來的人才視為他們最自豪的豐功偉績。

第三篇

管理的結構

16 企業需要哪一種結構？

討論組織結構的第一個問題應該是：我們的事業是什麼？我們的事業究竟應該是什麼？組織結構的設計必須能達到未來五年、十年、甚至十五年的企業經營目標。常見的情形就好像公司剛起步時，在一棟只有兩個房間、卻很實用的簡陋小屋中辦公。隨著公司不斷成長，公司開始在這裡加蓋一間廂房，在那兒加蓋個閣樓，在某個地方又多個隔間，最後樸實的小屋變成了二十六個房間的龐然大物，公司元老得靠聖伯納犬帶路，才有辦法從茶水間走回自己的辦公室。

直到十七世紀，外科手術仍然不是由醫生操刀，而是由未受教育、目不識丁的理髮師負責執行，他們如法泡製當學徒時學到的折磨人的把戲。當時的醫生都曾宣誓不傷害人體，他們恪遵誓言，甚至連手術過程都不應該觀看，遑論動刀了，操刀動手術簡直是不道德的行為。根據行規，手術應該在專業醫生指揮下進行，醫生遠離手術檯，高坐檯子上朗讀拉丁文經典，指示理髮師該怎麼做（理髮師當然聽不懂醫生在唸什麼）。不用說，如果病人死了，一定都是理髮師的錯；如果把病人救活了，則是醫生的功勞。無論病人是死是活，醫生都拿走了大部分的酬勞。

四百年前施行外科手術的狀況和一九五〇年代的組織理論頗多類似之處。這個領域的相關著述很多，的確，在美國許多商學院中，組織理論是管理學的重要科目。這些論述都很有價值，就好像有關外科手術的文獻也極富價值一樣。但是從事管理實務的人一定常常興起和理髮師同樣的感覺。並不是因為他講求實際，就不肯接受理論。大多數企業經理人，尤其是大公司的企業經理人，都經過一番辛苦的過程才了解到，良好的績效必須仰賴健全的組織。但是一般而言，有實務經驗的企業經理人不見得了解組織理論學家，而組織理論學家也不見得了解企業經理人。

今天我們知道是哪裡出了差錯。透過建立起兼顧理論和實務的統一組織學門，兩者之間的鴻溝正快速縮小。

我們知道，當企業經理人談到「組織」時，他的意思不同於組織理論學家口中的「組織」。企業經理人想知道的是他需要哪一種組織結構，而組織理論學家討論的卻是應該如何建立組織結構。可以說，企業經理人想知道的是他應不應該建造一條高速公路，這條公路應該從哪裡通往哪裡，組織理論學家談的則是懸臂梁和吊橋的相對優點和限制。兩個題目都和「築路」有關，如果提出的問題是應該築哪一種路，但回答時討論的卻是不同形態的橋梁在結構上的張力，那麼必然一團混亂，說不清楚。

在討論組織結構的時候，必須同時考慮需要的是哪一種結構，以及應該如何建立這種結構。兩個問題都很重要，唯有當我們能有系統地回答兩個問題，才能建立起健全、有效而持久的組織結構。

首先，我們必須釐清企業需要哪一種結構。

組織本身不是目的，而是達到經營績效和成果的手段。組織結構是不可或缺的工具；錯誤的結構會嚴重傷害、甚至摧毀企業經營績效。不過，任何針對組織的分析，都不應該從討論結構開始，而必須先做經營分析。討論組織結構的第一個問題應該是：我們的事業是什麼？我們的事業究竟應該是什麼？組織結構的設計必須能達到未來五年、十年，甚至十五年的企業經營目標。

有三個特殊方法可以找出達到經營目標所需的結構：活動分析、決策分析和關係分析。

活動分析

企業應該先釐清他們究竟需要哪些活動，才能達到經營目標，這似乎是天經地義的事情，幾乎不值得一提。但是傳統理論對於如何分析這些活動卻一無所知，傳統的企管權威大都假定企業已經有整套「典型」功能，不需要經過事先分析，就可以放諸四海皆準，應用到每一種事業上。例如，製造業的典型功能就包括生產、行銷、工程、會計、採購和人事。

當然，我們可以預期在從事商品製造和銷售的企業中，許多活動都分別貼上了「生產」、「工程」、「銷售」的標籤。但是這些典型功能只是一個個空瓶子而已，究竟每個瓶子裡裝了什麼內容？例如，在所謂的「生產」功能中，我們需要的是一品脫的瓶子，還是一夸特的瓶子？這才是真正重要的問題，有關標準功能的傳統觀念卻無法回答這個問題。一般製造業的確都需要這些功能，但是個別的製造廠商卻可能需要所有的功能，或可能還需要其他的功能。因此我們也需要弄清楚，這些分類方式是否真的適用於某些特定產業。如果對這些問題視而不見，只是依樣畫葫蘆，完全按照既有的整套標準功能來經營企業，就好像先讓病人吃藥，再為他診斷病情一樣，結果如何也同樣令人疑慮。

唯有透過分析企業達到目標所需的活動，才能真正回答這些問題。

在女裝業中，根本談不上工程功能；生產功能大體上也很簡單，稱不上是主要功能，但是設計的功能卻有絕對的重要性。

對美國西岸大型紙業公司克羅恩柴勒巴克而言，長期的森林管理實在太重要了，但又十分困難，因此必須在組織中獨立成重要部門。

在金融市場上籌集資金也成為美國電話電報公司中的獨立部門，和會計及長期資本投資計畫區分開來。還有一家大型電燈泡製造商認為，教育大眾如何正確使用照明以及養成良好的照明習慣，是公司的主要需求，唯有把這項工作獨立出來，才能滿足需求。由於美國所有的住宅、商店和工廠都使用電力，想要擴大市場，推動企業成長，關鍵在於設法讓每位顧客增加電燈泡使用數量，而不是開發新顧客。

如果將上述活動——克羅恩柴勒巴克公司的森林管理、美國電話電報公司的籌集資金，以及電燈公司的顧客教育，歸屬於其他部門之下，必然會備受忽視。的確，透過活動分析，發現當這些活動歸屬於其他部門之下時，其重要性沒有得到應有的重視，因此也無法達成公司要求的績效時，就必須將它區隔為獨立的部門。

不去分析企業實際需要的活動，而只以典型的企業功能取而代之，反映了危險的怠惰心理，結果將事倍功半。因為唯有經過完整細密的活動分析，才能釐清必須完成哪些工作，應該把哪些工作歸為一類，以及每一項活動在組織結構中有何重要性。

已經營運了一段時間的企業最需要活動分析，而經營狀況不錯的企業尤其需要活動分析。在這類企業中，活動分析必然會顯示：某些重要活動不是完全沒有規劃，就是懸而未決，找不到頭緒；有些活動曾經非常重要，如今已失去原本的意義，卻仍被企業當成主要活動；還有些過去別具意義的分類方式如今不但不再適用，而且還成為企業經營的絆腳石。此外，活動分析當然還會找出許多毫無必要、應該取消的活動。

剛起步的企業也需要這樣的思考。但是在規劃活動時，最嚴重的錯誤往往是企業成長所造成的——尤其是成功導致的後果。常見的情形就好像公司剛起步時，在一棟只有兩個房間、卻很實用的簡陋小屋中辦公。隨著公司不斷成長，公司開始在這裡加蓋一間廂房，在那兒加蓋個閣樓，在某個地方又多個隔間，最後樸實的小屋變成了二十六個房間的龐然大物，公司元老得靠聖伯納犬帶路，才有辦法從茶水間走回自己的辦公室。

決策分析

要找出企業需要的組織結構，還有第二個重要工具——決策分析。企業需要哪些決策，以達成績效，實現目標？他們需要的決策屬於哪一類？應該由組織中哪個層級來制定決策？其中牽涉到哪些活動，或會影響到哪些活動，因此哪些經理人應該參與決策——至少在決策前應該徵詢他們的意見？決策制定後，應該告知哪些經理人？

或許會有人爭辯，我們根本不可能預測未來將出現哪一類決策？但是儘管我們無法預測未來的決策內容，也無法預測應該制定決策的方式，卻不難預測決策的種類和主題。我發現企業主管在五年內必須制定的決策有九成以上屬於所謂的「典型」決策，而且不外乎有限的幾種決策。如果能事先就把問題考慮周詳，通常只有在少數情形下，才必須問：這個決策屬於哪一類？不過由於缺乏決策分析，幾乎有四分之三的決策「無家可歸」，結果其中大多數決策最後歸屬的決策層級都過高了。

也有人認為，將決策分析歸類的方式通常都失之武斷，他們的論點是：「很可能某個總裁喜歡親自制定這類決策，另外一個總裁卻喜歡掌控另外一類決策。」當然，無論在任何組織中，決策者的個性和偏好或多或少都會產生影響，但是個人偏好的影響通常不大，很容易就可以調整過來（畢竟總裁並不會經常更換）。何況重要的不是總裁喜歡做什麼，而是為了公司利益著想，他（和其他主管）應該做什麼。的確，如果公司在制定決策的時候，竟然容許個人偏好凌駕於企業需求之上，那麼絕對不可能建立高效能的組織，也不可能獲得良好的經營績效。難怪企業無法持續成長壯大，反而每況愈下、瀕臨破產的最主要原因是，當企業老闆不應該做決策的時候，卻仍然緊握著決策權不放。

要區分各種決策的權責，首先必須根據決策的種類和性質加以歸類。諸如「政策性決策」或「經營性決策」等標準分類實際上完全沒有意義，徒然挑起無休無止、深奧難解的辯論。有四種基本特性決定了企業決策的本質。

第一，決策的未來性。這個決策需要公司承諾多長遠的未來？在多短的時間內能夠扭轉決策？

公司在採購原料時，究竟應該根據生產時程，還是對價格波動的預測，來採購某個投機性商品（例如銅），這個決策可能牽涉到很多錢，需要對多重因素做複雜的分析。換句話說，這是個艱難而重要的決策，但也是幾乎可以立即扭轉的決策；公司承諾的時間只不過是期貨合約的有效期限（每個交易日都可以買賣）。因此儘管這個決策困難而重要，決策權卻應該盡可能下放到最低層級：或許是廠長或採購人員。

第二，這個決策對公司其他功能、其他領域或企業整體的影響有多大。如果決策只會影響一個部門，那麼可以把它歸到最低的決策層級。提高決策層級時，可以考慮到這個決策對所有相關領域所產生的衝擊，或必須和其他相關領域的主管密切磋商之後才做決定。套一句技術名詞，就是不應該犧牲其他功能或領域，來達到某個功能或領域之流程和績效的「最佳化」。

例如，一家大量生產的工廠想要改變零件庫存的方式，這個決策表面上似乎是個純然「技術性」的決策，只會影響單一領域，但實際上卻會影響到其他許多領域。不但影響到整個生產作業，而且也必須在生產線進行重大改變。這個決策也影響到交貨流程，甚至因為必須放棄某些設計、機型以及產品利潤，而不得不大幅改變行銷和訂價方式。有關庫存的技術性問題儘管頗令人頭大，但是比起改變庫存方式造成的其他領域問題，簡直是小巫見大巫。企業不應該容許經理人為了達到庫存「最佳化」，而犧牲了其他領域。企業必須把這類決策提升到更高的決策層級，並且視之為影響企業整體流程的決定：因此決策層級應該提升到高於廠長的層次，或要求經理人在制定這類決策前，必須徵詢所有相關部門主管的意見。

第三，決策的性質是由其中包含多少質的因素來決定：例如基本行為準則、倫理價值、社會和政治信念等。一旦將價值觀列入考慮，決策就需要更高層級來做決定或評估。而所有質的因素中最重要、也最普遍的是人的因素。

最後，我們可以根據究竟這是經常性決策，還是偶一為之的特殊決策來歸類。兩種決策的層級都必須與決策的未來性、影響及特質相呼應。因為員工違紀而施以停職處分，就屬於前者；而改變產品性質或公司業務性質，則屬於後者。企業需要為經常性決策建立通則。由於對員工施以停職處分是有關人的決定，因此必須由組織高層制定處理原則。依照公司規定的辦法來處理個別案例，卻屬於例行公事，因此較低階的主管就可以決定。但是必須把偶爾出現的突發性決策當作特殊事件來處理，從頭到尾周詳考慮後，才能決定。

企業應該將決策權盡可能下放到最低層級，愈接近行動的現場愈好。訂定決策層級的時候一定要充分考慮到所有受影響的活動和目標。第一個原則告訴我們決策權「應該」下放到哪個層級，第二個原則告訴我們，決策權「可以」下放到哪個層級，以及哪些經理人應該參與決策過程，哪些經理人應該獲知決策內容。

因此分析可以預見的決策將指出企業需要什麼樣的高層管理結構，以及不同層級的營運主管應該擁有哪些權責。

關係分析

最後一步是關係分析。負責某項活動的經理人必須和誰合作，他必須對負責其他活動的經理人有什麼貢獻，反之，這些經理人又必須對他有什麼貢獻？

我們總是根據經理人領導的活動來定義他的職務，也就是說只考慮上對下的關係。從第11章中，我們了解這樣做還不夠。的確，在界定經理人的職務時，首先必須考慮的是他的活動對於所屬的上級單位有什麼貢獻。換句話說，必須預先分析和建立起下對上的關係。

一家大型鐵路公司的例子正好可以說明關係分析及其結果。依照傳統，鐵路公司有兩種重要的工程功能，分別與設計新設施與維修舊設施有關，這兩個功能都隸屬於負責運送貨物及旅客的運輸部門。如果我們根據經理人向下關係來界定工程部門，這個傳統就顯得很合理。因為從這個角度看來，兩個功能都附屬於運輸功能之下。我們一旦問到：這兩個工程主管向上的關係是什麼，傳統組織結構就靠不住了，反而成為良好鐵路管理的嚴重阻礙。因為這兩位工程主管最重要的任務或許應該是為高層提出建言，同時參與有關鐵路事業發展的長期決策。由於他們的工作性質和技術知識，他們必須負責一項攸關重要目標的決策：物力資源的供應，還必須一肩挑起設定創新目標和達成目標的重責大任。因此在安排他們職務時，即使沒有讓他們加入高層經營團隊，也應該讓他們能直接向最高主管獻策。否則企業將在缺乏必要知識的情況下，制定許多影響企業長遠未來、即使非攸關生死的基本決策。就算決策本身是正確的，也無法為負責執行決策的人（兩位工程主管）所理解，還可能遭到抵制。換句話說，從向上關係的角度來看，這兩種功能應該獨立於運輸部門之外，直接隸屬於最高主管。

此外，還必須分析橫向關係。經理人對其他單位經理人的貢獻一直都是管理工作的重要部分，還可能是其中最重要的一部分。

行銷主管的工作就是個好例子。在他的向下關係中，他是「銷售經理」，負責管理一群努力爭取訂單的業務人員。但是如果這種向下關係依照傳統方式決定了職位的組織結構，那麼企業對於行銷活動最重要的要求可能完全無法實現。工程師要善盡職責，必須從行銷活動中得知顧客需要什麼新產品，以及如何改良舊產品，獲得有關產品發展和設計的方向，以及訂價相關資訊。同樣的，生產部門唯有從行銷活動中，才能獲得預期銷售量和交貨日期等關鍵資訊。採購部門也必須仰賴行銷主管提供的資訊。相反的，行銷主管需要上述部門提供資訊和指引，才能建立合理的向下關係，善盡管理銷售部門的職責。這種橫向關係變得如此重要，愈來愈多公司在銷售經理之上另設行銷主管，主要負責協調橫向關係，要不就是將行銷活動區分為行銷功能和銷售功能，分設兩位管理者，他們的位階相當，獨立運作，但是又密切合作。

不只在決定組織結構時，必須分析關係，在有關人員配置的關鍵決策上，分析關係也非常必要。的確，唯有好好分析工作中各種關係，才能做明智而成功的人事安排。

這三種分析——活動分析、決策分析、關係分析，都應該盡可能保持簡短。在小公司裡，可能花幾個小時，在幾張紙上寫一寫，就完成了。（不過，在奇異或通用汽車這類的大企業中，可能要花幾個月的時間研究分析，應用先進的數學分析和綜合工具，才能完成。）但是無論企業規模多小，業務多麼單純，都絕不可輕忽這些分析。應該把這些分析視為一定要做好的必要工作。因為只有這些分析能顯示企業需要哪一種結構。唯有奠基於此，企業才能建立起高效能的組織。

17 建立管理結構

我們可以把組織比喻為傳動裝置，把所有活動轉化為一種驅動力——企業績效。組織愈小而簡單，就愈有效率。

建立管理結構時，第一個要考慮的是：這個結構必須滿足哪些條件。它主要的重點和要求是什麼？必須有能力達到什麼樣的績效？

這問題的主要答案有三個：

一、**管理結構在組織上必須以績效為目標**。企業的所有活動都是為了達到最後的目標。的確，我們可以把組織比喻為傳動裝置，把所有活動轉化為一種驅動力——企業績效。組織愈小而簡單，就愈有效率，也就是說，愈不需要改變個別活動的速度和方向來達到企業績效。應該儘量多讓經理人扮演生意人的角色，發揮經營績效，而不是充當官僚；應該透過企業績效和成果來檢驗經理人，而非藉由行政技巧或專業能力的標準來檢驗。

組織結構不能將企業的努力引導到錯誤的績效上。組織結構不應鼓勵經理人把焦點放在容易生產、但欲振乏力的老舊產品上，而輕忽不斷成長、但可能難度較高的新產品；也不該容許不賺錢的產品和事業倚靠賺錢的產品而苟延殘喘。簡單說，管理結構必須讓企業有意願、也有能力為未來打拚，而不是安於過去的成就；必須努力追求成長，而不是貪圖安逸。

二、**組織結構必須盡可能包含最少的管理層級，設計最便捷的指揮鏈**。每增加一個管理層級，組織成員就愈難建立共同的方向感和增進彼此了解。每個新增的層級都可能扭曲目標，誤導注意力。指揮鏈中的每個連結都會帶來壓力，成為引發怠惰、衝突和鬆懈的另一個源頭。

更重要的是，管理層級愈多，就愈難培養未來的經理人，因為有潛力的管理人才從基層冒出頭來的時間拉長了，而且他們在指揮鏈中往上爬的過程中，往往造就的是專才，而非管理人才。對大企業而言，這個問題尤其嚴重。

今天，在好幾家大公司中，第一線主管和公司總裁之間有十二個管理層級。假定一個人在二十五歲時，當上了基層主管，之後他每五年就晉升一級（這已經是非常樂觀的預期了），等到他有資格角逐公司總裁時，早已八十五歲高齡，垂垂老矣。而企業針對這個問題找到的典型藥方——為高層欽定的年輕「天才」或「太子」打造快速升遷的特殊階梯，往往比病因本身還要糟糕。

對任何企業而言，無論組織多麼井然有序，管理層級增加都是嚴重問題。因為管理層級就像樹木的年輪，會隨年歲增長，不知不覺逐漸增加，我們無法完全遏止這個過程。

就拿史密斯為例吧。他在工廠經理職位上勝任愉快，但是還沒有好到足以達到升遷標準。他的屬下布朗是個振翅待飛的一流人才——但是飛到哪兒去呢？公司不可能把他升到和史密斯差不多的職位上，即使公司願意讓他越過上司跳級升官，也沒有適當的工作給他。為了避免布朗受挫離開，管理階層把史密斯升到新職位上，讓他擔任製造經理的特別助理，專門負責工具的供應，如此一來，就可以名正言順地讓布朗擔任工廠經理。史密斯很懂得怎麼把新工作弄得忙碌不堪，他的辦公室很快就不斷湧出大量油印文件。當史密斯終於退休時，公司不得不派一個能幹的年輕人（姑且稱他布朗二世）去清理史密斯留下的混亂。由於布朗二世十分優秀，他很快就把這個原本為了解決人事問題而虛設的職位變成實質工作。而不久下一個史密斯又出現了（就好像貧窮始終是個揮之不去的問題一樣），必須想辦法創造新職位，於是他變成一個「協調者」。於是，公司創造了兩個新的層級，這兩個層級很快就變得不可或缺，成為公司傳統的一部分。

如果沒有適當的組織原則，管理層級只會不斷增加。西方社會最古老、最龐大、也最成功的組織——天主教會，已經充分證明組織真正需要的層級可以減少到什麼地步。在教皇和最低階的教區神父之間，其實只有一個層級——主教。

三、**組織結構必須能培育和檢驗未來的高階經理人**。企業必須在員工還很年輕，還能從新經驗中學習時，就賦予他們實際的管理責任，讓他們在管理職位上當家做主。如果僅僅是擔任副手或助理，員工無法有充分的準備來因應日後獨立決策時的壓力。反之，我們經常看到，能力強、深受信賴的副手一旦獨當一面，卻變得手足無措。培養主管時，必須將他們放在能看到企業整體運作的位置上，即使他們還不必為經營績效和成果直接負起責任。儘管剛起步時，多多累積在各部門工作的專業經驗當然也十分必要，但是如果在專業職位上待太久，一個人的視野會變得比較狹隘，誤以為自己那小小的角落已經代表了整個世界。

單靠訓練還不夠，還必須檢驗企業看好的人才是否有能力承擔起整個企業的營運重任，而且必須在有潛力的經理人還未爬到高層職位時，就先加以檢驗，同時在他們還很年輕時就加以檢驗，因此他們即使碰到挫折，也不會就此一蹶不振，公司仍然能善用他們的專業能力，或讓他們擔任稱職的副手。此外，考驗他們的任務雖然性質獨立，卻又不能太重要，即使失敗了，也不至於威脅到企業整體的生存發展。大企業應該為有潛力的經理人安排一系列這樣的工作，因此能夠根據唯一合理的選拔原則來篩選出未來的高階主管，透過唯一充分的檢驗標準——他們實際的經營績效，來檢驗未來的經理人。

這類工作還必須是比較低層次的工作，因此即使有人通不過考驗，仍然很容易把他換掉。要撤換總裁或執行副總裁十分困難，尤其在股權完全分散的上市公司中，幾乎不可能這麼做。有一家企業的董事長曾經語帶嘲諷地說：「你一旦選了某個人擔任總裁，你就再也動不了他了，只能寄望他突然心肌梗塞掛掉。」

為了滿足這些要求，組織結構必須採取以下其中一個原則：企業必須依照聯邦分權化的原則，盡可能整合所有的活動，將企業活動組織成自主管理的產品事業，擁有自己的市場和產品，同時也自負盈虧。不可能採行這種原則的組織，則必須採取功能分權化的原則，設立整合的單位，為企業流程中最主要的階段，負起最大的責任。

聯邦分權化和功能分權化這兩個原則其實是互補而非相互競爭的。幾乎所有企業都必須採行這兩種原則。其中，聯邦分權化的原則最有效，也最具生產力。但是這個原則在真正的小公司卻派不上用場，因為整個公司就是一個「自主管理的產品事業」。聯邦分權化原則也不適用於大企業中的內部管理組織，例如鐵路事業的性質和流程就排除了聯邦分權化原則的可行性。事實上，每個企業都有一個關鍵點，低於這一點，聯邦分權化原則就不再適用，不可能組織起自主管理的產品事業。因此，聯邦分權化原則雖然有其優勢，也有其限制。

功能分權化原則適用於所有的管理組織，卻是中大型企業的次要選擇。所有的企業幾乎遲早都會採行這個原則，但是愈晚開始採用，組織就愈強韌。

分權化形成趨勢

過去幾年來，無論聯邦或功能分權化的經營模式在美國企業界都十分風行，幾乎成為家喻戶曉的名詞。實施分權化經營的歷史其實至少要回溯到一九二〇年代，在一九二九年以前，杜邦、通用汽車、施樂百和奇異公司都已經開始發展分權化組織。

然而組織理論一直忽略了這個趨勢。就我所知，我在一九四六年發表的有關通用汽車公司的研究，是管理界第一次將分權化經營當成獨特的組織原則來研究。

組織理論跟不上潮流的原因在於，傳統組織理論是從企業內部功能著手，而不是從企業的目標和要求著手；把功能看成理所當然，眼中所看到的企業只是一堆功能的積聚。

傳統理論仍然將功能定義為相關技能的組合，而且認為技能的相似性是功能主義的精髓和主要優點。然而當我們檢視組織良好的功能性單位時，卻找不到這類「技能群組」。舉例來說，典型的銷售部門包括銷售活動、市場研究、訂價、市場發展、顧客服務、廣告和促銷、產品發展，通常甚至還包括負責和政府部門及同業公會維持良好關係等功能。生產部門涵蓋的範圍也同樣廣泛。我們簡直無法想像還有什麼比這類「功能性」組織需要更多樣的技巧、能力和特質，即使是整個企業所涵蓋的多樣性也不過如此。如果真的像書上所說，功能主義其實是透過技能之間的關聯而形成的組織，那麼典型的銷售和製造部門就變得荒謬絕頂。但是功能主義之所以行得通——甚至比根據相似技能組織起來的單位成效更佳——是因為這類組織聚合了某個明確工作階段所需的所有特殊活動。因此他們要求的技能和特質互不相同其實毫無關係，重要的是他們組合了達到績效所需的各種活動。

事實上，教科書所認定的功能主義只反映了五、六十年前的生產管理方式，現在已經完全落伍了。當時工廠的組織方式通常是把所有同類型機器放在一起：螺旋機全都放在工廠的一個角落，鑽孔器佔據另一個角落，鉋床則放在第三個角落。但是後來我們了解到，有效的生產組織第一個原則就是寧可讓機器遷就工作，而不要讓工作遷就機器。應該根據工作的內在邏輯來安排工作流程，即使需要多買幾部機器，都比把材料運來運去經濟許多。同樣的，我們必須配合工作來安排特殊活動，絕不要配合特殊活動來安排工作，因為傳遞資訊和想法的成本遠比運送材料還高得多，而且通常更難掌握得很好。

因此，把重心放在由相關技能組成的功能性組織是對合理的功能性組織（也就是透過流程階段來組織）的一大誤解。由同類技能組成的典型部門——例如會計部門、工程部門，通常表現不如理想，正是明證。會計部門老是和組織中其他部門起衝突，而典型的工程部門也總是難以設定目標和衡量績效。這兩種情況都絕非偶然。

典型的會計部門至少包含三個不同的功能，把它們納入同一個部門純粹是因為幾種功能都會用到相同的基本數據，同時也都需要加加減減的計算能力。會計的功能包括提供經理人充足的資訊，加強其他部門自我控制的能力。會計部門也具備了財務和稅務功能，以及紀錄保管的功能。通常還要加上第四項功能——為政府簿記的功能，也就是在員工薪資中扣除所得稅、社會安全保險費及處理數不清的報表等。即使是這幾種功能背後的理論和觀念也都不太一樣，想要把適合某個功能的觀念（例如財務會計）移植到別的功能上（例如管理資訊），不但在會計部門中爭議不斷，而且也會造成會計師和其他部門主管之間頻繁的衝突。

同樣的，典型的工程部門要進行長程基礎研究、產品設計、應用工程、服務工程、工具設計、工廠工程，以及維修工程、建築工程等後勤支援工作。有的專業必須靠創新，有的則需要行銷技巧，有的需要和製造結合，有的則和維修固定資產有關，換句話說，和財務有關。這些任務唯一的共同點在於所使用的基本工具——甚至連需要的技能都不太一樣。純粹因為其中都包含了「工程」這兩個字，把這些功能全都納入同一個部門，結果就造成了無法管理的大雜燴。沒有人能訂出合理的績效標準，也不知道公司對他有什麼期望，甚至不知道他應該滿足哪些人的期望。

今天有些大公司開始重新思考工程組織，根據須完成工作的內在邏輯來安排工程工作，而不是根據需要的工具來安排。有的公司也開始根據工作邏輯來區分傳統會計功能，而不是根據個人的技能和限制，將會計工作分類。改變的腳步愈快，企業組織就能運作得更好。

功能性組織的缺點

即使是依照流程階段而建立的合理功能性組織，都不足以滿足企業在結構上的要求。在功能性組織中，企業難以聚焦在經營績效上。每位部門主管都認為他負責的功能最重要，試圖強化這項功能，把自己單位的利益置於其他部門（即使不是整個企業）的利益之上。關於功能性組織的這種傾向，目前還找不到解決問題的藥方。每個部門都渴望壯大自己，其實是每位經理人都希望善盡職責的結果，而這原本是值得嘉獎的心願。

根據需要而形成的功能性組織把重心放在專業技能上，員工必須獲得相關的知識和能力。然而功能性專家的願景、技能和忠誠對象可能因此變得太過狹隘，以至於他們完全不適合擔任總經理的職位。

更嚴重的缺點是企業難以根據功能的形態來設定目標、衡量績效。由於這類功能都常只涉及一部分企業營運，而非企業整體，因此其目標也就只能根據「專業標準」來設定，而非緊扣著企業的成敗。如此一來，經理人注意和努力的焦點很容易偏離了企業成功的目標，企業往往強調和獎勵了錯誤的成果。

因此，功能性組織會造成管理上疊床架屋，層級很多。幾乎無法透過經營績效來檢驗員工的表現，也幾乎不可能把員工放在成敗自負全責的職位上，藉此培養他，並考驗他的管理才幹。也正因為這類組織需要很多管理層級，每份工作的意義因此大為減弱，每個職位都變得微不足道，只是員工往上爬的踏腳石罷了。

聯邦分權制

這正是為什麼聯邦分權化的原則——由自主管理的產品事業形成組織，很快就為較大型企業普遍採行。在過去十年中，包括福特汽車、克萊斯勒汽車（通用汽車自從一九二三年左右就已經採行這個制度）、奇異、西屋，以及主要的化學公司（除了在一九二〇年之前就已經發展出這個做法的杜邦公司）、大多數的大型石油公司、重要的保險公司等等，都採行這個組織原則，各種文章、演說、管理雜誌和管理會議更詳細探討這個做法，因此現在每一位美國企業主管應該都已經很熟悉這個名詞了。

以下是聯邦分權化的原則為何通行於現代大型企業的重要原因：

一、聯邦式分權化的原則將經理人的願景和努力直接聚焦在經營績效和成果上。

二、因此必定會大大降低了自我欺騙、安於既有而怯於創新，或倚賴賺錢的產品來養活虧損的生產線等危險。

三、從管理組織的角度來看，聯邦分權制同樣有極大的好處。企業可以充分發揮目標管理的功效。單位主管比其他任何人都清楚自己的績效，因此每位主管所管轄的員工人數或單位數不再受到控制幅度的侷限，而只會受到管理職責所限，因此可以管轄的範圍擴大許多。

施樂百公司的副總裁轄下可能有一百家分店，每一家分店都是一個自主管理的獨立單位，對行銷和獲利自負全責。分店負責人可能管理三十位部門經理，每位經理都獨立經營自己的單位，同時也為行銷和獲利目標負責。結果，施樂百公司在最低階的管理職位——分店部門經理和公司總裁之間，只插入了兩個管理層級：分店負責人和地區副總裁。

四、施樂百的實驗戲劇化地證明了聯邦分權化的原則對於培育未來經理人的重要影響。

二次大戰一結束，施樂百公司就雇用了大批年輕人。他們隨意分派這些年輕人工作，把三分之一的新人分發到大型分店，三分之一分發到小型分店，剩下的三分之一分發到郵購事業部。五年後，大型分店中表現最優異的年輕人即將升為部門經理，小型分店中最傑出的年輕人也已經做好接任分店店長的準備。然而在郵購事業部中，儘管五年來出現的職缺更多，但由於郵購事業的組織方式一直都是根據功能而實施專業分工，因此最優秀的年輕人早已離開，其餘的人五年後仍然還是按時打卡上班的小職員。

有一家大型貨車及曳引機製造商也有同樣的經驗。

這家公司最大的部門是製造部所管轄的鑄造廠。其他三個部門則是由公司第二大、規模較小的鑄造廠負責供應，這個小鑄造廠自成一個獨立經營的產品事業部，產品除了供應自家公司，也對外銷售給其他顧客。兩家鑄造廠的每噸產能所投下的資本幾乎完全一樣，產品也十分類似，但是過去二十年來，幾乎所有新製程都是由這家獨立經營的產品事業部研發出來的，而且即使小型鑄造廠要面臨更激烈的競爭和更動盪的市場情勢，他們的獲利始終高出大鑄造廠五分之一。而且第二家鑄造廠二十年來培養出三位公司副總裁，第一家鑄造廠卻始終由一九三〇年工廠一建好就擔任廠長的老臣管理。

五、最後，聯邦分權制能及早在較低的管理層級上，考驗員工獨立指揮的能力。

在一家大型貨櫃製造公司中，有兩個人被認為是「明顯的接班人選」，其中一個是非常能幹的生產主管，另外一個是總裁的首席助理。當公司的組織改成眾多獨立經營的產品事業部時，公司任命他們兩人擔任新成立的兩個最大的產品事業部總經理。不到三年，就可以明顯看出，兩個人都不適合擔任高階經營工作。前生產主管在經營上無法做到收支平衡，他忽視行銷和工程，也不懂得訂定計畫或編列預算。前首席助理則沒有辦法做決定，總是回頭去向上司討答案，而不是自己承擔起營運的責任。事實上，兩個人都應該調回去擔任副手。但是，另外有三個人，過去公司從不認為他們足以擔當起高階經營重任，指派他們擔任小型事業部總經理以後，他們卻很快展現領導力。這家公司的總裁最近說：「我們實施分權化經營方式，其實是為了趕流行，而不是因為我們真的了解這種做法或相信這種做法。但分權化經營讓公司的發展比我們敢大膽期望的速度快上一倍，而過去一直是問題兒童的生產線，如今卻出現最高的銷售成長和獲利成長。更重要的是，分權化經營方式及時阻止我們犯下致命的錯誤，沒有把錯誤的人選放到最高經營職位上。我以後絕對不會在還沒有考驗一個人獨立經營的績效時，就單憑個人判斷，制定如此重大的決策。我們任命了八位事業部主管，其中只有三位達到預期的經營績效。有兩位（就是我們原先相中的兩位）主管一直沒有辦法再升上去，而我們最不看好的三位主管卻脫穎而出。」

施樂百的分店主管和貨櫃製造公司的事業部總經理都了解公司對他們的期望，因為公司的期望取決於他們為管理單位設定的目標。只要達到目標，就不必擔心執行長的要求，向執行長提出任何要求和需求時，也不怕執行長找碴。

兼具多元性與一致性

如果我們把聯邦分權制定義為管理結構的原則，在此原則之下，企業可以組成許許多多自主管理的單位，那麼這種原則的具體內涵為何？必要條件是什麼？又有什麼限制？

在聯邦分權化的模式下，自主管理的產品事業單位在規模上有很大的差異。規模較小的單位，包括像施樂百的分店，員工人數不到五十人，年銷售額也低於五十萬美元。而規模較大的，則包括像通用汽車的雪佛蘭事業部這類大單位，年銷售額在四十億美元左右，員工更超過二十萬人。

事業單位在管理幅度上，也有很大差異。

通用汽車的電器部門——交流電火星塞事業部，是個完全自主管理的事業。它對外銷售產品中較大的零件：直接賣給需要替換零件的顧客，同時也賣給其他汽車公司，而這些公司都是通用汽車的競爭對手。交流電火星塞事業部自行購料，自己負責工程和產品的設計、製造等等。由於產品的特性，他們甚至不太用得上總公司的研究設施，只會用到如產品測試、消費者研究和法律諮詢等服務性功能，而許多完全獨立的企業通常也都把這些功能外包。他們不直接與工會談判合約，但是許多獨立經營的企業也都採用產業公會談成的合約。不過，交流電火星塞事業部仍然自行處理工會的申訴。唯一一項獨立企業會自行處理、而交流電火星塞事業部卻不具備的功能是籌集資金，他們所需的一切資金都由通用汽車公司供應。

但是聯邦分權單位的管理幅度也可能更小。

例如，施樂百的分店（即使是每年做一千萬美元生意的大店）自己不負責採購和商品開發，而由總公司統籌所有分店的需求。分店究竟銷售哪些商品、每一種商品各佔什麼比例都是由總公司決定，而不是分店店長決定。無論每家分店願意與否，他們都得撥出店面空間擺放郵購櫃台，替郵購事業接訂單，而郵購事業在業務上等於直接與分店競爭。即使是分店的櫃台和店面陳列方式也大都由位於芝加哥的總公司操控。最後，分店店長無權決定商品售價。他的職責是努力促銷已經設計、開發、採購完成，而且訂好價格的商品。

在這兩種極端中間，還有許多種不同的可能性。

在奇異公司裡，某些產品事業部和通用汽車的交流電火星塞事業部同樣掌握自主經營權，但也有一些產品事業部雖然最後還是要負責行銷，卻把實際的銷售和服務工作委託另外一個銷售部門處理，而這個銷售部負責經銷奇異好幾個事業部的產品，經營方式就好像獨立經銷商會代理不同製造商互補的產品一樣。奇異公司有的產品事業部自己做研究，有的和鄰近的事業部合作進行研究，有的則高度倚賴總公司的研究機構。

化學公司也有多種不同的分權模式。的確，聯邦分權化模式的優點之一，就是一方面容許極豐富的多樣面貌，同時又不會破壞基本的一致性。

不過，聯邦分權制如果要見效，還必須滿足一個必要條件，事業單位必須直接將利潤貢獻給公司，而不僅僅是對公司整體獲利有所貢獻。事業單位的盈虧應該直接反映在公司的盈虧上。事實上，公司的總利潤必須是各事業單位利潤加起來的總和，而且必須是真正的利潤，不是靠操弄會計數字得出的結果，而是由經營目標和市場的最終評斷來決定。

為了能夠貢獻利潤給公司，事業單位必須有自己的市場，這裡所說的市場可以純然是地理上的市場。

有一家賓州的鍋具製造商在西岸的分廠雖然與匹茲堡的母廠生產的產品完全一致，卻擁有自己的市場，因為橫越美國內陸的貨運費實在太高了。一家壽險公司的亞特蘭大地區的市場和波士頓地區的市場明顯不同。而施樂百在新罕布什爾州基爾的分店也是如此，雖然不到三十哩之外的麻薩諸塞州費茲堡就有另外一家施樂百分店，以相同的價格供應相同的商品。

但有時候，市場也能靠產品來界定。

福特及通用汽車的自主管理部門、以及奇異公司產品事業部的組織都是建立在這樣的基礎之上。有一家大型橡膠公司也採取聯邦式組織，把產品分成四條主要的產品線：客車輪胎、商用卡車輪胎、特殊卡車輪胎和非輪胎類橡膠產品。每一條產品線無論在客源、面臨的競爭、或經銷管道上，都各具特色，獨立經營，互不相干。他們又把非輪胎類橡膠產品再分為六個自主管理的單位（例如高筒橡膠鞋就是其中之一），每個單位都各有獨特的產品線和管理體系。

在有些產業中，同一個地理區域的相同產品線可能有不只一個市場。醫院、學校、餐廳、旅館、大型辦公室等大批採購椅子的機構客戶，和零售顧客是不同的市場，兩者的經銷管道、價格、購買方式都不一樣。我知道有一家中型家具商就將公司快速成長歸功於他們分別設立了兩個自主管理的產品事業部——零售家具事業和機構家具事業，雖然椅子的設計和生產過程沒有什麼兩樣，但是兩個事業部卻都由自己的工廠供貨。

實施聯邦分權制的五原則

無論事業單位的規模是大是小，多麼獨立自主或限制多多，如果要成功地實施聯邦分權制，應該遵守五個規定：

一、任何聯邦式組織都需要強大的分部和強而有力的中央。「分權」這個詞事實上很容易引起誤解，但是因為今天這個名詞已經太過通行，無法捨棄不用。分權似乎暗指中央的弱化，但是這絕對大錯特錯。聯邦分權制需要中央為整體設定清楚、有意義的高目標，強力指導地方部門。這些目標必須要求公司上下達到高度的經營績效和行為標準。

聯邦分權化的組織也需要透過評估來控制。的確，每次見到聯邦式組織碰到問題時（例如，聯邦結構之上的中央管理體系一層又一層，疊床架屋），原因往往在於中央採取的評估方式不適當，因此還是必須倚賴經理人的自我監督。現有的評估方式必須精準而適當，能夠可靠地評斷經理人的績效。

二、採取聯邦分權化的單位規模必須大到足以支撐所需要的管理結構。目標應該放在自主單位的數量愈多愈好，單位的規模則愈小愈好，但是當單位的規模太小，以至於根本負擔不起所需管理的質與量時，就變成荒謬的鬧劇。

當然，究竟規模多小才算小，還是要視業務性質而定。施樂百的分店也許規模很小，但仍然足以支撐起完善的管理。小店所需要的管理其實只是店長加上幾個負責第一線業務督導的部門主管，並且也應該據此敘薪。

在大量生產的金屬製造業中，真正自主管理的產品事業部雖然擁有自己的工程、製造和行銷組織，但我相信除非他們的年銷售額達到一千萬或一千兩百萬美元，否則撐不起完善的管理體系。產品事業部的銷售額如果太低，就會有人手不足或實際上仰賴中央管控的危險。

在聯邦分權化組織中，既要享受到小規模的好處，又要有完善的管理，新澤西州的嬌生公司提供了一個解決辦法。在嬌生公司裡，獨立經營的事業仍然盡可能保持小規模，有的單位甚至只有兩百名員工左右，相當於施樂百只有五十名員工的分店規模。這些小單位要自行承擔企業營運的所有功能，包括財務在內。但不同於施樂百分店的是，嬌生的事業單位是完全獨立經營的事業，有自己的總裁。但是由好幾個單位一起分攤幾位「董事」的開支，董事都是母公司的高階主管，過去也曾經營過事業單位，因此可以扮演顧問和專家的角色。如此一來，這些事業單位儘管規模和營業額都不大，卻負擔得起一流的管理。

三、每個聯邦分權化的單位應該都富有成長的潛力。如果把所有停滯不前的生產線都組成一個自主管理的事業單位，而把所有前景看好、快速成長的產品線組成另外一個事業單位，是很不好的組織方式。

四、經理人在工作上應該有充分的發揮空間和挑戰。我可以用下面的例子更清楚說明我的看法。

一家大型橡膠公司刻意讓製程設計變成總公司的職責，而非由生產事業自行負責，儘管每個生產事業的財力都足以負擔製程設計的人力成本。公司之所以把製程設計收歸中央掌控，不是因為不同的事業領域都面臨類似的問題，相反的，正因為如此，更應該把製程設計和其他功能一起下放給各事業部，如此一來，才能達到新事業之間彼此競爭的效益。但是這家公司認為，「製程設計」需要大膽的想像、創新的思維和實驗的空間，因此需要的施展舞台和挑戰更大，絕非產品事業部有能力提供的。

然而分權管理的單位和其主管也需要施展空間和挑戰。例如，他們應該擔負起相當大的創新責任，否則可能變得墨守成規。因此一方面需要有一些活動比聯邦分權化單位提供更大的發揮空間，另一方面，又需要提供各單位主管充分的挑戰，兩者之間必須找到適當的平衡點。

五、聯邦單位應該並行，每個單位有自己的任務、自己的市場和產品，同時彼此競爭，和通用汽車或福特汽車的汽車事業部一樣。但是總公司通常不應該要求他們聯合進行某項計畫。他們的關係儘管緊密而友善，但是應該嚴格限制在商業關係上，而不是因為某個單位無法獨立生存。

當聯邦單位彼此之間不能夠形成「常規交易」的關係，以至於一個單位必須靠另一個單位來養活，前者的營運完全要倚賴後者時，就必須讓這類單位享有「否決權」。通用汽車用來規範汽車事業部和零件事業部關係的規定正好說明了我的意思。

只要外部供應商的零件價錢更低或品質更好，汽車事業部有權向外採購，而不一定向自家公司的零件事業部採購。反之，只要能談成好生意，零件事業部也有權把產品銷到外面，甚至可以賣給汽車事業部的競爭對手。雖然他們很少行使這項權利，這個規定卻絕非形同虛設，反而讓兩個事業部都更加壯大，更能夠自主經營，也更有效率、更負責，並且達成更出色的經營績效。

反對者往往辯稱，如此一來等於否定了整合的價值，而且同公司裡究竟哪個單位賺錢其實沒那麼重要，反正利潤全都落入同一個口袋裡。但是這種說法假定表面的和諧比效率和低成本更重要，還假定無論公司各部分績效如何，公司仍然可以從整合中獲益。這兩種假設都站不住腳。更重要的是，這種論點忽略了行使否決權對兩個單位的績效和責任帶來的影響。

有兩家大型石油公司都自己經營油輪。其中一家公司的運輸部門只要能夠拿到更高的價錢，就有權替其他煉油廠運油；煉油廠也有權雇用其他公司的油輪來運油，只要其他公司的價錢比較便宜。另外一家公司的油輪是交由獨立公司來經營，儘管石油公司仍然握有百分之百的股權。但是，他們的油輪只能載運自家煉油廠的石油，而他們的煉油廠也不能委託其他油輪運油。兩方頻頻因為運油費率而起爭執，通常都驚動最高主管來仲裁。

兩家公司都認為他們的油輪服務是自主經營、自負盈虧的事業。第一家公司多年來都未曾動用「否決權」，但是由於擁有這個權利，油輪事業的管理者感覺他們真的是在經營自己的事業。而第二家公司的油輪經營團隊覺得自己在管理工廠設施，而不是在經營一個事業。的確，當最高主管虛偽地高談他們的自主權時，運輸部門的員工都忿忿不平。毋庸置疑，結果擁有真正「聯邦制」油輪單位的公司能獲得更便宜且更好的運輸服務。

區隔的市場，獨特的產品

但是聯邦分權制有其限制，就是必須有區隔的市場才能實施，因此例如鐵路公司就無法實施這種制度。鐵路線上每個部門的業務量有四分之三是來自於其他部門，或將歸到其他部門。換句話說，鐵路公司的任何營運單位並沒有區隔的市場或獨特的產品。

但是，由於聯邦分權制需要有真正的市場，因此無法應用在企業的所有階層，和所有經營單位上。

施樂百的分店全都施行聯邦分權制。負責硬體部門的經理等於自己經營一個小店鋪，是最低的管理層級，而在他上面，只有分店負責人一個主管。他們之所以能這麼做，當然是因為比起真正自主管理的事業單位，分店主管只需承擔最低限度的經營責任。然而在其他企業中，低於某個標準之下，管理單位就只對整體利潤有所貢獻，而不是自己創造利潤。舉例來說，如果公司要銷售產品，就必須有人負責製造產品。生產部門只對整體利潤有所貢獻，在會計師和經濟學家的眼中，是利潤創造過程中的支出。我們會說「生產成本」，卻從來不說「生產利潤」。換句話說，在每個企業中，低於某個標準之下，組織就必須實施功能分權化。

強調聯邦分權制的限制和必須遵守的準則，以避免企業濫用這個觀念，固然很重要，但是我們也不能不說，聯邦分權制目前的應用狀況並不如預期中普遍。聯邦分權制適用於許多不同的產業，但是這些產業卻未必都採行這種組織模式。大多數採行聯邦分權制的公司也沒有把權力儘可能下放到最低階層。但是企業愈能貫徹實施聯邦分權制，就愈能滿足企業績效對結構的要求。

功能分權化

功能性組織愈接近聯邦分權制，則效益愈高，問題愈少。

最好的例子莫過於奇異公司的燈具事業部。四十年前，奇異公司將幾個獨立經營的事業合併後，成立了這個事業部，並且開始發展其組織形式。四十年來，燈具事業部成長了二十倍，推出了許多新產品。

燈具事業部的組織圖乍看之下好像典型的製造業，製造、行銷等功能都由中央掌控。事實上，燈具事業部的經營重任掌握在一百多位主管手中，每位主管都負責管理一個綜合單位。有些單位製造玻璃和零件，例如燈泡的金屬基座。他們的產品一方面供應燈具事業部，同時也有很多銷售到市場上，而且主要賣給燈具事業部的競爭對手。因此，他們擁有自己的市場，是真正的產品事業部。有些單位銷售燈泡給顧客。他們以固定價格向燈具事業部的工廠買進燈泡，就好像施樂百的分店向芝加哥採購辦公室進貨一樣，然後在自己的市場（不管是紐約、德州或加州）上銷售。他們自己掌握行銷的功能，也能控制部分的利潤——他們能掌控銷售量、產品組合和銷售支出，但採購價格和售價則已預先決定。分權程度最低的是製造工廠。他們以市場價格，從零件工廠買進玻璃和零件，但是燈泡成品出貨時，卻是依規定價格賣給銷售單位。即使如此，製造單位仍然有自己的創新和生產力目標。他們可以直接根據市場地位發展出目標——例如根據產出的品質與數量，也可以訂定獲利目標，儘管獲利目標還無法完全有效檢驗他們在市場上的績效，但至少是個客觀的標準，可以據以評估不同製造工廠的績效。

燈具事業部有製造和行銷主管，他們的職責並不是督導各事業單位主管的工作，而是為他們服務。各事業單位主管是由總經理親自任命，因此直接向總經理報告，也唯有總經理有權撤換。

所以，組織功能性工作的時候，應該要賦予經理人最大的權責，來產出已完成或接近完成的產品或服務。否則各部門主管就無法制定從企業目標所發展出來的績效目標和成果評量標準，也不會真的把注意力焦點放在營運成果上。結果，他們只好根據「專業人力資源管理」或「優秀的專業工程技術」等標準來設定目標，透過技術能力，而不是透過對企業整體成功的貢獻，來評估工作成果。他們不是宣稱：「去年，我們成功地將公司所有員工的生產力提升了五%。」而是說：「我們成功地把十八個新的人事計劃推銷給線上主管。」

分權化一直都是組織功能性活動最好的方法。但是如果生產系統中包含了自動化的流程，採取分權化就更加必要。因為任何公司的生產組織如果採取了自動化的物料處理或回饋控制系統（這是自動化的兩個主要元素），就必須在非常低的層級建立一系列的資訊和決策中心，並且達到高度的整合。

福特汽車公司位於克里夫蘭的引擎工廠就是很好的例子。這是個舊式的大量生產工廠，生產同一種產品，而非同一種零件，但最近規劃了全自動化的材料處理和輸送流程。為了這個小小的技術改變，卻必須徹底改造工廠的組織方式，從傳統的功能性「指揮鏈」改成所謂的「任務小組形態」，許多小小的資訊和決策中心儘管位於「指揮鏈」中的最低層，卻橫跨各不同功能的部門。

任何企業假如採用新科技來大量生產零件，再組合成各種不同的產品，或是採取流程生產方式，那麼就必須在生產組織之外，建立類似的資訊和決策中心。因為設計產品已經不再是工程部門設計、然後工廠製造、銷售部門推銷，而是團隊共同的努力，行銷人員、生產人員和工程師從一開始就通力合作，這又是「任務小組」的概念。因此，必須以分權化的組織來取代中央集權的功能性運作方式，自主管理的單位掌握了最多的資訊和最大的決策權，同時也有最寬廣的施展空間。

採取分權化經營的功能性單位如何兼顧寬廣的營運空間與小規模的問題，實際上主要都要靠所需管理層級的多寡來決定。理想上，每一位部門主管應該都親自向聯邦單位或產品事業部的總經理報告，兩者之間，最多只能插入一個管理層級。

原因在於，在管理完善的企業中，每位經理人都會負責任地參與由頂頭上司所召集的目標設定討論，根據上級單位的目標導出自己所管轄單位的目標。如此一來，隸屬於聯邦單位之下的功能性部門的主管將積極參與事業單位的目標發展過程，並因此根據經營目標來設定自己部門的目標。下一級的主管也會積極參與目標發展的過程，所設定的日標將反映整體經營目標。但更低一級的主管——也就是說，如今在功能性部門主管和聯邦單位或產品事業部之間，已經插入了兩個層級——所面對的目標都是功能性的目標，而這些目標和他們必須協助達成的整體經營目標之間的關係，就好比逐字直譯的詩文和原文之間的關係一樣。根據我的親身經驗，當組織的功能性單位從兩個層級發展為三個層級時，功能性主管對於企業的貢獻以及他們對於企業需求的認知下滑得最厲害。

我知道在工廠中，要限制功能性管理層級不超過兩級，幾乎是不可能的事情，因為要管理的員工實在太多了。不過，其他的功能性活動應該都可以遵循這個原則。自動化的其中一個重要吸引力，或許正在於工廠因此可能採行「扁平式」組織結構，換句話說，自動化將會促進分權化的管理，而非阻撓分權化的管理。

當組織需要兩個以上的功能性管理層級時，就表示企業的規模已經太大或太複雜，而不適合採取功能性的組織方式。這時候，如果可行的話，就應該引進聯邦分權制，因為功能性組織已經無法滿足企業在結構上的需求。

聯邦單位之間的關係應該是「平行」連結，而功能性單位則是「序列」連結。由於功能性單位必須和其他單位通力合作，無法獨力生產任何東西，因此最好的安排方式就好像在屋頂上排列瓦片一樣：每個單位彼此都稍微重疊，因此可以確保所有必要活動都會涵蓋在內，同時也明確訂定需要合作的領域。因為聯邦分權單位需要達成的目標大都能以金額數目具體而清楚地說明，功能性單位的目標不是那麼「明確」，也可以說這些活動對於最後經營績效所造成的影響不是那麼直接，因此很難準確地表示：這就是這個單位必須達成的績效。因此必須因為經理人不同的個性和能力，而保留調整的空間。必須容許強人領導的單位有些微擴權，或領導人較弱時，他所管轄的單位職權也隨之削弱。換句話說，在功能性單位的屋瓦式連結中，必須保持一定的彈性。

建立共同的公民意識

無論實施聯邦或功能分權化，都必須在企業上上下下建立共同的公民意識，在多元中保存一致性。即使最自主管理的產品事業部都仍然不算真正獨立的單位，反之，自治只是整個企業提高績效的手段而已。因此，由於擁有更大的自主權，各單位經理人更應該把自己當成整個企業和廣大社群的一分子。

事實上，分權制並不會為建立共同的公民意識製造問題。在中央集權的功能性組織中，這個問題可能更嚴重，例如，分別效忠於生產部門或工程部門的單位可能彼此鬥爭，甚至因此與企業需求起正面衝突。在聯邦分權制中，地方忠誠仍然會符合企業對經營績效的要求。別克汽車事業部忠心耿耿的員工很可能也會是更好的「通用汽車人」。無論是肇因於功能性組織的派系鬥爭或產品事業部狹隘的本位主義，要建立共同的公民意識，保持向心力，管理階層可以採取三種方式：

第一個方法關係到高層保留給自己的決策權。例如在奇異公司，放棄既有事業和開創新事業的決定權操在總裁一人手中。在通用汽車公司，唯有企業總部的高層有權決定每個事業部的產品價格範圍，他們藉此控制了公司主要單位的競爭。在施樂百公司，芝加哥總部決定了每家分店銷售的商品類型——例如是家電，還是時裝等。

換句話說，必須有某種「共同福祉條款」，將影響企業整體及未來長期利益的重要決策權保留給中央主管機關，因此中央有權基於整體利益，而駁回地方單位野心勃勃的計畫。

其次，公司應該跨越部門和單位的界限，有系統地拔擢管理人才。據說，除非美國能為所有軍種建立統一的升遷管道和生涯發展方向，否則就不可能產生協調一致的國防軍力，因為在尚未達成這個目標之前，各軍種只關心自己的需求和利益，視其他軍種為競爭對手，而非合作夥伴。企業界也面臨同樣的問題。如果員工認定他的事業發展管道只限制在一個單位之中——假定是通用汽車的交流電火星塞事業部好了，那麼他會努力成為「交流電火星塞事業部人」，而非「通用汽車人」。如果員工認為會計部門的主管掌握了他能否升遷的大權，那麼他就會重視自己在「專業會計工作」上的表現甚於對公司的貢獻，把更多心力投注於會計部門的擴展上，而非努力促進公司成長。以上兩個人都只看到了企業的一小部分，視野都十分狹隘。

把太資淺的人調來調去，其實沒有多大意義，但是一旦員工已經從基層管理職位上脫穎而出，展現特別優異的績效時，就應該考慮把他調到其他單位歷練。通用汽車公司有一套統一的輪調制度，事業部高階主管——生產經理、銷售經理、總工程師等，大都曾經在其他事業部擔任過主管，雖然他們多半仍然領導同樣的部門，不曾在其他事業部擔任過高階主管的總經理是極少數的例外。

要建立共同的公民意識，必須遵守共同的原則，也就是具有相同的目標和信念，但是在實務上所要求的一致性不應超越了具體任務對一致性的需求。

舉例來說，在好幾個採取聯邦分權制的大公司裡，從管理才幹中獲益最大的應該是整個公司，而且應該根據每位主管的績效，給予他最大的升遷機會，這都是大家認同的基本原則。但在實現這些原則時，需要有一致的做法。必須有一套方法來蒐集管理人員的名字和工作紀錄，也必須要求掌握升遷大權的經理人對所有合格的候選人一視同仁，不能特別青睞自己人。除此之外，至於如何評估候選人，採用什麼選拔程序，推薦哪個人升遷，經理人完全有權自行決定。

另一個例子是，一家成功的大型工具機製造商十五年前採行了一個原則：只做要求最高工程標準的生意。但是他們交由事業部主管來決定如何應用這條規定，結果每個人的做法都不同。有個事業部故意以高價供應高度專業的設備，因此把高品質工程技術的規定轉換為促銷時的一大資產。另一個事業部仍然繼續待在競爭激烈的市場上，但他們有系統地教育客戶提高對工程品質的要求，他們的口號是「同樣的成本，更高的品質」。第三個事業部認為這個規定會對他們的廉價小工具銷售業務形成阻礙，但是只要改善生產和銷售方法就能克服這個問題。他們的主管表示：「一開始，我們的工程成本比競爭對手高，對我們十分不利。因為顧客不願意為了比較高的工程品質而多花錢，他們完全看價錢來決定要買誰的產品。因此我們必須想辦法把產品賣得比競爭對手便宜，以擴大銷售量來彌補增加的工程成本。」

換句話說，多樣化的做法反而強化了一致的目標和信念，而這正是建立共同的公民意識所不可或缺的。唯有當其他單位會直接受到影響時，才需要一致的做法。但是，卻必須建立一致的原則，並且明確說明，嚴格遵守。

不健全的組織有什麼症狀？

任何具備管理經驗的人只要看到健全的組織結構，就會曉得這個組織很健全（雖然碰到的機會並不多）。就好像醫生看到病人，就能判斷他是不是健康的人一樣，他只能從反面來定義「健康」，換句話說，只要來看病的人沒有病痛、殘疾或病理學上的退化現象，他就認為他很健康。

同理，我們很難描述健全的組織是什麼樣子，但卻能指出不健全組織的症狀。每當這些症狀出現時，企業就必須對組織結構進行徹底的檢查。出現這些症狀，表示組織沒有遵循正確的結構原則。

其中一個組織不健全的明顯症狀是管理層級不斷增加——顯示缺乏目標或目標混亂，不能撤換表現不佳的員工，過度中央集權，或缺乏適當的活動分析。當企業面臨「摩擦性管銷成本」的壓力時——例如必須增加協調者或助理的人力，這些員工本身沒有明確的工作責任，只負責協助上司完成工作——也顯現出組織不良的問題。同樣的，這種情況顯示組織必須採取特殊措施來協調各種活動，並且建立經理人之間的溝通管道：設立協調委員會、全職的聯絡人員、經常召開會議等。

同樣明顯的跡象是，員工喜歡「透過管道溝通」，而不直接去找掌握了資訊、有想法，或應該被告知目前狀況的人溝通。在功能主義下，這個問題會變得特別嚴重，因為會更強化了功能性組織的成員重視自己部門甚於整個企業的風氣。結果員工彼此隔絕，即使在充分實施分權管理的情況下，功能性組織仍然會導致孤立和隔絕。「透過管道溝通」不只是組織不健全的症狀，而且也是起因。

最後，無論組織的形態和結構為何，經理人必須密切注意一個嚴重的體質失調的問題：管理階層年齡結構失衡。

最近我們常聽到管理階層年紀太大的討論，但是如果主管多半是年輕人，也同樣危險。因為管理階層過於老化的問題很快會自動消失，只要企業存活的時間夠久，就可以避免問題再度出現。然而如果管理階層大半很年輕，表示未來很多年，公司裡其他年輕人的升遷機會變得很少，坐在重要位置上的人都還有二十幾年的工作生涯才會退休。優秀人才要不就是根本不進入這樣的公司，或只好另謀他就。如果他們留下來，只會在沮喪中學會趨炎附勢，變得不再那麼優秀。而十年後，今天的年輕主管會變成老化的管理階層，而且眼前看不出有人可以接替他們的位置。事實上，今天所有面臨主管老化問題的公司，都是因為二十年前在經濟大蕭條的影響下，他們引進一批年輕的經理人，而到了今天，年輕人都垂垂老矣。

企業主管在進行人力規劃時，應該把確保管理階層年齡結構平衡當成重要課題。主管位置上必須有足夠的老人，因此年輕人才有接班的機會；同時又有一定數量的年輕人，因此才能確保管理經驗得以延續，不至於斷層；必須有足夠的老人來提供經驗，同時又有年輕人可以帶來衝勁。管理階層的年齡結構就好像人體的新陳代謝作用一樣；如果新陳代謝失衡，那麼人就會生病。

好的管理結構不會自動產生良好的績效，就好像有一部好憲法，並不能保證一定會出現好總統或好法律、有道德的社會一樣。但是在不健全的組織結構下，無論經理人是多麼優秀，企業一定不可能展現出色的績效。

因此，透過儘可能強化聯邦分權制，以及把分權化的原則應用在功能性的組織活動上，以改善組織結構，總是能提升企業的經營績效。如此一來，優秀人才不會受到壓制，才能有效地在工作上有所表現。同時，公司也能藉著提升他們的願景和提高對他們的要求，讓優秀人才脫穎而出。表現不佳的員工也無所遁形，遭到撤換。

健全的組織結構不是萬靈丹，也不像某些組織理論專家所說的，是管理「經理人」最重要的工作。畢竟解剖學並不能代表生物學的全部。但是正確的組織結構是必要的基礎。如果沒有健全的組織結構，其他管理領域也無法有效達成良好的績效。

18 小型、大型和成長的企業

成長的問題之所以難以解決，也正因為成長的問題就是成功的問題。成功的問題總是最難面對的問題，因為我們總是認為一旦成功了，所有的問題都會迎刃而解。因此，大多數經理人都不明白，他們的態度必須隨著企業成長而改變。

小企業沒有精神和士氣的問題，也沒有組織結構或溝通的問題，這幾乎已經成為美國人的信條。不幸的是，這完全是神話。不能容忍異議、堅持獨裁的一人領導小企業，通常都是企業精神不佳的最糟例證。就我所知，溝通最差的企業莫過於老闆總是「諱莫如深」的典型小企業，而最沒有組織的企業則是每人身兼數職、沒有人清楚究竟該做哪些工作的小公司。事實上，如果一九三〇年代的福特汽車公司代表了士氣不振、組織散漫、溝通不良的好例子，這完全是因為老福特試圖採取典型的小企業管理方式來經營福特公司。只不過因為福特的經營規模實在太大了，因此小企業習以為常的經營方式才會顯得如此特殊。

有的人認為，小企業為經理人提供了更大的發展機會，即使這種說法也不正確，更遑論小企業會自動培養經理人的說法了。在這方面，大型企業絕對較具優勢。大企業要系統化地培養管理人才，當然比小企業容易太多了。大企業即使無法立即用得上有潛力的人才，仍然有能力把人才留在企業中。更重要的是，大企業能提供更多管理機會，尤其是提供新人更多歷練。因為在大公司裡調職的機會較多，新人比較容易找到最適合自己的工作。對初入職場的新人而言，能夠在自己最適合的工作或職位上起步，實在是難得的幸運。正如大家所說，許多大學畢業生都希望進入大企業工作或許是為了追求工作保障，但這種現象當然也反映了大學生衡量了現實狀況和自身最佳利益的結果。

所以，企業規模不會改變企業的本質和管理的原則，而且既不會影響管理「經理人」的基本問題，更不會影響工作和員工的管理。

但是，規模卻對管理結構有重大影響。管理機制必須以不同的行為和態度來管理不同規模的企業，而規模的變化（也就是成長）則比規模大小本身的影響更大。

多大才叫大？

多大才叫大？在經濟和商業文獻中，這是一再出現的問題。最常用的衡量指標是員工人數。當企業從只有三十名員工成長到三百名員工的規模時，的確在結構和行為上都有很大的改變；通常當企業規模從三千名員工成長為三萬名員工時，又會經歷另外一次質變。但是儘管員工人數和企業大小有關，卻不是決定性的因素。有的企業只有幾個員工，卻具備了非常大的企業所有的特色。

有一家大型管理顧問公司就是個好例子。這裡所謂的「大」，是指兩百名員工左右（這樣的規模在保險公司就算小，而和汽車業比起來，更是小得不得了）。然而大公司的所有「氛圍」，這家公司卻應有盡有，因此必須具備大公司的管理結構、態度和行為。原因當然是管理顧問公司裡每個人（除了祕書、收發員和管理檔案的職員之外）都是高階主管，或至少是中高階主管。管理顧問公司就像羅馬軍隊一樣，只有將官和校官。因此兩百人的高階管理團隊其實已經相當於大公司的規模。

相反的，員工人數眾多的公司也可能從任何角度看來，都只是一家小公司，從管理結構和管理行為角度看來，更是如此。

就我所知，最好的例子莫過於供應大都會地區用水的自來水公司。這家公司有七千五百名員工，但是正如同公司總裁所說：「我們的管理不必多於玩具店所需的管理。」由於自來水是壟斷事業，根本沒有競爭對手，水資源枯竭的危險也微乎其微。建造蓄水壩、濾水廠和幫浦站都需要很多技術，但包商會負責解決所有的技術問題，因此總裁加上兩名工程師就可以包辦公司需要進行的所有工程。控制登錄水表和寄發帳單的成本是非常重要的事情，但卻不牽涉到任何經營決策，只需要按部就班地細心按表操課即可。唯一需要某種程度管理的地方是與公用事業管理委員會、市議會和社會大眾之間的關係。但是，正如同自來水公司總裁所說，無論自來水公司有七十五名員工，還是七千五百名員工，其實都沒有什麼差別。

另外一個例子是赫德遜汽車公司（Hudson Motor Car Company）。與那許凱文雷特（Nash-Kelvinator）公司合併之前，赫德遜一直是成功的中型企業。赫德遜雇用的員工超過兩萬名，但在汽車市場上卻毫不起眼，市場上售出的汽車，只有三%是由赫德遜出廠。事實上對汽車公司而言，全國性的經銷和服務網是不可或缺的，所以赫德遜公司實在是規模太小，難以生存，最後不得不與另外一家公司合併。

但是在一九三〇年代，由於赫德遜公司深知身為小公司的意義何在，因此蓬勃發展。例如赫德遜公司很清楚，小公司如果也和別人殺價競爭，必然會走向破產一途，但是他們採取了一種競爭策略，就是為自家汽車貼上高價標籤，因此在顧客換車時，他們可以用比較好的價錢收購二手車。如此一來，顧客只要花費新舊車之間的差價，就買得起一輛「中價位」新車，結果花的錢和買一輛低價位汽車差不多（這是不重要的小公司採取正確價格政策的典型範例）。赫德遜的整個組織除了銷售部門之外，都是小公司的經營形態。最高主管一人制定所有的經營決策，部門主管只有幾位。最有趣的例子是另外一家汽車公司——克萊斯勒。

在第二次世界大戰之前，克萊斯勒已經是全球第二大汽車製造公司，雇用了十萬多名員工，年銷售額超過十億美元。然而克萊斯勒在一九三〇年代卻刻意採取中型公司的組織架構和經營形態。克萊斯勒儘量化繁為簡，自己只生產引擎，汽車中其他所有零組件，包括框架和車身、配件和儀器等，全都對外採購。因此生產變成單純的組裝工作，需要很高的技術能力，卻不需要什麼經營決策。組裝廠的資本投資金額不大，也不須蓋大廠或購買複雜的機器設備。（很少人曉得汽車組裝是靠手工完成，通常螺絲鉗子已經是用得到最複雜的工具了。）組裝廠管理的優劣其實很好判斷：只要看生產線每天究竟是產出十五輛車，還是十七輛車就好了。其他一切需求，克萊斯勒全都用外包方式處理，例如他們聘請紐約一家法律公司負責和工會談判。只有行銷和設計還需要高階主管制定經營政策和管理決策，否則大體來說，克萊斯勒只需要一流的組裝線技術人員就夠了。結果，一個人就能承擔所有的管理實務工作：克萊斯勒（Walter P. Chrysler）本人擔負重任，另外還有一、兩個親信協助他。經營團隊人數少，關係緊密，組織簡單，而且相處和諧。

當然，這樣做究竟對不對，仍然有爭辯的餘地。戰後的發展迫使克萊斯勒一百八十度大轉彎，改變政策，大幅整合。究竟克萊斯勒能不能建立公司所需要的管理結構，解決新結構所需要的管理組織、行為和績效，要再過幾年才看得出來。早期克萊斯勒試圖表現得像一家中型公司，或許正是過去幾年克萊斯勒節節敗退的原因。但至少只要華特．克萊斯勒還在世的一天，這家龐大的企業都還是會成功地以中型公司的形態經營。克萊斯勒穩定成長，並且投資報酬率經常都是所有汽車公司中最高的。

有時候，甚至地理環境都有決定性的影響。有一家公司在世界五個不同的地區擁有五家小工廠——員工總數大約一千出頭。然而由於五家工廠的生產和銷售都緊密結合，結果管理階層所面對的問題大都和雇用一、兩萬員工的企業才會碰到的問題沒有兩樣。

但是所有這些因素都要歸結到管理結構、管理的不同機制所要求的行為，以及管理階層必須透過規劃和思考來管理，而不是藉著「實際作業」來管理。因此，衡量企業規模唯一可靠的標準是管理結構，尤其是高層管理結構。公司需要的管理結構有多大，公司就有多大。

企業規模四階段

如果我們採用管理結構作為標準，那麼我們會發現，企業不只有「大企業」和「小企業」之分，而是至少有四種，甚至有五種不同的企業規模，每一種規模都有其獨特的特性和問題。

首先談談小企業。小企業和一人獨資的企業不同之處在於，小企業的最高主管和員工之間隔著一個管理層級。如果公司是由兩個人合夥經營，一人主管銷售，另外一人主管生產，那麼仍然算獨資創業的形態。如果工廠裡有幾個工頭，扮演組長或技師的角色，那麼也還是獨資經營的形態。但是，如果公司還需要其他主管、財務主管、銷售經理等，那麼就算是小企業了。

在小企業中，無論是最高主管職務中的行動面或目標設定面，都不是全職工作。小企業老闆可能一方面要經營公司，一方面還要負責某個部門，例如銷售或製造部門。不過，這類小企業已經需要某種管理組織了。

企業規模的下一階段可能是最普遍的階段，也是最困難的階段。由於在這個階段無法解決管理組織的問題，而帶來嚴重的麻煩，是常見的情況。這個階段沒有自己的名稱，甚至通常也不被認為自成一個階段。由於沒有更好的名稱，我姑且稱之為「中型企業」。

中型企業和小企業有兩個不同的地方。第一，負責企業營運的最高主管已經變成全職工作，而且企業整體目標也不再由最高主管一人決定。設定目標確實有可能成為兼職工作，例如財務主管除了負責財務之外，還兼而為之。但是在中型企業中，比較好的做法通常是把目標設定當作獨立的功能，例如由定期舉行的部門主管會議扮演企劃委員會的功能，負責設定目標。

因此中型企業得成立高階經營團隊，部門主管和高階主管之間的關係總是會發生問題，儘管問題還不大。

在這個階段，企業必須決定他們要採取哪一種組織結構原則。小企業通常根據功能來組織，部門主管直接向經營者報告，通常也毫無困難。在中型企業中，聯邦式的組織原則不但可行，而且好處也多。

最後，在中型企業中，我們頭一次碰到組織技術專家的問題。大體而言，「幕僚功能」還不為人所知（或許除了人力資源部門比較熟悉這部分功能），但是許多領域都用得上技術專家。必須好好思考他們和各個部門及高階主管之間的關係，以及他們和企業目標的關係。

再下一個階段是「大企業」。大企業的特色是最高主管的其中一項主要功能必須以團隊方式運作，不管是高層的營運功能或設定整體目標，工作內容都太龐大，無法由一人獨力承擔，必須由不同的人分攤。有時候，某項工作會變成一個人的全職工作，以及其他幾個人的兼職工作。

舉例來說，可能公司總裁的全職工作是企業經營管理，但生產副總裁和銷售副總裁在部門職責之外，也花很多時間來分攤高層營運責任。同樣的，企業可能由一位執行副總裁全職負責統籌整體目標，或常見的情況是，由總管理部半退下來的董事長全職負責目標設定。同時，公司的財務主管、總工程師和人力資源副總裁可能也都花很多時間設定目標。

大企業通常比較適合採用聯邦式的管理組織原則。在大多數的大企業中，這也是唯一令人滿意的組織原則，但高階經營團隊與聯邦自治單位經理人之間的關係將形成問題。

最後一個企業規模的階段是超大型企業。超大型企業的第一個特色是高層主管的企業營運和目標設定工作都必須以團隊方式進行。每一項工作都必須由好幾位高層主管全職負責。其次，超大型企業只能採行聯邦式的管理結構。由於企業規模太龐大，也太複雜，根本不可能採取其他組織方式。最後，高階經營團隊必須優先把全副心力放在處理最高經營階層和營運主管之間的關係。在這種超大型企業中，有系統地組織最高主管的工作非常困難，但也非常必要。

多大才算太大？

或許還有另外一個階段：規模大到無法管理的企業。超大型企業究竟能成長到多大的規模？可以管理的企業組織究竟上限何在？有沒有這樣一個上限？

我們沒有理由相信，單單規模本身就足以違反公共利益。企業規模不一定會造成壟斷，阻礙經濟或社會流動性（的確，美國經濟體系中汰舊換新最快的是小公司和前一百名規模最大的企業）。出乎一般人意料之外，超大型企業並不會抑制新公司或小企業的成長。除非法律允許壟斷，否則能不能順利進入一個產業，端賴技術和市場因素以及需要的資本大小而定，而不是由產業內部的策略形勢來決定。超大型企業往往會支持一群獨立的小企業，以他們為供應商或經銷商。同樣的，單單企業規模本身不一定會影響勞資關係或社會穩定。

不過，單單企業規模本身，卻有可能令企業變得無法管理。當產品事業部最高主管再也無法直接和總公司的高階經營團隊溝通，而必須透過管道才能接觸到最高層時，企業就變得無法管理了。如果除了多位代理總裁外，還需要多加一層副總裁，那麼這家企業也已經接近無法管理的規模了。同樣的，當負責目標設定的高階主管無法直接參與經營團隊，還需要執行副總裁或事業群副總裁來居間協調，將他們的想法傳達給高層時，那麼企業也已經成長到無法管理的規模了。

當超大型企業需要的管理層級變得這麼多，即使是具真才實學的人才通常都無法從基層晉升到高層，而必須按部就班慢慢通過每個層級的績效考驗時，這家公司的規模也變得太龐大了。這樣的企業不但必須倒退回溫室般的主管培育方式，而且必然會面臨管理人才不足的窘境，因為他們未能充分善用最寶貴的資源，違背了我們社會的基本前提。

在管理實務上，這表示任何企業如果在基層員工和高層主管之間，需要插入六、七個層級的話，就表示企業已經變得太大了。順便提一下，七正好也是軍隊中的層級數目（因為少尉和中尉、中校和上校都是不同的薪資等級，而不是因職務功能不同而區分的層級），而軍隊的例子告訴我們，七層幾乎已經太多了——因為唯有在戰時軍力擴充的情況下，最有才幹的軍官才能晉升到最高軍階。

最後，當企業擴大發展，跨入許多不同的行業，以至於管理人員不再具有共同的公民意識，無法把企業當作一個整體來管理，也不再有共同的目標時，企業就變得無法管理了。

藉由化學或電機工程等一般技術起家的企業中，更加容易面臨這種無法管理的危險。隨著技術的發展，企業推出愈來愈多樣的產品，打入不同的市場，設定不同的創新目標——甚至採用不同的科技。發展到最後，終於連最高主管都無法了解多角化事業的需求，看不清企業的整體面貌，甚至適用於一種事業（或事業群）的目標和原則會危害到另外一種事業。

大型石油公司似乎很了解這個問題。石油業是高度複雜、緊密整合的事業，但是只有幾樣主要產品，而這些少數產品在生產和行銷上都息息相關。因此即使是全球營運的石油巨人仍然是可以管理的。但隨著石化業的發展，大型石油公司把新的化學事業獨立成不同的公司，只保留財務上的所有權，但把化學事業的經營管理權交付新公司。他們刻意打破石油業緊密整合的傳統，就是為了解決無法管理的問題。

新科技或許令過度多角化經營的危險成為企業管理上最嚴重的問題。因為並不須在大企業中才能推動自動化，在許多產業中，小企業反而因自動化而得以生存。但是自動化要求企業在設計和管理每個流程時，都視之為獨立而整合的整體。針對某個流程所做的管理政策和決定或許不適用於其他流程；針對一個功能和一個領域所做的管理政策和決定可能無法適用於整個流程。因此，不僅聯邦式組織變得十分必要，而且也為產品多角化設下嚴格限制，超過上限，經營團隊可能就無法管理。難怪石油公司選擇不要把化學事業整合到原本的事業體系中，反而決定把它們獨立出來，成立新公司。畢竟在自動化這個名詞還未出現之前，石油公司已經開始實施自動化了。即將跨入新科技領域的較大型公司或許應該認真思考石油業的例子。

要對抗導致企業無法管理的種種力量，企業可以著力的地方很多。合理安排管理工作和企業結構，經過一段長時間後，將能預防企業規模變得無法管理。例如，採取聯邦分權化經營，以及組成適當的高階經營團隊，應該能夠克服高層組織過於臃腫的問題。我從來沒有看過任何組織真的需要過多的管理層級。

但是大多數的超大型企業並沒有面臨公共政策或公共便利上的要求，迫使整個組織必須存在於一家公司中。因此超大型企業的高階主管總是自問：我們離無法管理的地步有多近？如果答案是已經很接近了，他們就必須善盡對股東、管理人員和社會大眾的義務，設法把事業分割成幾個部分。

「小」帶來的問題

企業規模的每個階段不但需要明確的管理結構，同時也有自己的問題和典型的缺點。

小型和中型企業的主要問題在於，他們規模太小了，無法支撐起所需要的管理結構。在小型和中型的企業中擔任高階主管的人必須比大型或超大型企業的高階主管更能幹，更具備多方面的才華。他們不像大型企業的高階主管，有一群訓練有素的技術人員和各方面的專業人才作為後盾。尤其中型企業通常都太小了，無法提供管理者足夠的誘因。在財務上，中型企業提供一流人才的酬勞，可能還不如大型企業中低階職位的薪水。因此中型企業所培養的未來管理人才無論在質或量上都有所不足。更嚴重的是，中型企業通常無法像大企業那樣，提供管理職位所需的挑戰和發揮的空間。管理能力無法滿足管理上的需求始終是中型企業的一大問題，而且只要企業一直維持中等規模，往往就很難縮短這方面的落差。

中小型企業面臨的另外一個典型問題根源於他們往往是家族企業，因此高層職位往往都保留給家族成員。只要不把能力不足的家族成員硬拱上管理職位，這種做法倒也不成問題，家族企業中常常聽到的說法是：「我們必須幫保羅表哥的忙，最好替他找份差事。」這種說法十分荒謬，因為保羅表哥沒有好好完成分派給他的工作，更糟的是，真正有才幹、有企圖心的員工，只因為恰好不是老闆的親戚，就備受打擊。他們要不是辭職不幹，另謀高就，就是開始「怠工」，不再積極發揮自己的才幹，只求過關就好。

最後，中小型企業的高階主管很容易變得視野狹隘，和外界接觸不夠，結果很可能知識和能力都愈來愈退步，對於決定企業存亡興衰的社會趨勢一無所知。他們甚至不明白企業碰到了管理組織的問題。更嚴重的是，他們可能完全不明白思考和規劃的重要性，當公司的存亡問題需要更嚴密的分析時，他們仍然憑直覺來管理。

在許多中型企業中，由於這個問題太過嚴重，只有一個辦法可以解決：藉著和其他中小型企業合併或收購其他公司，而擴大企業規模。即使因此危害到家族對公司的控制權，仍然寧可走出這一步，以確保因為規模太小而無法管理的組織還能繼續生存下去。

那麼，中小型企業可以怎麼做呢？首先，他們必須盡最大的努力，將外部觀點引進主管會議中，以擴展管理階層的願景。（這是為什麼我再三強調小公司必須聘請外部董事。）

其次，如果這家公司屬於家族企業，就應該採行一項鐵律：任何家族成員都必須靠自己的能力爭取職位。想幫忙保羅表哥是一回事，但指派他擔任銷售經理或財務主管，又是另外一回事。如果只是做善事，捐錢幫忙他，或給他一筆養老金，公司花費的成本只是每年給保羅表哥的津貼而已。但是如果讓他擔任銷售經理，公司付出的代價就是市場和公司迫切需要的管理長才。當家族成員和非家族成員同樣都符合資格時，或許公司能優先錄用家族成員，但是絕對不應該為了家族成員，而剝奪了更優秀的管理人才升遷的機會。

不過最重要的是，必須確定不會在行動決策的壓力下忽略了規劃、思考、分析的重要性。中小型企業的最高管理階層每年至少應該撥出一個星期的時間來參加規劃和檢討會議，而且會議應該在辦公室之外的地方舉行，每一位高階主管都應該參加。會議應該把討論的焦點放在公司五年後的需要上，並且由此導出各個關鍵領域的目標。會議中應該評估過去一年各個領域所達到的成果，指派經營團隊的個別成員為每個領域的績效負起責任。

規模大造成的問題

大型和超大型企業所面臨的第一個問題是：執行長工作的組織與範圍。執行長應該做什麼工作？如何組織這些工作？哪些決策應該由執行長制定？

我們已經談過很多處理這個問題的方式，包括適當的結構原則，也包括必須將執行長的工作組織為團隊的工作，同時需要分析執行長工作中涉及的活動、決策和關係。

不過執行長在企業中還是個新的職位。執行長是什麼，做什麼工作，以及應該做什麼，都還是尚待探討的新問題。

第二個問題是大企業和超大型企業的經營團隊總是喜歡近親繁殖，因此很容易變得自命不凡，流於自滿。根據生物學定律，有機體長得愈大，質量與表面積之比就愈大，內部細胞與外界接觸的機會也就愈小。因此隨著生物逐漸成長，生物必須發展出特殊器官，來進行呼吸、排汗和排泄等功能。這個定律為生物的成長設下限制，因此樹木才不會長到如天一般高，而企業也和其他有機體依循著相同的定律。

一般而言，在大企業和超大型企業中，經理人一起成長，他們彼此熟識，每天通電話，在公司會議、訓練課程、餐廳和鄉村俱樂部中不時碰面，有共同的話題。

經理人自成一個小圈圈的情形，就好像陸軍軍官只認識陸軍軍官，而海軍軍官指認識海軍軍官一樣理所當然，也就好像海軍軍官的眷屬只認識其他海軍軍官眷屬，而通用汽車、施樂百或電話公司主管的太太也只認識同公司其他主管的太太一樣天經地義。

大企業或超大型企業就像軍隊一樣，需要在經理人之間建立起團隊精神和親密的同志情誼，同時對於公司和公司所代表的理念感到自豪。但是，千萬不要讓這種團隊精神變質為只是盲目接受公司傳統，只因為「我們過去一直都這麼做」，就視之為神聖而不可改變的金科玉律，也不能對績效不彰的情況視若無睹，輕視「外界」的意見。換句話說，絕不能因此導致內部腐化墮落。

由於這個問題十分嚴重，必須痛下針砭，不能只靠一帖藥方，而需要多管其下。其中一個解決辦法是建立起真正獨立的董事會，聘請工作勤奮、才幹過人的圈外人擔任董事。此外，可以有系統地安排經理人走出企業，和其他企業及社會各階層多多接觸。許多企業高階主管都認為，參加大學進階管理課程進修的一大好處是，有機會接觸到其他公司的主管，彼此交流想法和資訊，而且了解到自家公司的做法並不是唯一可行的做法，更遑論最好的做法了。儘管大多數企業主管都不懷念戰時的服役經驗，但是許多人也認為，正因為他們必須和非工商界人士共事一段時間，因此日後才能成為更優秀的主管。

要增加對外接觸，以及外界的挑戰和刺激，還有一個最簡單有效的方法，就是有系統地從外界引進人才，甚至讓他們擔當重要管理職位。大企業和超大型企業就好像體積龐大的動物一樣，必須有系統地發展出專司呼吸和排泄的特殊器官，而像大企業這樣的龐大有機體如果要吸入新鮮空氣，最好最快的方法莫過於延攬成長於不同環境的企業主管來擔任高階主管。起初圈外人可能不受歡迎，因為他老是挑剔新同事早已習以為常的做法和奉之為圭臬的金科玉律，但是他之所以不受歡迎的原因，也正是他最寶貴的價值所在。

更重要的是基本態度。今天，大企業和超大型企業總是期望經理人把公司當成整個宇宙的中心。但是，一個人如果只「為公司而活」，那麼他的人生實在太狹隘了。由於公司幾乎等於他整個生命，他會死命抓住公司不放，因此壓抑了年輕人的發展空間，希望藉此讓自己變得不可或缺，拚命想辦法延後退休的時間，希望能晚一點面對空虛度日的恐怖生活。管理階層為了自身利益，應該鼓勵公司主管發展對外界活動的興趣，同時也不應該限制管理人員參與社區事務或同業公會，因為參與社區事務有助於公司的公共關係，參與同業公會也能提升公司在產業界的地位。在英國軍隊這類不懂詩的組織中，被稱為不重要的詩人是資產，而非負債；而對天主教神父而言，被稱為熱中研究昆蟲（或羅馬錢幣）的學者則肯定受到讚賞。大企業應該了解，「為公司而活」的員工對自己或對公司而言，都是一大危險，他很可能變成一個「長生不老的童子軍」。

幕僚形成的王國

大企業和超大型企業面臨的另外一個嚴重問題是：企業總部的幕僚有形成「幕僚王國」的危險。

我一直對於大家流行以「第一線」和「幕僚」來描繪企業的不同活動，深感不以為然。這兩個名詞乃源自軍方用語，在軍方組織中或許有其意義，把它應用到企業活動中，卻會混淆視聽。

任何企業都包含兩種活動：企業的生產功能包括行銷、創新之類的活動，以及供應的功能。有的供應功能提供物質產品，例如採購和生產功能，有的則提供構想、觀念，例如工程功能；還有的提供資訊，例如會計功能。但其中沒有一項屬於幕僚的功能，沒有一項是為其他功能提供諮詢或服務。

其實我覺得寧可沒有幕僚功能還好些。就我所知，身為「幕僚」意味著你有權力，卻不必負責任，這會帶來極大的害處。經理人的確需要專家協助，但是專家的職責主要還是完成自己的任務，而不是建議經理人該怎麼做。他們必須為自己的工作負起完全的責任，而且他們應該隸屬於某個單位，他們為單位主管提供功能性的服務，而不是成為專職幕僚。

在中小型企業中，幕僚的功能通常只限於對工作和員工的管理上。即使如此（我們將在第21章討論到），幕僚的觀念所引起的混亂仍然造成極大傷害。但是在大型和超大型企業中，幕僚的觀念造成的後果更嚴重——製造出一批企業總部的專職幕僚，他們的職責是為實際負責營運的經理人提供服務和建言。

我們通常都會在大企業總部中看到負責行銷功能的幕僚、製造功能的幕僚、工程功能的幕僚、人事功能的幕僚，以及會計功能的幕僚等。

這些中央幕僚嚴重阻礙了高層的績效。思考這些關鍵領域的經營績效應該是高階經營團隊中某位成員的職責。小企業會由一人全權負責這八大關鍵領域，他是公司裡的「強人」。另一方面，超大型企業可能會就每個關鍵領域，指派一位高階主管全職負責：包括行銷、創新、生產力、資源供應、獲利率、管理組織、人事、員工績效及態度、公共責任。但是如果這些人都必須管理一批幕僚，就沒有時間，也不會思考自己真正的職責所在：把企業視為整體來考量，徹底思考每個經營決策對於自己負責的領域有何影響。他們忙著管理龐大的行政機器，把太多心思花在如何把管理工具和技巧琢磨得更臻完美，太熱中於推動他們的特殊「計畫」。奇異公司曾經試圖扭轉這種情況，他們希望副總裁只花八成時間來管理幕僚，保留二〇％的時間在經營團隊上，多思考關係到公司整體的問題。但是，兩者的比例其實應該扭轉過來，才能確保高階主管能以前瞻的眼光來思考公司的問題。就我所知，其他公司甚至連奇異的程度都還達不到，幾乎每家公司的高階主管都把所有時間花在自己管轄的王國上，沒有留下什麼時間從事高階經營管理工作。據我所知，有一家超大型企業副總裁幾乎什麼事也做不了，成天就忙著親自面談轄下五十六家工廠廠長推薦的總領班候選人。

為營運主管服務的專職幕僚不太可能夠格擔當高階經營管理的重任。他是個「專家」，而不是「總經理」，能坐上目前的位置是因為他具備人力資源管理或市場研究方面的專業知識。但是幕僚的工作也需要具有成功企業主管的願景和經驗，而無論專家多麼成功地建立起幕僚王國，他們很少能擁有總經理的願景或在企業管理上展現經過驗證的績效。

更重要的是，企業總部的專職幕僚嚴重阻礙了營運主管的績效表現。

在我所知的每一家大企業中，最嚴重的組織問題，幾乎都是幕僚和營運主管之間的衝突。理論上，幕僚的觀念很有道理，但實際上卻窒礙難行。幕僚非但不能為實際在第一線的營運主管分勞，反而試圖主導一切。他們非但沒有從企業的目標和需求中找出自己的目標，反而極力推銷自己的專業知識，彷彿把專業的追求變成終極目標。於是，實際負責營運的經理人愈來愈覺得自己能否升遷的命運操在中央幕僚手中，完全要看幕僚呈上去的報告中給他的評語是什麼。這些專家幕僚不是透過營運主管的經營績效來評量自己的工作成果，而是計算經理人容許他們推動的特殊「套裝」計畫有多少，並藉此評估主管績效。許多大企業的專職幕僚儘管高聲宣揚自己是多麼認同分權的理想，實際上卻大力支持中央集權。他們拚命在整個公司中推行統一的工作方式、工具和技巧。他們不會說：「正確的目標只有一個，但是達成目標的途徑卻有很多。」由於他們的心思都放在工具和方法上，因此往往主張：「無論目標是什麼，都只有一種正確的工具，一個正確的方法。」他們非但不能協助經理人把工作做得更好，反而逐漸侵蝕了主管的權責。

提倡幕僚與線上主管觀念的人也承認這個問題，但是他們把原因全歸咎於好幕僚難求，認為具備幕僚性格的優秀人才太稀少了。他們說，只要我們培養出夠多謙虛守分的幕僚人員，所有問題就會迎刃而解。我總是很懷疑健全的企業功能是否真能奠基於性格因素上，我更不相信企業優生學那一套。更重要的是，理想幕僚的條件聽起來還真像所有最危險而不負責的腐敗貪汙者、幕後藏鏡人和陰謀家，那些只想享受權力的特質，卻不願意負責任的人。

幕僚該做與不該做的事

問題的根源其實在於區分幕僚與線上主管的觀念，在於相信天底下真有幕僚功能這回事。企業只有管理的功能，無論是經營企業、管理企業的生產功能或供應功能，都屬於管理功能。

更重要的是，高階經營不應包含服務性工作，由於服務性工作只關乎工具和方法，並不會影響到企業整體，因此不屬於中央辦公室的職責。由於服務性工作是為了協助營運主管，應該將它組織成營運主管的工具。

這表示服務性工作不應該交到專業人才的手中。但是也會有例外，例如和工會談判已經變成高度中央集權的工作；由於工作契約變得複雜萬分，必須高薪聘請訓練有素的專家來談判。管理階層應該想辦法扭轉這種趨勢，讓勞資關係回到原本歸屬的地方——讓當地主管全權負責。但即使如此，仍然需要專家來統籌全公司的勞工關係活動。不過，應該把這類活動當成合作性的計畫，目的是為了服務營運主管，而非中央幕僚。此外，企業中也會有跨組織的服務性活動。例如，負責聘雇的人力資源部門可能會為工廠及行政、工程、會計、銷售等部門篩選和聘雇人員，公司內部可能有二十個部門都必須以現代化的方式來管理辦公室，然而每個部門的規模都不夠大，負擔不起全職的辦公室管理人員。要解決這種狀況，要不然就是在員工人數最多的部門（例如生產部門）設立聘雇辦公室，其他部門可用付費方式享受到他們的服務；否則也可以由相關部門共同出資，合作管理辦公室，並且由相關部門指定人員輪流負責管理工作。

但是，大企業仍然會需要總部的組織。負責達成關鍵領域目標的經營團隊成員身邊都需要幾個高層次的幕僚，但是他們不應該變成中央辦公室的服務性幕僚，而且人數應該愈少愈好，只需要幾個人就夠了。儘管負責關鍵領域的高階主管身邊的幕僚愈少，就可以拿愈多薪水，這個方法在實際上未必可行，卻不見得是個壞主意，而且絕對優於現行制度——以服務性幕僚的薪資總額來衡量他們的重要性和貢獻。

企業寧可任用擔任過營運主管的人來當中央幕僚，而不要任用專家。幕僚的權力不應凌駕營運主管之上，而且也不應該掌握營運主管的升遷大權，因為掌握升遷大權，就等於掌握了控制權。

企業還應該嚴格限制中央幕僚的工作範圍。他們不應該為營運主管制定政策、程序或計畫，這項任務應該交付給實際負責營運的經理人。中央幕僚的任務就是負責組織任務小組，規劃這類特殊政策，但絕對不該自己一手承擔起這項工作。這類任務是企業培養經理人的大好機會，讓服務性幕僚搶佔了這個機會，企業等於白白損失了迫切需要的主管培育機會。由於營運主管日後必須推行新政策、採用新工具、執行新計畫，唯有他們自己才能決定應該採取哪些新政策、新工具和新計畫。

中央幕僚應該只有三個明確的職責。他們有責任（或許這也是他們最重要的貢獻）說明經理人可以期待擔任幕僚的各領域專家有何貢獻，也有責任在任命幕僚後，好好訓練他們，同時他們必須負責做研究，但卻不應該承擔行政管理職責，也不應該推銷套裝計畫，或以他們硬塞到營運主管手中的計畫數量來衡量成敗。換句話說，他們不應該是營運主管的服務性幕僚，而應扮演執行長的助手。

成長是最大的問題

無論是小型、中型、大型或超大型企業，有關企業規模最大的問題在於，這四種成長規模並不是循序漸進地出現。企業並非在不知不覺中從中等規模成長為大型企業。每一個階段都很獨特。就企業規模而言，我們面對的並非古典物理學的漸進過程，而是量子現象。正因為如此，企業規模不但是質的問題，也是量的問題。

而企業規模最大的問題就在於成長問題，從一種規模轉變到另外一種規模的問題。而成長問題其實主要是管理態度的問題。企業如果要成功地成長，先決條件是管理階層必須能夠大幅改變基本態度和行為。

幾年前，有一家大廠在開工四個月後就發生火災，化為灰燼。安全專家一直在爭辯火災的教訓。但是發生火災的主因並非建築物不安全，而是因為管理階層無法調整態度，以適應大企業的實際狀況。

這家企業的創辦人在火災發生時，仍然是企業的經營者。他是在父親的小店中擔任機械工起家。起初，他只雇用兩、三個人。二十五年後，在火災發生時，他的員工已經高達九千人。儘管當時美國機械業大部分的關鍵零件都由他供應，他仍然抱持著管理小店鋪的心態在經營公司。

當公司首度規劃蓋新廠時，好幾位董事都極力主張應該同時蓋四、五個新廠，而不要只蓋一個廠。他們指出，把所有的生產作業都安排在一家工廠中進行，萬一碰到意外、轟炸或火災時，會造成問題。他們也指出，由於客戶分布在全國各地，單單為了貨運的考慮，就應該多蓋幾個工廠。結果最高主管對這些建議充耳不聞。他辯稱，由於他必須向客戶保證產品品質，因此也必須親自負責督導生產作業。其實真正的原因只不過是，他在情感上無法卸下任何一部分的職責。

而火災一發生，火勢就迅速延燒開來，主要是因為工廠中缺乏隔火牆的設計。總裁為了能從辦公室後面的長廊俯瞰整座工廠，而否決了建築藍圖上所有隔火牆的設計。剛起火時，工廠領班試圖報告總裁，但是總裁出外用餐了。工廠中沒有其他主管可以負責，總裁仍然身兼廠長和部門主管。結果，沒有人統籌救火行動，當工廠顯然將付之一炬時，甚至沒有人想辦法把最重要的機器、檔案或藍圖搬走。

結果，不但整座工廠化為灰燼，整個企業也毀於一旦。因為在重建工廠時，除了公司總裁之外，沒有人能和客戶、供應商及機器製造商談判，或把生產作業外包。這家公司唯有停業清算一途。

然而正如一位董事所說，對公司和股東而言，這樣的命運都比苦等老總裁過世要好多了。「因為我們至少還可以分到保險金。如果我們苦等老人過世，我們甚至連保險金都拿不到，但這家公司仍然同樣無以為繼。」

當然，這是個極端的例子，但卻是非常普遍的情況。或許那家被燒光的工廠和一般情況唯一不同之處是，一般公司不會精心設計有名無實的管理組織，來掩飾實際狀況。但是創業者通常和這個工廠老闆一樣滿心不情願，也完全無法接受他不再能從小店後面的辦公室中掌控全局的事實。

成長真正的問題不在於無知。首先是缺乏明確的工具來釐清公司目前究竟到達什麼狀況。其次是態度的問題：經理人，尤其是高層主管，或許理智上知道公司需要什麼，但是情感上卻無法採取必要的措施，反而緊抓著熟悉的傳統做法不放。的確，他們往往建立起好聽的機制，把組織結構「分權化」，宣揚「新哲學」，但是卻說一套，做一套，做法和過去沒有兩樣。

以下兩個例子證明企業必須具備檢驗成長階段的診斷工具。

新澤西州的醫藥產品供應商嬌生公司徹底實施聯邦分權制的情況，足以成為大型企業組織的典範。但是當初他們完全是在偶然中，領悟到嬌生公司原本高度中央集權、一人領導的組織形態不再行得通。根據公司內部員工所說的故事，當時他們有個產品出了問題。總裁請祕書召集所有需要直接為產品負責的人到他的辦公室開會，結果來了二十七個人。總裁當下就決定，公司的組織方式基本上出了問題，開始尋找正確的組織結構。

在另外一個例子中，當董事會提出有關四千萬美元資本支出計畫的問題時，公司總裁發現他回答不出來，這時候，他才深深領悟到公司必須開始實施分權制。這位總裁告訴我：

「我突然領悟到我一直忙著在領班的層次救火，反而忽略了公司的基本問題。我知道我必須排除日常營運事務，多花一些時間思考。」

但是也有例外——有的公司有系統地思考這個問題。例如，當亨利·福特二世在一九四五年接掌福特汽車公司時，他知道必須徹底改造福特的管理組織。大多數企業都是在偶然機會下了解到，公司已經成長到管理組織不再適用的地步了。

要改變基本態度究竟有多困難——即使心知肚明非改變不可——下面這個例子是最好的說明。

有一家超大型公司的總裁經常到處宣揚好的管理方式，強調應該放手讓營運主管自己經營事業，並且因此在業界享有盛名。這家公司今天有十四個大型事業部，每個事業部都自成聯邦式的自主營運單位，有自己的總經理。即使最小的一個事業部，和第一次大戰後這位總裁上任時的公司規模比起來，都足足大了三倍。然而所謂分權制在這家公司裡實行的方式，卻是總裁一天到晚都待在事業部總經理的辦公室裡。總裁自認他把所有時間都拿來協助事業部總經理。他的名言是：「我只是事業部總經理的僕人。」

事業部總經理卻有不同的看法。他們認為總裁試圖掌控他們的事業部——至少當他花時間待在他們的事業部的那段期間是如此。總裁心目中的協助在營運主管眼中卻是直接干預，不但否定營運主管的權威，也削弱他們的職責。毋庸置疑，總裁不是單純靠經營績效來評估事業部總經理，而是看他們有多大意願讓他插手，照他認為適合的方式來經營事業部。

同時，總裁將高階經營管理的工作置之不顧，或是在權責、目標都不清楚的情況下，由副總裁代行高階經營管理工作，而每一位副總裁對於推動自己的專業領域都遠比對公司整體經營更感興趣。

但問題不只出在高階主管身上。在成長中的企業裡，營運主管和中階主管同樣也必須改變，而且也同樣難以改變。

因此我相信，幾乎大多數曾經大幅成長的公司都有過類似經驗：擔負企業營運重任的人不適合承擔大型企業的種種要求。這些主管是在公司規模還很小的時候，升到目前的職位上，當時他們的能力和願景都還足以勝任。當公司逐漸成長時，工作的要求也隨之升高，但是這些人卻未能跟隨著工作成長。

在一家大公司中，由於會計部門日漸壯大，簿記員也步步高升，當上了會計主管。工廠主管發現自己要負責管理二十家工廠，只不過因為他是公司初創時就擔任資深領班的老幹部。這些人通常都不懂管理，甚至沒有領悟到自己現在面對的要求不同了，做事方式仍然好像以前只需要整理現金帳目和督導四個生產線領班時一樣。結果，他們壓制了屬下的成長，屬下因此停滯不前，深感挫敗。由於管理階層顧念舊情，不願意因為拔擢其他人，而傷了老幹部的感情，結果老臣反而變成公司一大瓶頸，阻礙了真正的管理人才出頭的機會。

隨著企業成長，公司高層必須發展不同的新能力，了解到他們的功能不再只是了解工廠或地區營業處的狀況而已，很重要的是，他們必須了解，不是單靠與基層主管、員工保持溝通管道暢通，就能解決規模的問題，這種溝通既非必需，也不受歡迎。

當企業愈來愈大時，高階主管的工作就具備了不同的時間特性；企業愈大，高階經營團隊就必須愈往前看。他們在目標設定和實際執行的比例分配上也會有所不同：企業規模愈大，高階經營團隊就愈把重心放在目標設定，而花愈少的時間關注應該如何一步步達成目標。管理階層內部的關係改變了，溝通的重心也轉移：企業愈大，高層愈不需要考慮向下溝通的問題，反而必須花費心力建立從最低階的主管到最高主管的向上溝通管道。

為了因應成長，管理階層必須了解和應用組織原則，嚴謹設計組織結構，清楚設定目標，並且賦予各階層主管明確的職責。善意、直覺和熱情無法取代態度、願景和能力上的改變。大企業的最高主管叫得出所有工廠領班的名字，沒有什麼值得炫耀的，反而應該為此感到慚愧。因為當他拚命背這些名字的時候，到底是誰在履行最高主管的職責？對屬下的關心無法取代經營績效。

的確，善意無法解決企業成長的問題，經理人反而因此難以看清眼前的問題。每一家成長快速的企業，高階主管都認為屬下沒有改變行為模式，仍然好像最初在管理一家修理店一樣，他看到其他公司也面臨同樣的問題。的確，他看到其他人誤以為能夠靠善意來解決這個問題（就好像每個少女在成長階段中，都曾深信單靠自己的力量，就可以改造酒鬼），這些人都以為單靠自己的力量，就可以照著老方法繼續管理公司，因為「他們知道怎麼和底下人打交道」，他們關心部屬，有一套自己的「溝通方式」。儘管說起來鏗鏘有力，他們卻因此看不清自己無法面對現實狀況，改變態度和行為。

就我所知，經營者要診斷出企業的成長狀況，只有一個辦法，就是分析達到目標所需的活動、分析需要制定的決策，也分析不同的管理工作之間的關係。在嬌生公司，這樣的分析會顯示在制定任何產品的相關決策時，必須諮詢二十七個人的意見。同時，針對前面提到的另外一家公司的例子，這類分析也顯示總裁必須花時間思考基本的資本支出決策，而不是忙著救火。

唯有透過這三種分析，才能帶來態度和行為的改變。首先，透過分析，能釐清工作的優先順序。決策分析將能迫使一家表面實施分權化管理的公司總裁了解到他必須思考的長期基本問題還有很多，不能整天都待在事業部總經理的辦公室裡管東管西，至少會迫使他在兩者之間有所取捨。關係分析會讓他領悟到「和員工打交道」不再是他的重要工作。或許事業部總經理也能藉著決策分析和關係分析向總裁表示，總裁事實上已經越俎代庖了（至少他們或許能找到幾位董事願意也能夠向總裁表達這個意見）。

分析企業需要哪一種結構也能告訴營運主管他們應該做哪些工作、制定哪些決策，阻止他們「把責任往上推」。當他們真的做了該做的決定時，也可以保護他們不受上司怪罪。最後，這些分析有助於建立明確的績效標準，否則將很難解決老幹部能力不足的問題。

如果成長不是不當增肥的話，成長應該是企業成功發展的結果。公司是因為表現優異，產品能夠滿足市場增加的需求，才得以成長。企業也唯有不斷成長壯大，才能服務顧客。例如一家製造錫罐的公司別無選擇，唯有努力建立全國經銷網，因為顧客要求他們分別供應錫罐給在奧瑞岡種植的農作物和在紐約州種植的農作物。一家公司也有可能因為掌握了某種特殊技術而成長。例如大多數的化學公司都是因為從研究成果中開發出新產品，為了替新產品找到市場而成長。的確，有些大公司是財務操控和企業併購下的產物，而不是因為經營成功而壯大。但是，在禁止壟斷的經濟體系中，企業通常都是因為成功而成長，因為傑出的經營管理能力而成長。

成長的問題之所以難以解決，也正因為成長的問題就是成功的問題。成功的問題是最難面對的問題，因為我們總是認為一旦成功了，所有的問題都會迎刃而解。因此，大多數經理人都不明白，他們的態度必須隨著企業成長而改變。他們老是喜歡爭辯，同樣的態度和行為在過去可以成功，應該在未來也能成功。

所以，在討論如何管理經理人時，最重要的事情莫過於強調成長所帶來的問題，尤其是強調要成功地成長，首要之務就是有意願、也有能力改變管理結構，同時也改變高階主管的態度和行為。

第四篇

員工和工作的管理

19

IBM的故事

有一天，IBM總裁華生看到一個女作業員坐在機器旁邊無所事事。華生問女作業員為什麼不工作，女作業員回答：「我必須等安裝人員來更改機器設定，才有辦法展開新的工作。」華生問：「你不能自己動手嗎？」女作業員回答：「當然可以啊，但是我不應該自己動手做這項工作。」

人力資源是所有經濟資源中，使用效率最低的資源。提升經濟績效的最大契機完全在於企業能否提升員工的工作效能，這種說法在美國管理界幾乎已經變成老生常談了。企業能否展現經營績效，完全要看他們能否促使員工發揮工作績效。因此，管理員工和工作，是管理的基本功能之一。

員工的工作方式可能會改變。過去貢獻體力的非技術員工今天變成半技術性的機器操作員，他們現在每天照管機器、供給原料、檢驗產品時，儘管都是例行公事，仍然必須展現判斷力。而技術員工則從小工廠進入大工廠工作，也許仍然擔任技術員工，也有可能成為領班或技師。三種新的工作族群——職員、專業人員和經理人則應運而生。

今天我們還面臨另外一個重大變革。新科技再度為整個工作族群創造了向上提升的契機。今天，半技術性的機器操作員將努力成為訓練有素、身懷技術的維修人員、工具安裝人員或機器裝置人員。許多半技術性職員也將成為受過基本訓練的技師，他們所受的訓練儘管還及不上未來的工廠人員，但已經相當於實驗室技師的基本訓練。而受過高度訓練的技術、專業和管理人才將充斥於企業界，這些都是我們前所未見，也難以預料的。

但是，工作始終要靠人來完成。或許自動化工廠中看不到人的蹤影，但是仍然有許多人隱身幕後，負責設計設備、產品和流程、擬訂計畫、指揮運作、進行維修或檢測。的確，我們可以確定，自動化真正重要的發展，絕不僅僅是完成定量工作所需的人力大幅減少。拜新技術之賜，我們的確能以同樣的人力產出更多的商品，但是推動自動化之後，生產效率和生產力之所以能大幅提升，主要是因為自動化作業以受過高度訓練的高級人力取代了訓練不足的半技術性員工。這是一種「質變」，要求員工從勞力密集的工作轉換到腦力密集的工作方式，而不只是減少人力使用的「量變」。而且當企業運用新技術來達到一定產出時，他們所需要的人力將是更昂貴、更重要的高級人力。

無論是技術性或半技術性員工，生產線工人或領薪水的職員，專業人才或基層員工，也無論他們做的是什麼形態的工作，基本上都沒什麼兩樣。沒錯，他們的職務、年齡、性別、教育程度不同，但是他們基本上都是人，都有人類的需求和動機。

IBM的創新

我們要再度以一家公司的經驗來說明管理員工和工作的基本問題，以及解決問題的原則。我所知道的最佳範例是美國製造計算機和辦公室設備的大企業——IBM公司的例子。

IBM所製造的大部分設備都非常複雜。有些「電腦」中包含了數十萬個零件。即使是最簡單的IBM產品，例如電動打字機，都是非常複雜的機器。他們製造的所有產品都必然是極端耐用的機密儀器，必須禁得起像打字員或記帳機操作員這類不懂機械的非技術性人員粗糙的操作，而只需要最低限度的維修就能保持運作。

然而這類機器並不是由身懷絕技的工匠所製造出來的。沒錯，如果這些設備要仰賴個人技藝來打造的話，就不可能大量生產，也不可能以顧客負擔得起的價格出售。IBM雇用非技術性的機器操作人員。IBM的經驗證明了企業能應用科學管理與大量生產的原則，來生產小量而多樣的複雜精密儀器。例如，IBM有一部電子計算機的特殊機型，可能從頭到尾只製造了一個樣本。然而IBM將這個獨特產品的生產過程分割成幾個同類型的工作階段，因此能運用半技術性員工來進行大部分的生產作業。

但是每一項工作都需要一點判斷力，並且讓員工有機會調整工作的速度和節奏。

IBM的故事是這樣：有一天，IBM總裁華生看到一個女作業員坐在機器旁邊無所事事。華生問女作業員為什麼不工作，女作業員回答：「我必須等安裝人員來更改機器設定，才有辦法展開新的工作。」華生問：「你不能自己動手嗎？」女作業員回答：「當然可以啊，但是我不應該自己動手做這項工作。」華生因此發現每個工人每星期都花好幾個小時等候安裝人員。但是，他們只要花幾天的時間，就可以訓練工人學會如何自己設定機器。於是，他們把機器設定增列為作業員的工作項目。沒多久，作業員又增加了一項工作——檢查零件成品；因為他們發現只要施予一點點訓練，工人就懂得如何檢驗成品。

出乎意料的是，像這樣擴大員工的工作內容之後，IBM的生產數量和品質都大幅改善，於是IBM決定有系統地擴大職務內容。他們把作業方式盡可能設計得很簡單，但是訓練每位員工都能夠兼顧多項作業內容，而且他們需要完成的工作中，至少有一項工作需要用到某些技能或具備一定程度的判斷力，而由於他們必須兼顧不同的工作項目，因此工作的節奏也會有所不同。如此一來，員工就有機會改變工作進度。

這種做法不但令IBM的生產力持續提升，而且也大大改變了員工的態度。事實上，無論是IBM自己人或外界觀察家都認為，最大的收穫其實是提高了員工對於工作所感到的自豪。

IBM藉著「工作豐富化」的政策，為半技術性員工開創了新契機。在每個領班的單位中，都設有一名或多名工作指導員，由資深員工擔任，他們一方面做好自己的工作，另一方面則協助經驗不足的新手學習更高深的技能，解決需要靠經驗和判斷來處理的問題。這是個備受尊崇的職位，許多人都十分渴望能坐上這個位置，而且事實也證明這個職位可以提供未來管理者絕佳的歷練，既訓練了人才，又能考驗人才，因此IBM不須費太多心力，就可以找到值得拔擢的人才，不必再擔心新任領班表現不好或無法贏得部屬尊敬等問題。然而在其他大多數工廠中，這些都是令管理階層頭痛的實際問題。而在有的公司裡，上任後表現符合理想的領班，甚至還不到一半。

IBM的第二個創新似乎也泰半出於偶然。幾年前，IBM正在開發第一部複雜的新型電子計算機，當時需求量實在太大了（也有可能是因為花在工程設計的時間比預期中還長），結果在工程設計還沒有完全結束前，就必須先展開生產作業，最後的細部工程設計是由工程師和領班、工人在生產線上共同完成的。但最後的成果顯示這個產品的設計非常出色，生產作業不但大幅改善，而且也更加便宜、快速，工人因為參與了產品和生產工作的設計，工作品質和生產力都大幅提升。今天每當IBM要推出新產品或改良既有產品時，都會充分應用從這次經驗中學到的教訓。他們在設計工程結束前，會指派一位工廠領班擔任專案主持人，他將和工程師及負責生產這個產品的工人一起完成細部設計。他將會在技術專家的協助下，和工人一起規劃實際的生產作業，並且安排每個工人的工作。換句話說，工人也參與了產品和生產流程的規劃，以及有關自己工作的安排。無論他們把這個方法用在什麼地方，結果都會對產品設計、生產成本、生產速度和員工滿意度上，產生同樣的效益。

ＩＢＭ對於員工報酬和獎勵措施，也同樣採取非正統的方式。原本多年來，ＩＢＭ一直採取標準做法：由工業工程師為每項作業設定標準產量，再根據這個標準來訂定工人基本工資，超出標準產量的工人則可以獲得額外的獎金。後來，ＩＢＭ在一九三六年取消了傳統的薪酬標準和獎金制度，不再按照單位產量來計算工資，反而直接付工人「薪水」（當然另外還加上加班費、休假津貼等）。工廠中不再由上級制定產出標準，反而由工人和領班一起規劃自己的生產速度。當然，工人和領班都很清楚正常的產量應該是多少，即使是新的生產作業、或流程、或工作的重大改變，都交由工人自行決定標準產量。的確，ＩＢＭ再三強調沒有標準產量這回事，每個人都在上司協助下，決定對自己最有效、能創造最大產出的工作速度和流程。

這種做法帶來的其中一個重要結果是，領班和工人都愈來愈重視訓練，尤其格外重視工作分派的問題。所有ＩＢＭ人都很清楚，每個人從事任何工作的能力都有極大的差異，即使是非技術性工作也一樣。結果，每位領班都努力把每個工人放在最適合的職位上。而工人自己也會努力找到自己能表現最好的工作。

當新措施實施不久，工人的產出立刻上升時，許多質疑這個做法的人（包括許多ＩＢＭ的員工），認為這完全是工人害怕丟掉飯碗的緣故：畢竟一九三六年還是經濟蕭條時期。但是二次大戰期間，在大多數產業中，即使以高薪作為誘因，都無法防止生產量滑落，而

IBM的員工產出仍然向上攀升，而且一直持續上升。

然而如果不是公司穩定的雇用政策，員工不會始終維持高產出，遑論生產效率還持續上升了。而這項IBM最根本的創新措施，早在經濟大蕭條剛發生時，就已經開始實施。

IBM生產的是資本財，IBM產品的使用者幾乎全來自企業界。這樣一家公司的雇用政策照理應該會高度受經濟波動的影響，IBM的主要競爭對手在經濟蕭條時期就大幅縮減雇用人數。不過，IBM的管理階層卻決定維持人事穩定是他們的職責，而且顯然只有一個方法可以達成目的：開發新市場。由於IBM成功地找到並開發新市場，事實上整個一九三〇年代，IBM所雇用的員工人數一直維持不變，毫無縮減。

結果，IBM的員工完全不擔心「太努力反而害自己丟掉飯碗」，他們不會在產量上自我設限，也不會因為同事的生產量比較高而不滿，畢竟公司不會因此就提高標準產量，他們的飯碗也不會因此飽受威脅，因此他們不會抗拒改變。

或許有人會說，IBM藉著開發新市場來保障員工穩定的工作，並不能證明什麼。因為在一九三〇年代，辦公室設備的市場非但沒有陷入蕭條，反而蓬勃發展。美國政府當時推行的新政需要大量辦公室機器，一位華盛頓名嘴還曾經稱之為「IBM革命」。除了社會安全局和薪資工時局等新設立的政府機構需要大量辦公室機器設備之外，企業也需要機器設備來完成政府要求的建檔作業。除此之外，辦公室機器的市場趨勢長期以來一直強勁上揚，因此即使沒有新政，都足以緩和經濟蕭條帶給ＩＢＭ的衝擊。

不過儘管美國政府推出新政，長期市場趨勢也十分有利，許多ＩＢＭ的競爭對手在經濟蕭條中仍然飽受重創。一位ＩＢＭ主管的論點頗有幾分道理：「說我們在經濟蕭條時期之所以能夠維持雇用人數是因為公司成長，其實是不正確的。公司成長是因為我們承諾要努力保住員工的飯碗，因此必須想辦法為既有產品尋找新的使用者和新的用途，也必須找到市場上未滿足的需求，並且發展新產品來滿足這些需求；同時，我們也不得不開發國外市場，努力提高出口銷售量。我相信，如果不是因為我們在經濟蕭條時期，致力於維持穩定的雇用政策，我們今天不會成為全世界首屈一指的辦公室機器製造公司和外銷廠商。」他接著又說：「的確，我有時候不禁好奇，那時候如果有人勸我們致力於持續提升雇用人數，ＩＢＭ的發展是不是會更好。」

20 雇用整個人

員工既身而為人，同時也是社會公民，企業雇用員工時，雖然雇用了他整個人，卻無權完全支配他。企業絕對不能變成「福利公司」，企圖包辦個人生活的所有領域，要求員工對企業絕對忠誠，就好像企業承諾對員工負起百分之百的責任一樣，都是不對的。

企業雇用員工的時候，雇用的是整個人。ＩＢＭ的故事證明了我們不能只是雇用「人手」，而必須連雙手的主人一起雇用。的確，很少有一種關係像人與工作的關係這樣，必須整個人投入。《聖經》的〈創世紀〉篇告訴我們，工作原本並非人類本性，但是很快就成為人性的一部分。「你必須以額頭汗水換取麵包。」既是上帝對於亞當的墮落所給予的懲罰，同時也是祂的恩賜和祝福，讓人類在落入凡間後能忍受塵世的生活，同時過得有意義。唯有人類和造物主的關係，以及人類與家人的關係，發生得比人類與工作的關係還要早，因此前兩種關係是更基本的關係。每個人的一生和成就、他所參與的公民社會、他的藝術和經歷都奠基於這三種關係。

企業雇用的是員工整個人，而不是他的任何一部分，這說明了為何改善員工工作效能是提升企業經營績效的最佳方法。人力資源是所有資源中最有生產力、最多才多藝、也最豐富的資源。

IBM的故事也證明：當我們談到管理員工和工作時，我們談的其實是個複雜的課題。首先，如果我們視員工為人力資源，我們就必須了解這種資源的特性是什麼，而當我們把重點分別放在「資源」或「人力」時，會得到兩種截然不同的答案。

其次，我們需要釐清：作為必須負責完成工作的社會機構，企業對於員工有什麼要求；而身為一個人、一個獨立的個體、一個公民時，員工對於企業又有什麼要求。

最後還有經濟層面要考慮，企業既是社會的生財機構，也是員工生計的來源。也就是說，在管理員工和工作的時候，我們必須調和兩種不同的經濟體系。一種把工資當成本，另一種則把工資當收入，兩者彼此衝突，必須加以調和。而企業的基本要求是獲利，在這方面，和員工之間也會出現問題。

把員工當成資源

如果我們把員工當成資源，認為這個資源除了是「人」以外，和其他資源沒有兩樣，那麼就好像我們把銅或水力當成特殊資源一樣，我們必須找出運用人力資源的最佳方式。從工程觀點來看，企業應該先考慮人力資源最大的長處和弱點為何，並據此建立最適合人力資源特性和限制的工作組織。人力資源有一種其他資源所沒有的特性：具有協調、整合、判斷和想像的能力。事實上，這是人力資源唯一的特殊優越性；在其他方面，無論是體力、手藝或感知能力上，機器都勝過人力。

但是我們也必須把工作中的人力當「人」來看待。換句話說，我們也必須重視「人性面」，強調人是有道德感和社會性的動物，設法讓工作的設計安排符合人的特質。作為一種資源，人力能為企業所「利用」，然而作為「人」，唯有這個人本身才能充分自我利用，發揮所長。這是人力資源和其他資源最大的分別。

人具有許多獨一無二的特質。和其他資源不同的是，人對於自己要不要工作，握有絕對的自主權。專制的領導者常常忘了這點。殺死抗命分子無法完成工作，因此，應該設法提升工作動機。

二次大戰結束後，在馬歇爾計畫贊助下，歐洲技術人員和管理人員組成了幾百個訪問團到美國來研究生產力提升的原因，他們所完成的報告正充分說明了以上的觀點。最初訪問團預期生產力提升的主因在於所採用的機器、工具或技術，但是他們很快發現這幾種元素和美國的高生產力沒有什麼關係，反而是生產力提升背後真正的因素——經理人和員工的基本態度——所帶來的結果。他們一致的結論是：「生產力是一種態度。」（詳情請參見我的文章，〈生產力是一種態度〉，刊登於一九五二年四月號的《國家商業雜誌》〔Nation's Business〕）換句話說，員工的工作動機決定了員工的產出。

對今天的工業界而言，這個觀點尤其重要。因為現代西方工業社會大都不再採取傳統方式——透過讓員工「心生恐懼」來驅策他們工作。而這種做法之所以不再風行，主要是因為工業化創造了大量財富。富裕的社會甚至連失業人口都養得起，因此恐懼就失去了原本的驅策力。而實施工會制度的主要目標，就是不容許經理人動輒拿恐嚇當武器；的確，工會運動背後的主要驅動力，正是勞工抗拒雇主把恐嚇當作迫使他們工作的手段。

恐懼不再是員工工作的主要動機，其實有莫大的好處。由於恐懼的威力太強大，除非在緊急狀況下，不宜輕易動用。更何況我們經常都誤用了恐懼。當面臨共同威脅時，團體中每一分子反而會團結在一起。英國人在敦克爾克大撤退之後的表現就是最好的例證，共同的危險是激發英國人奮發圖強的最大力量。但是對團體中某個特定人物心生恐懼則會導致分化，削弱團體的力量，無論是運用恐懼為手段的人或受到恐嚇的人都變得腐化墮落。因此不再把恐懼當作工作動機，實在是一大成就，否則根本不可能在工業社會中好好管理員工。

但是，單單靠消除恐懼，並不能激勵員工，只是製造了一段真空，這和某些人際關係專家的說法恰好相反。我們不能理所當然地認為，既然員工不再恐懼，他們工作的動機自然會提升。我們必須主動創造正面的誘因來取代恐懼。這是管理者今天所面對的最核心、最困難、也最緊急的任務。此外，人類有辦法控制自己究竟要把工作做到多好，以及做多少工作，也就是控制生產的品質和數量。他積極參與整個流程，而不像其他資源都只是消極參與，針對預設的刺激被動地給予預設的反應。

在徹底機械化的作業中，生產速度和品質表面上似乎完全由機器決定，實際上工人才握有決定性的控制權。我們幾乎不可能找出人力之所以能擊敗機器的真正原因，但是正如同拉丁諺語所說，即使拿耙子（或輸送帶）大力鏟除人性，人類的本性仍然堅定不移。在並非由半技術性操作員照管半自動化機械的作業中，換句話說，在所有具備了文書、技術、專業或管理性質的工作中，人都掌握了絕對的自主權。

新科技的發展更助長了這種情況。工廠中不再有人負責「照管」機器；處理與裝填物料、啟動和關閉機器等半技術性機器操作，全都改由機器自行控制。結果，工人不再按照機器的步調來工作，反而負責設定機器的工作步調，透過對機器的設定、指令和維修，決定機器該做什麼，以及做到什麼地步。工人握有完全的控制權，由於生產流程已經整合，每一位工人控制自己這部分工作的方式形成了整個生產作業的績效。在現代的大量生產和流程生產作業中，工人的參與是根本要素，很可能也是最關鍵的控制因素。

人類在群體中工作，也組成工作的團隊。無論群體是如何形成或為何形成，每個團體形成後，都會很快把重心放在必須完成的任務上。群體關係會影響任務；而任務也會回過頭影響群體中的人群關係。同時，人類終究還是各自獨立的個體，因此在工作組織中，群體和個人之間必須保持和諧。

也就是說，工作的組織方式必須設法讓個人所有的長處、進取心、責任感和能力，都能對群體的績效和優勢有所貢獻。這是組織的首要原則，事實上，這也是組織開宗明義的目的。傳統汽車裝配線的工作方式並非如此，正足以證明我們到目前為止，還不懂得如何管理員工及工作。例如，有辦法多裝幾片擋泥板的工人不見得因此幫了生產線上其他同事的忙。相反的，他的高效率只會對旁邊的同事帶來壓力（這位同事可能緊接著負責為汽車裝上保險槓）和困擾，打亂了同事的工作步調，造成他的工作負荷過重，或手邊的工作增加太快，以至於物料供應不足，最後導致同事績效不彰，產出減少。這樣其實違反了倫理規範，一個人的能力增強居然會形成自己和同事的一大威脅，真是罪孽，也是很糟的工程規劃。

最後，人力資源和其他資源不同之處在於，一個人的「發展」無法靠外力來達成，不是找到更好的方法來運用既有特性這麼簡單。人力資源發展代表的是個人的成長，而個人的成長往往必須從內在發生。因此，經理人的工作是鼓勵並引導個人的成長，否則就無法充分運用人力資源的特長。

換句話說，經理人應該設法挑戰員工。最違反人力資源本質的莫過於試圖找出「一般員工」的「平均工作量」。這個觀念完全出自未經證實的心理學理論，把學習速度和學習能力劃上等號，同時還認為員工愈是無法掌控自己的工作，在工作上參與得愈少，生產力就會愈高，完全誤解了人力資源的本質。這種平均工作量的觀念不可避免地認為，平均工作量就是除了身心障礙者之外，任何人都能完成的工作量，把勉強達到正常標準、卻不見得適合或喜歡這份工作的員工拿來當作績效標準。把運用人力的工作變得不需要技能、努力或思考，結果工作無法提供任何挑戰，員工即使技能高強、工作動機強烈，也和傻瓜沒有兩樣。

正如同IBM的故事所顯示，上述觀念呈現了很糟糕的工程規劃，造成績效標準不斷降低，不但不能提升整個工作團隊的績效，也破壞了人力資源的生產力。人的本性就是追求最好的表現，而不是把表現最差的員工變成所有人的榜樣。

企業對員工的要求

如果我們把焦點轉到企業和員工對彼此的要求上，那麼首先要提出的問題是：企業為了完成工作，必須對員工有什麼要求？

這個問題的標準答案是：「一分辛勞，一分酬勞。」不幸的是，沒有人有辦法算出多少辛勞拿到多少酬勞才算公平。這種說法真正的問題在於要求的東西太少，而且提出的根本是錯誤的要求。

企業必須要求員工的是，員工應該主動積極，以企業目標為努力的方向。如果我們真的只是「雇用人手」，那麼就能要求付多少酬勞，該得到多大的價值。如果真的能購買勞力，那麼就能使用任何計價單位來買，然而根據法律，「員工並非交易的商品」。正因為員工也是人，所以不可能有公平的勞力付出這回事。這是消極順從——是人類此一特殊資源所無法給予的。如果企業真的想要有所獲，就必須要求員工不只公平地付出勞力，而且應該積極奉獻；不能只是看到員工默默順從就罷了，而必須建立積極的團隊精神。

在大量生產單一零件和將零件組裝成多種產品時，以及在流程生產和自動化作業中，這點都很重要。因為這些生產系統幾乎都要求每位員工負起行動的責任，原因很簡單，每個人執行工作、進行生產作業和維修設備的方式幾乎控制和決定了整體產出。不管有意無意，「一分辛勞，一分酬勞」的論調都假定在生產系統中，工人完全聽命行事，也假定用鏟子挖溝的工人代表了最先進的生產技術。因為對挖溝技術而言，「一分辛勞，一分酬勞」可能不是太糟糕的口號，但也正因為如此，挖溝是毫無生產力的技術。對於任何更先進的技術而言，這句口號就完全不足以因應。對於日新月異的新科技而言，更是極端荒謬的說法。

企業期望員工不只是被動接受勞力工作，而必須主動承擔達成經營績效的責任。而且正因為這個要求遠高於原先的要求，我們很可能得以實現目標。因為要求愈高，表現愈好，是人的特性，因此員工能發揮多大的生產力，有很大部分是取決於企業對他們的要求有多高。

企業對員工還必須有第二個要求：員工必須願意接受改變。創新是企業的必要功能，也是企業的重要社會責任。然而，員工必須願意改變他們的工作、習慣和群體關係，企業才能不斷創新。

人類改變的能力比其他動物都強，但卻不是毫無限制。首先，人類的學習速度驚人，但（在生存競爭中，十分幸運的是）忘掉所學的能力卻比較差。今天我們明白，學習能力不會隨著年齡增長而消失，但是每個人學得愈多，就愈難忘掉所學。換句話說，我們之所以不容易忘掉所學，以至於無法快速學習新事物，主要因素是經驗，而非年齡。要克服這個問題，唯一的辦法就是學習如何忘掉所學，因此必須透過知識的獲得來學習，而不是只靠經驗來學習；必須有「教學」計畫——今天許多典型的訓練計畫往往把員工變得不知變通，缺乏彈性，只傳授做生意的花招，而不要求全盤理解。當員工需要具備的技能和知識水準都愈來愈高時，企業也迫切必須訓練員工學習和拋掉所學的能力。

改變不單單是智識上的歷程，也是心理歷程。許多工業心理學家一口咬定拒絕改變是人的天性，其實是不正確的。相反的，天地萬物之中，最喜歡求新求變的莫過於人類。但是人類必須在適當的條件下，才能做好心理準備，迎接改變。首先，改變必須看起來很合理，還必須能改善現有狀況，但又不能太快進行太大的改變，以至於鏟除了所有能讓一個人感到熟悉自在的重要元素——包括他對工作的理解、和同事的關係、對技能的概念、在同行間的聲望和社會地位等。如果改變不能明顯加強員工心理上的安全感，就必然會遭到抗拒。由於人生苦短，而且天有不測風雲，所以人總是非常缺乏安全感的，因此企業一方面要求員工具備改變的能力，另一方面也必須積極採取行動，幫助員工建立改變的能力。

許多人都誤用「公平的報酬」這句話來說明員工對企業的要求。對企業有所要求的員工是完整的個人，而不只是個經濟單位。他是基於一個人、一位公民的身分，來提出超越經濟報酬的要求。他要求能夠透過工作，在職位上發揮所長，建立自己的地位。他要求企業履行社會對個人的承諾——透過公平的升遷機會，實現社會正義；他要求從事有意義的嚴肅工作。此外，員工對企業最重要的要求還包括：建立高績效標準、具備組織和管理工作的高度能力，以及能明確表達對於良好工作表現的關注。

尤其在自由社會中，員工既身而為人，同時也是社會公民，自然對企業帶來限制。企業雇用員工時，雖然雇用了他整個人，卻無權完全支配他。由於企業只能滿足社會部分的需求，因此也只能控制社會成員（公民）的一部分。企業絕對不能變成「福利公司」，企圖包辦個人生活的所有領域，無論就個人對企業的要求或企業提供的滿足而言，企業的角色都必須侷限在社會的基本機構上。要求員工對企業絕對忠誠，就好像企業承諾對員工負起百分之百的責任一樣，都是不對的。

利潤的雙重意義

最後，還有一大堆問題都源自經濟領域。

企業活在兩種經濟體系中，一種是外部體系，一種是內部體系。企業內部的經濟體系能動用的總額（最重要的是支付員工薪資）取決於企業產品在外部經濟體系中的收益。

然而，企業內部的經濟體系卻不採市場經濟模式，而採「重分配」模式，全體產品會照預設的公式分配給企業成員。無論市場經濟或重分配經濟，都是基本的經濟形態，但是唯有在企業中，兩者的關係才如此密不可分。企業管理階層必須努力追求更高的收益，也就是必須提高生產；而員工注意的焦點卻是，無論總產出有多少，怎麼樣才能分到更大的一杯羹。劉易士（John L. Lewis）和礦工工會對於煤炭市場日益縮減的情況完全視若無睹，就是個極端的例子。他們感興趣的只是如何在這塊愈來愈小的餅中，分到更大的一份。儘管這是極端的例子，卻也代表了員工典型的態度——的確，這種態度幾乎是不可避免的。在企業外部，經濟是最重要的考量。在企業內部，所有的考量都是基於權力平衡和權力之間的關係。

對企業而言，必須把薪資（也就是勞工的財務報酬）當作成本。對受薪階級而言，薪資是收入，是個人或全家生計的來源。對企業而言，工資必須按照單位產量來計算；對員工而言，工資是他和家人生存的經濟基礎，其意義遠超過單位產量。因此兩者之間有基本的分歧：企業需要為薪資負擔保留變通的彈性，個人所重視的卻是穩定可靠的收入，依據的是個人工作意願，而不是經濟狀況。

最後，利潤其實有雙重意義。對企業而言，利潤是維繫企業生存所必需；對於員工而言，利潤是別人的收入。企業的獲利能力居然決定了他的飯碗、他的生活、他的收入，對他而言，不啻屈從於外來統治一樣，即使不是「剝削」，也是專制的做法。

一般人普遍認為，反對利潤即使不是左翼分子的教條和煽動下的產物，也是現代工業社會的現象。這種說法真是大錯特錯，因為這個趨勢要遠遠回溯到幾百年前現代社會初萌芽之時。歐洲工人對「資本主義剝削者」和「牟利者」的憎恨乃源自於十五世紀佛蘭明或佛羅倫斯紡織工人對商人牟取暴利的不滿。現代社會不但完全不曾加重這種敵意，反而緩和了工人的不滿。難怪愈是工業化的地區，工人就愈不那麼激進，對管理階層、企業和利潤也沒有那麼大的敵意。也難怪革命性的馬克斯主義只有在前工業社會中，才會成功。

但員工對利潤的敵意仍然是一大威脅。工業社會的生存有賴於企業獲得充足的利潤。在這樣的社會中，大多數公民和有投票權的人都是受雇的員工，因此反對利潤會形成一大威脅。這也是為什麼產業國有化會成為這麼強而有力的論點，因為倡議者認為如此一來，將可以消弭工人對於利潤的敵意。我相信，二次大戰後，當英法推動產業國有化後，發現工人反對國營事業獲利，正如同他們當初反對「資本家」獲利一樣（甚至反對得更厲害），真是對社會主義美夢致命的一擊。

企業必須有充足的利潤，才能經營——這是企業最重要的社會責任，也是企業對自己、對員工的首要義務。因此，企業經營者必須想辦法說服員工利潤的必要性，即使不是為了個人利益或公益。

對於這樣一個龐大的主題，本章雖然只描述了粗略的輪廓，卻也足以顯示管理員工和工作都需要原則。單單「懂得處理人的問題」顯然還不夠。事實上，這方面的能力根本毫不相干，單靠技術也不夠，我們需要的是基本觀念。

這些觀念的基本原則很清楚：必須先假定每個人都想工作，不能假定他們沒有工作意願，這和我們對人性的理解不符。如果不工作的話，大多數人都會面臨道德和肉體的崩潰瓦解，少數的人能保持完好無恙，是因為他們的內在資源能讓他們自己創造工作。從一開始就假定人們不想工作，將導致員工和工作的管理變得毫無希望可言。

因此，管理階層的任務是激發員工的工作動機和參與感，喚起他們的工作欲望。要達成這個任務，我們倒底已經具備了哪些基本概念、工具和經驗呢？

21 人力資源管理破產了嗎？

人力資源管理擁有的資產很龐大——人群關係和科學管理理論的基本洞見都很可貴，如今這些資產都凍結了。人事行政發明了許多小技巧，對於解凍現有資產這項龐大工作，卻沒有太大幫助，儘管可能生產足夠的商品來賣，以支付小筆帳款。或許人力資源管理最大的流動資本是我們學會了不要做哪些事情，但是銀行會因為這樣的擔保品而借錢給你嗎？

幾年前，有一位公司總裁寫了一封信給我：

我雇用了二千三百個工人，從事非技術性裝配作業，其中大多數是女工。煩請儘快寄給我適當的人事政策，並附上您的費用明細。

有一段時間，我一直把這封信當成玩笑（儘管是無心的玩笑）。但是近來我才領悟到，真正的笑柄其實是我。我開始懷疑，寫信給我的那位總裁很像是安徒生童話《國王的新衣》中的那個小孩，當其他人都假裝看得見統治者的新衣時，只有這個天真無邪的孩子大聲說，國王身上根本什麼也沒穿。

今天許多組織管理方式本質上都非常機械化，確實可能藉由郵寄方式來傳授。兩個通行的員工管理觀念——人事行政和人群關係，認為管理員工和工作幾乎不需要在企業經營方式上有任何改變，而且需要的工具和觀念似乎適用於任何企業。

人事行政或人群關係的領域一直進展緩慢，缺乏新思維和新建樹，顯示這種做法或許不見得正確。在整個管理領域中，投入最多人力和心力的領域莫過於人事行政和人群關係。人力資源部門就好像傑克的豌豆莖一樣快速成長，而且部門中都不乏擁有博士學位、手持計算機的研究人員。在每一所大學中，數以百計的學者都在講述、研究和蒐集這方面的資料。的確，這個領域已經衍生出許多新學門——例如工業心理學、工業社會學、工業人類學、工業關係、人力資源管理等等，而且產出許多應該深具原創性的論文，他們出版書籍，舉辦會議，同時還有數十本雜誌致力於探討這方面的議題。不管是美國播種者協會或舒城商會，任何自尊自重的商業組織在舉辦研討會時，都至少會有一場演講探討如何管理員工的問題。

那麼，這麼多聰明優秀的人才投入這麼大的心力後，產生了什麼成果呢？

人事行政始於第一次世界大戰時，為了雇用和訓練大量新勞工來從事戰時生產活動，並支付他們薪資，而誕生的新領域。第一次世界大戰距今已經三十五年，然而今天我們所知的人事行政卻和一九二〇年代沒有什麼兩樣，我們所採取的做法都是當年他們開始實施的做法，儘管有一點改善，但其他則乏善可陳。舉例來說，今天隨便找一本有關人力資源管理的厚教科書，裡面所談的內容（除了關於工會關係的那一章之外），幾乎都可以在人事行政理論的創始者之一史貝茲（Thomas Spates），於一九二〇年代初期所發表的文章和論文中找到。我們只是加油添醋地覆蓋上一層人道主義的詞藻，就好像在已經煮得過爛的芽甘藍菜上，又加上黏稠的醬汁。

人群關係的領域也出現了同樣的知識荒原——雖然這個領域的活動可能更多。人群關係也發源自一次大戰，但花了更長的時間才發展成熟，而終於在二十年前，哈佛大學的梅約和同事於一九二八年進行的霍桑實驗中開花結果。哈佛小組在霍桑的研究報告迄今仍然是這個領域中最先進、完整和出色的論述。的確，後來有數不清的產業界、工會和學術界人士試圖進一步琢磨發展他的理論，但是究竟這些人的努力是釐清了梅約最初的洞見，還是反而模糊了它的面貌，頗值得爭議。

當然，新奇不見得代表健全。不過，要求任何新學門在萌芽之初就要像剛出水的維納斯一般完美無瑕，幾乎是不可能的事。要經過幾十年的時間，才能在第一代思想家所奠定的地基上蓋起高樓大廈，因此不可能寄望兩個新學門一誕生，就呈現出成熟的面貌。我們真正質疑的是，人力資源管理和人群關係的領域多年來鮮有新的建樹，原因並不在於最初的地基不夠穩固。

人事行政究竟有何成就？

我們不難看出人事行政的限制為何。事實上，大多數人事行政人員都承認這些限制。人事行政人員經常都擔心無法證明他們對公司的確有貢獻，因此拚命想出各種「花招」，讓主管留下深刻印象。他們不斷抱怨在公司裡沒有地位，因為人事行政大體上用到的是一堆次要的、彼此沒有什麼關聯的工作技巧。有些愛耍嘴皮的人還故意說，把所有既和人的工作無關、又不屬於管理領域的事情全都拿來拼湊在一起，就形成了所謂的「人事行政」。

不幸的是，這類嘲弄不是完全沒有道理。由於人事行政構思下的員工和工作管理，包含了一部分檔案管理員的工作，一部分管家的工作，一部分社會工作人員的工作，還有一部分「救火員」的工作（防止或解決勞資糾紛）。而人事行政人員典型的工作內容——安全措施、養老金計畫、提案制度、人事聘用和處理工會抱怨等，都是需要有人負責、但卻吃力不討好的雜務。儘管如此，我仍然懷疑是否應該把這些事務全都放在同一個部門中。因為如果你看到典型的人力資源部門組織圖或人力資源管理教科書的目錄，一定會覺得這真是一盤大雜燴。既不是把執行業務的相關技能組合在一起，也並非基於要在經理人的工作內容或業務流程中，連結相關工作，以形成特定階段的功能。

這些活動本身都只需要中等的管理能力就已足夠，對於企業經營也不會產生重大影響，把這麼多活動全塞在一個部門，並不會因此就使這個部門變成能派代表參與經營團隊，或需要高階主管來管理的重要部門。因為唯有這個部門的「本質」（它所從事的業務，以及對於企業經營的影響），才能決定它是否為重要部門，或是否應該由高階主管負責管理。

即使這些事務全都妥善地納入同一部門的管轄範圍中，仍然對於管理員工毫無助益，甚至和許多人事行政領域該完成的工作毫不相干。例如許多人都提到，一般而言，人力資源部門對於如何管理企業最重要的人力資源——經理人，從來都無從置喙，也迴避了員工管理中最重要的兩個領域——工作組織以及如何組織員工來完成工作，只是接受了既有的狀況。（當然也有例外。其中一個著名的例子是施樂百的人力資源部門，但是施樂百的人力資源工作並非從人事行政著手，而是從經理人的管理起步，也就不足為奇了。）

人事行政之所以毫無建樹，原因在於三個基本誤解。首先是假定員工不想工作。正如同麥克奎格（Douglas McGregor）所指出，他們認為「工作是員工為了獲得其他的滿足而不得不忍受的懲罰」，因此強調從外部獲得工作以外的滿足。其次，人事行政的觀念認為管理員工和工作是專家的工作，而不是經理人的職責，正充分顯示幕僚觀念所引起的混淆。的確，所有的人力資源部門都很喜歡討論應該教育營運主管如何管理員工，但是卻把百分之九十的預算、人力和心力花在由人力資源部門構思、擬訂和實施的計畫上。例如，關於人事行政最好的一本教科書開宗明義就談到，人事行政工作最重要的兩個任務就是向營運主管建言，以及診斷出組織是否具備高效能團隊的穩定度和士氣。但是接下來，這本厚達三二一頁的教科書會花三〇一頁的篇幅來談由人力資源部門組織推動的計畫。

事實上，這要不然就意味著人力資源部門不得不侵佔了營運主管的功能和職責（因為不管頭銜是什麼，掌握了經營權的人就是「老闆」）；要不然就意味著營運主管出於自衛，只好把人力資源部門的權責限制在處理雜務上，也就是處理與管理員工和工作不相干的事務上，難怪後者已幾乎成為普遍的趨勢。

最後，人力資源部門往往扮演「救火員」的角色，把「人力資源」視為會威脅到生產作業平穩順暢的「頭痛問題」。人事行政從一開始就出現這樣的傾向，但是一九三〇年代美國的工會運動卻將之變成主流。可以說，許多人事行政人員在潛意識中總是和麻煩脫不了關係。有一位工會領袖談到一家大公司的人力資源部門時說的玩笑話，其實有幾分道理：「那些傢伙應該減薪百分之十，繳到工會公庫中；但是對工會而言，他們仍然只是領五十美元週薪的小職員。」但是如果人事行政始終聚焦在問題上，就不可能做好員工與工作管理。即使把焦點從「救火」轉移到「防火」上，都還不夠。IBM的故事清楚顯示，對於員工和工作的管理必須把重心放在積極面，以企業的根本優勢與和諧為基礎。

人群關係理論的洞見和限制

有關管理員工和工作的第二個通行的理論——人群關係理論，是從正確的基本觀念著手：每個人都想工作，管理員工是經理人的職責，而不是專家的職責。因此，這個領域不只是一堆不相干活動的總合，而是奠基於當我們說企業不可能只是「雇用人手」時，背後的深刻領悟。

人群關係理論體認到人力資源是一種特別的資源，並且大力強調這個觀點，反對把人看成機器，好像「自動販賣機」一樣，會自動對金錢刺激有所反應。由於這個理論，美國管理界了解到，管理人力資源需要有明確的態度和方法，這是很大的貢獻。最初人群關係只是一股龐大的自由化潮流，卸下了企業經營階層戴了一世紀的眼罩。

然而至少以目前的形式而言，人群關係理論大體只發揮了消極的作用，讓企業經理人免於受到錯誤的觀念所支配，但卻也未能成功地以新觀念取而代之。

其中一個原因是相信「自發性的動機」。人群關係專家似乎認為：「只要消除恐懼的心理，員工自然就願意工作。」當企業主管仍然認為唯有恐懼可以驅使員工工作時，這個觀念有很大的貢獻。更重要的是，它隱約攻擊了人們不想工作的假設。然而，我們也知道，單單消除錯誤的工作動機還不夠，而人群關係理論卻沒有提出什麼積極的工作動機，只是泛泛而論。

人群關係理論也沒有把重心放在工作上。積極的工作動機必須以工作和職務為核心，然而人群關係理論卻把焦點全放在人群關係和「非正式團體」上，把著眼點放在個人心理學，而不是針對員工和工作的分析上。結果，他們認為員工做的是哪一種工作根本無關緊要，因為唯有他和同事的關係才能真正決定他的態度、行為和工作效能。

他們最喜歡說：「快樂的員工就是高效率、有生產力的員工。」儘管這是句雋永的警語，卻只說對了一半。創造快樂根本不干企業的事，企業的任務應該是製造和銷售鞋子，更何況員工也無法單從抽象概念中得到快樂。

雖然人群關係理論強調人的社會性，卻拒絕接受一個事實：有組織的團體不只是個人的延伸，而有其本身的關係，包括真實而健康的權力問題，還有客觀的願景和利益上的衝突，而不只是個性的衝突，換句話說，這些都涉及政治的範疇。從哈佛大學人群關係學院早期論述中所展現的對於工會近乎恐慌的懼怕，正說明了這點。

最後，人群關係理論對問題的經濟層面缺乏了解。

結果，人群關係理論很容易流於口號，而沒有真正的組織管理政策。更糟的是，由於人群關係理論從一開始就試圖讓「適應不良」的個人能適應「現實」（總是假定為合理而真實的現況），因此整個觀念都帶有強烈的操弄傾向，人群關係理論面臨的嚴重危險是，有可能退化成新的佛洛伊德式家長作風，僅僅充當合理化經理人行動的工具，被經理人拿來「推銷」他們所採取的做法。難怪人群關係理論總是大談「培養員工責任感」，卻很少討論他們的責任，拚命強調讓員工「感到受重視」，卻很少談到如何讓員工和他們的工作具有重要性。當我們從一開始就假設某個人必須調適時，我們就會尋找能控制、操弄與出賣他的方式，而且我們會否認自己有任何地方必須調整。事實上，今天在美國，人群關係理論之所以大行其道，可能反映出人們誤以為它是哄小孩的糖漿，誤用人群關係理論把所有對於管理階層和管理政策的抗拒都解釋為非理性和情緒化的行為。

這並不表示我們必須放棄人群關係理論。恰好相反，這方面的洞見為管理「人」的組織奠定了重要的基石。但它仍然不是大廈，而只是其中的一塊基石，大廈的其他結構仍然有待建造，需要的不只是人群關係而已，而且也必須超越人群關係理論。我這麼說的時候，對於開創人群關係理論的先驅充滿了敬意（事實上，我自己也是他們的信徒）。但儘管他們有偉大的成就，卻還不夠。

工作管理的基石——「科學管理」

每當討論到員工和工作的管理時，幾乎都會提到人事行政和人群關係，這也是人力資源部門十分關心的事情，但卻不是美國產業界實際拿來管理員工和工作的根本觀念。真正的根本概念是科學管理。科學管理把焦點放在工作上。有組織的研究工作，把工作分解成最簡單的元素，以及針對每一個元素，有系統地改善員工績效，才是科學管理的核心做法。科學管理既有基本概念，也有容易應用的工具和技巧，因此不難證明其貢獻：科學管理所達成的高產出是顯而易見、可以清楚衡量的。

的確，科學管理是有關員工和工作的系統化科學，可能是自《聯邦論》（Federalist Papers）以來，美國對西方思想最偉大而持久的貢獻。只要工業社會還存在的一天，我們永遠不會忘記：我們能有系統地研究、分析人類的工作，並且透過研究工作的基本元素而改善人類的工作。

就好像所有偉大的洞見一樣，科學管理本身非常單純。人類已經工作了數千年，期間不停地探討如何改善工作。但是在泰勒於一八八五年開始分析工作之前，沒有什麼人曾經有系統地分析工作。大家都視工作為理所當然，而一般人通常都不會認真看待被視為理所當然的事情。因此科學管理打破了傳統思維，非常有先見之明。如果沒有科學管理，就不可能研究工作中的人。如果沒有科學管理，我們在管理員工和工作時，絕對不可能超越善意、勸誡和「加油」的層次。儘管科學管理所下的結論曖昧不明，但其根本洞見卻為這個領域奠定了重要的基石。

這是風行全球的美國觀念，從印度、蘇聯，到阿根廷、瑞士，都在實踐科學管理。德國人甚至從中發展出偽形而上學，他們稱之為「合理化」。世界各地批評美國的人都認為，如果他們抨擊科學管理，就是在攻擊「真正的美國」。

二次大戰後，當我們開始協助西歐國家改善生產力時，我們以為這代表輸出美國的科學管理方式。我們拚命宣揚「生產力是一種態度」的觀念，強調大量銷售、資本投資和研究的重要性，實際上他們只是派遣了大批配備了科學管理工具、服膺科學管理哲學的工業工程師到歐洲去。儘管歐洲工業家對於大量銷售、資本投資和加強研究等建議都充耳不聞，卻欣然接受科學管理的方法。因為他們和其他國家的工商界人士一樣，誤以為科學管理是美國工業成就的精髓所在。

然而，科學管理也已經有很長一段時間都在原地踏步。科學管理是管理員工和工作的三種做法中，最古老的一種方法，在十九世紀末和工程業一同興起，但是也最早變得了無新意。從一八九〇年到一九二〇年，科學管理領域中誕生了一個接著一個出色的新觀念，一個接著一個有創意的思想家——包括泰勒、費堯、甘特、紀爾布雷斯夫婦等。但是在過去三十年，除了在愈來愈狹隘的專業領域中產出一堆有關科學管理技巧的無聊論述外，科學管理可以說沒有新的貢獻。當然還是有例外，尤其是紀爾布雷斯夫人和霍普特（Harry Hopt）。但是整體而言，在如汪洋般浩瀚的論述中，真正能提出新洞見的作品寥寥無幾。當然多年來，科學管理方式經過了大幅改良和修正，然而有關科學管理最成熟有力的論述，仍然是泰勒一九一二年在美國眾議院特殊委員會中發表的證詞。

原因在於，儘管科學管理非常成功，卻未能成功解決管理員工和工作的問題。正如同歷史上其他新觀念的發展過程，科學管理的洞見其實只有一半是真知灼見，其中包含了兩個盲點，一個是工程上的盲點，另外一個則是哲學上的盲點。科學管理所未能見的和它所看到的一樣重要，的確，如果我們不能學會看清科學管理的盲點，我們甚至可能無法受惠於科學管理的真知灼見。

科學管理的盲點

科學管理的第一個盲點是，認為我們必須將工作分解為最簡單的各部分動作，我們也必須把工作組織成一連串個別動作的組合，而且如果可能的話，由一位員工負責執行一個動作。泰勒本人很可能明白整合的重要，霍普特當然也體認到這一點，但是幾乎其他所有相關論述的作者和科學管理的實踐者都認為，個別的分解動作是良好工作組織的根本要素。

這是錯誤的邏輯，把分析的原則和行動的原則混為一談。分解和組合是截然不同的兩件事，把兩者混為一談簡直毫不科學。因為科學在萌芽之初就了解到，儘管分類非常重要，我們卻無法透過分類，了解被分類事物的本質。

認為工作分解後就能產生最佳績效，在工程上也是很糟糕的見解。

關於這點，最好的證據就在於應用科學管理觀念而達到的最大成就：字母表。字母表的發明人是三千五百年前阿拉伯貿易城中一位名不見經傳的小職員，他永遠也不可能獲頒國際管理協會的金質獎章。但是他從當時人民書寫時用到的數以千計的象形文字、符號、音節記號、語音標記中，分析出其中最基本、單純而標準的元素，並且代之以二十四個足以表達所有聲音、文字和思想的符號，這是最高層次的科學管理。然而，如果只不過因為英文的「貓」（cat）這個單字，是由C、A、T三個字母拼成，因此當我們提到cat時，就必須逐字讀出C-A-T的字母發音，那麼字母的發明不但毫無用處，而且會形成溝通上的一大障礙。

要把字母整合成單字並不簡單。即使很笨的孩子通常都可以學會認識字母，但即使對很聰明的孩子而言，要從認識C、A、T三個字母，直接跳到能唸出cat，仍然不是件容易的事。的確，幾乎每個有閱讀障礙的小孩，問題都出在如何把字母整合為單字；很多人從來都學不會拼字，但卻透過學習象形文字和表意文字，而非字母，學會了辨認一般單字和音節。

最後，把工作分析和工作中的動作混為一談，其實是誤解了人力資源的特質。科學管理試圖組織人的工作，但卻不經驗證，就假定人只是機械工具（雖然是設計不良的工具）。

我們必須把工作分解成各部分的動作，完全是正確的做法。透過改善個別員工的作業方式，將能提升工作績效，也絕對正確。但是，如果認為愈把工作侷限於個別動作或操作上，員工的工作績效就會愈好，那麼就不對了。即使對機器工具而言，都並非如此，把這種主張用在人身上，就更荒謬了。人並不擅長個別動作；如果把人當成機器工具，那麼人類就是設計拙劣的機器。我們姑且先拋開所有關於人的意志、個性、情感、嗜好、心靈的考量，只把人當成生產資源，而且只從工程師的角度來看產出和投入，那麼我們別無選擇，只好接受一個事實：人的特殊貢獻往往在於人能夠完成許多不同的動作，具備整合、平衡、控制、衡量和判斷的能力。我們必須分析、研究、改進個別的操作，但是唯有當工作不是由機械化的個別作業所組成，能夠發揮人的特質時，才能有效地運用人力資源。

第二個科學管理的盲點是「區分計畫和執行」——科學管理的重要信條之一。於是，健全的分析原則再度被誤認為行動原則，但是除此之外，區分計畫和執行反映出一種模糊而危險的精英哲學觀，藉著壟斷這種神祕的知識，而掌握了操控無知平民的權力。

泰勒最重要的洞見之一，就是發現計畫和執行截然不同，他強調在實際執行之前，如果能規劃得愈周詳，那麼工作就會變得更容易、更有效，生產力也愈高，這個發現對於美國工業發展的貢獻更甚於碼錶或有關時間與動作研究的貢獻，整個現代管理的結構也都奠基於此。今天，我們能夠鄭重地討論目標管理，其實也正是因為泰勒發現計畫是工作中一個獨立的環節，而且強調計畫的重要性。

但是，在分析工作時，將計畫和執行區分開來，並不表示計畫者和執行者必然是不同的兩群人，而且產業界也不應該把人區分為兩類：由少數人決定有哪些工作需要完成，同時設計工作，設定工作步調、節奏和動作，並且發號施令；其他多數人則聽命行事。

計畫和執行是同一項工作的兩個不同部分，而不是兩項不同的工作。必須兩者兼顧，才能有效完成工作。一個人不可能把所有的時間都拿來規劃，一定至少會擔任一部分執行工作。一個人也不可能永遠都在執行，如果不稍稍規劃一下自己的工作，即使是最機械化和重複性的例行雜務，員工可能都無法掌握得很好。主張把兩者分開，就好像要求應該由不同的身體來擔負食物吞嚥和消化的功能。為了充分了解這兩種人體功能，我們必須把吞嚥和消化的過程分開來研究，兩種功能需要不同的器官，會產生不同的疾病，並且由人體的不同部分來執行。但是同一個身體需要兼具這兩種功能，才能吸收到營養，就好像工作也必須兼具計畫和執行兩個層面一樣。

泰勒把計畫和執行區分開來，這特別是美國，而且是十九世紀晚期的作風，承襲了我們最古老的傳統：早期清教徒在新英格蘭的神權統治，將馬特父子（Increase and Cotton

Mather）的牧師精英觀念批上了現代的外衣，但是內涵卻幾乎絲毫不變。泰勒就好像清教徒牧師一樣，根據他的演繹，負責規劃的精英擁有天賦的統治權。難怪今天有人將這種統治權解釋為「管理階層的特權」。

但是從尼采到第一次世界大戰期間風行西方社會的精英哲學中，區分計畫與執行也是其中一部分，這種精英哲學在我們的時代中製造了許多畸形產物，而泰勒和索海爾（Sorel）、列寧和帕累托（Pareto）應該被歸為同類。這個運動在一般人眼中，是反民主的，而且在意圖和方向上也同樣反精英統治。因為無論是為了革命謀略或為了管理的緣故，而主張權力乃奠基於技術能力之上，是與精英統治為敵，同樣也是與民主制度為敵。

將計畫和執行區分開來，我們將無法充分受惠於科學管理的洞見，大幅降低了我們從工作分析，尤其是從計畫中，所得到的收穫。

在IBM的故事中，我們看到當企業賦予員工自行規劃工作的職責時，生產力將會大增。同樣的，當我們區分計畫與執行的同時，如果能夠讓計畫者和執行者合而為一，那麼生產力也會大增（更不用說員工態度和榮譽感都會大幅改善）。

傳統科學管理的兩個盲點說明了為什麼推行科學管理總是令員工更加抗拒改變。由於公司只教導員工個別動作，而不是把完整的工作交到他手上，因此他汰舊換新的能力非但沒有增強，反而停滯不前。他增長了經驗和習慣，而非知識和理解。由於公司對員工的要求是

「行」，而不是「知」，更遑論規劃了，因此每一項改變都代表了不可知的挑戰，對員工心理上的安全感造成莫大威脅。

過去對科學管理的批評是：在科學管理的工作設計下，企業能夠達到每小時最大產出，卻不能在連續工作五百小時後，達到五百小時的最大產出。另外一個更加嚴肅而且有所根據的批評是：科學管理方式懂得如何好好組織目前的工作，以達到最大產出，然而卻會嚴重傷害到員工下一個工作。當然，如果他們所做的工作是不可改變的，那麼就無所謂。亨利・福特（儘管他從來不曾聽說過泰勒的名字，卻是最徹底實施科學管理方式的企業家）認為，裝置擋泥板的流程一旦有了合理規劃，這項工作就永遠不會改變。

但是我們知道，改變是不可避免的；的確，企業的主要功能就是帶動改變。我們也知道，未來數十年將會發生巨大的改變，而改變最大的莫過於員工的工作了。

從分解到整合

過去大家認為有一些條件限制了科學管理充分發揮效益，新科技出現卻把原本的限制變成重症。的確，在新科技之下，管理員工和工作的主要問題在於如何讓員工有能力執行完整的工作，並且承擔規劃的責任。

推行自動化作業之後，員工不能只負責為機器填充材料或處理物料等重複性例行作業，而需要建造、維修、控制機器，而所有重複性例行作業現在都交由機器處理。因此，他必須有能力從事許多項不同的作業，工作內容必須盡可能擴大，而非縮小，同時也必須具備協調能力。正如同ＩＢＭ事所顯示，這並不表示員工又回到過去，變成仰賴手工技藝的勞工。相反的，應該運用科學管理方法分析每一項作業，因此即使是非技術性員工都有辦法完成工作。但是必須把各項作業整合成工作，否則就無法完成自動化作業中所需的工作。有了新技術之後，我們別無選擇，必須直接唸出「cat」。既然科學管理已經教導我們如何分解工作，我們現在必須學會如何整合。

一家自動撥號交換系統的電話維修人員展現了工作的面貌。他不是一個技巧熟練的機械工，他必須執行的工作都已經被簡化為可以在短時間內學會的簡單動作，因此是來自書本，而不是靠多年工作經驗累積下來的手藝。但是他的工作其實涵蓋了許多不同的作業，需要有良好的思考及判斷，以及兼具身體和知識上的協調能力。

同樣的，在新技術下，我們將不能在分開計畫與執行的情況下，組織員工與工作。相反的，新技術要求雇用最少的生產人員，但員工必須有能力從事大量的規劃工作。他能做愈多的規劃，就能為自己的工作承擔愈大的責任，因此生產力也就會愈高。如果員工總是聽命行事，那麼只會對工作造成傷害。因為不管是維修設備或設定、控制機器，都要求員工具備充分的知識、責任感和決策能力——也就是規劃能力。我們的問題將不再是計畫和執行沒有清楚區分，而是未來的員工需要從事的規劃工作可能會比今天的經理人還要多。

我們必須好好維護科學管理的基本洞見，正如同我們必須珍視人群關係理論的基本觀念一樣，但同時我們也必須超越科學管理的傳統方式，懂得看清科學管理的盲點。而這項工作因為新科技的來臨顯得更加迫切。

人力資源管理破產了嗎？

人力資源管理破產了嗎？本章標題問道。我們現在回答：「不，人力資源管理並沒有破產，它的負債還沒有超越資產，但是它當然已經無力償還債務，以現有的績效，它無法履行針對管理員工和工作，信口許下的承諾。人力資源管理擁有的資產很龐大——人群關係和科學管理理論的基本洞見都很可貴，如今這些資產都凍結了。人事行政發明了許多小技巧，對於解凍現有資產這項龐大工作，卻沒有太大幫助，儘管可能生產足夠的商品來賣，以支付小筆帳款。或許人力資源管理最大的流動資本是我們學會了不要做哪些事情，但是銀行會因為這樣的擔保品而借錢給你嗎？」

不過，根據事實，我們可以有更樂觀的詮釋。過去二十年來，人力資源管理只有小幅修正而沒有大幅成長，在知識上原地踏步，在根本思維上沒有長進。但是未來將是全然不同的景象。技術改變將帶動新思維、新實驗、新方式。許多跡象顯示，改變流程已經啟動。傳統人群關係理論認為，人與工作的關係（每個人適合什麼類型的工作）根本無關緊要，而現在人群關係學派的學者已經開始研究這個議題。在科學管理領域享有盛名的人也開始認真關注如何根據人力資源的特質來組織工作，而不是一味假定人是設計不良的機器工具。IBM的故事顯示，實踐家總是遙遙領先作家和理論家，他們早已突破了傳統觀念的束縛。

可以確定的是，這一切都只是起步而已。但是我們因此能期待，二十年後，我們將能釐清管理員工和工作的基本原則，掌握到有效的政策和禁得起考驗的技巧。然而我們已經知道什麼才是正確的基本態度。

22 創造巔峰績效的組織

低階和高階工作或低薪和高薪的工作，主要差別應該在於例行、重複性事務與需要技巧或判斷的工作各佔多少比例，要求具備的技能和判斷力有多高，以及承擔的職責有何不同，也就是說，如果缺乏必要技能或判斷錯誤，會對組織整體績效產生多大的影響。

本章的章名是一個宣言。當我們宣稱把企業經營的目標放在創造巔峰績效，而不是追求快樂和滿足時，等於宣示要超越以人群關係為重心的做法。當我們強調人的組織時，等於聲稱我們必須超越傳統的科學管理。

儘管以上只是陳述我們必須做的事，而不是整體說明我們目前的工作，但我們並非只是表達誠摯的意向而已。整體而言，我們今天還沒有開始這麼做，但我們知道應該怎麼做。

汽車裝配線的教訓

企業要追求巔峰績效，首要條件是在設計工作時，以達到最高效率為目標。我們有充分的理由宣稱：企業在這方面所遭遇的困難和挫敗並非出於無知，而是因為拒絕接受自己所擁有的知識。

我認為，我們目前的處境很像細菌學家過去五十年來的處境。他們在尋找有效的殺菌劑時，一心一意想培養出純細菌，但卻連連失敗，因為大批黴菌入侵培養皿，殺死了細菌。後來這些黴菌變得很有名，但是大約在五十年前，科學家就已經分離出青黴菌，並且明確描述黴菌的特性。由於細菌學家深信所有的研究都必須先從培養純細菌著手，結果反而對擺在眼前的事實完全視若無睹：沒能看出討厭的黴菌才是他們真正要尋找的東西——可能的殺菌劑。幾十年來，他們一直把黴菌當成眼中釘，總是丟掉培養皿中遭汙染的細菌，重新消毒實驗設備。只有天才才能看出控制細菌的真正線索其實藏在受黴菌侵襲的細菌中，而不是純細菌。當佛萊明（Alexander Fleming）「靈機一動」頓悟之後，只花了幾年的時間，就開發出今天的抗生素。

同樣的，半世紀以來，我們在設計工作時，一直盲目尋找基本動作，以為每項工作都應該盡可能對應基本動作。但是許多證據顯示真實情況恰好相反，IBM只是其中一例。然而我們毫不理會這些證據還視為麻煩，試圖以感情用事來解釋，為工作設計不良而致歉。可以說，我們因為盤尼西林會殺死細菌而把它丟掉，結果反而阻礙我們找到真的殺菌劑。

我們之所以會蒙住自己的雙眼，是因為汽車工業的作業方式深深影響了我們的思維。我先前曾經提到，亨利．福特堅持生產統一成品的想法混淆了我們對於大量生產本質的理解。同樣的，由於福特成功地推動裝配線作業方式，試圖限制每個工人只負責一種操作（或一個動作），我們因此看不清科學化與系統化工作的真正意義與寶貴價值。

如果根據福特「一個員工執行一個動作」的原則，我們幾乎組織不了什麼工作。汽車裝配線能夠有效運用這個原則，有一個特殊條件：他們基本上只生產單一產品，然而其他產業大都不符合這個條件。事實上，製造業以外的行業，例如郵購公司的訂單處理部門，反倒具備這個條件。但過去幾十年來，我們仍然無視於這些困難，努力推動「一個員工執行一個動作」的原則。我們拒絕接受現實，拒絕正視現實，因為現實狀況不符合汽車裝配線的形態。

即使在汽車工業中，也已經有充分證據顯示「一個動作，一項工作」的觀念不一定能創造出巔峰績效。我只要舉一個例子，就足以充分說明。

二次大戰期間，毫無技術、近乎文盲的黑人女工卻生產出最複雜的飛機引擎零件。這項工作需要八十幾個不同的作業，但是他們採取的方式不是由一個人負責一項操作，而是為了冶金學的原因，由同一位作業員負責一項完整的工作。通常在這種情況下，都會把這類工作交由技工處理，但是當時根本找不到技工，而且需要的零件數量太龐大，時間又太緊迫，根本不可能組織起合格的技術人力。於是這批非技術性女工（當時唯一可用的勞力）必須承擔這項工作。他們把每項工作都分解成八十項步驟，依照邏輯順序排好作業流程，每位女工都會拿到一張詳細的操作說明圖，指示她們每個步驟應該完成的作業、之前應做的動作，以及過程中該注意的事。出乎所有人意料，採取這個方法後，和過去雇用技術高超的技工或採取傳統裝配線作業的經驗比起來，生產作業反而變得更有效率、品質更好、產量更多。

在其他行業中，每當環境迫使企業放棄傳統裝配線作業方式時，也出現同樣的結果。

一家郵購工廠最近重組了顧客來函處理部門。過去，這項工作都分解成個別的動作，由一位職員負責處理顧客抱怨，另外一位處理顧客詢問，第三個人則處理分期付款，以此類推。每位職員都只處理能用印好的統一格式信函回答的信件，少數需要個別處理或判斷的信件，一律交由上級督導人員處理。現在每位職員都負責處理同一位顧客的所有往來信函——例如，其中一位職員可能負責處理所有姓氏以「A」開頭的顧客。每一千封信中，大約有九千九百九十八封信，都能以統一格式的信函處理完畢，工作本身和從前一樣，內容早已預先設定，重複性也很高。但是，職員不必一再重複相同的動作，而負責執行與郵購顧客保持關係所需的一系列動作——說得更準確一些，總共有三十九個動作。儘管這些非技術性的職員仍然不負責處理需要加上個人判斷的少數回函，但是公司要求他們將信件轉呈上級時，必須附上處理建議。結果，職員的生產力幾乎提升了三〇％，員工流動率則下降了三分之二。

但是，就我所知，只有IBM從這些經驗中，獲得了顯而易見的結論。我們總是對事實視而不見的原因是，我們最近才得知了解過去經驗的關鍵。到目前為止，我們的問題一直都是：如果員工在執行整合的工作時，效能真的比只做單一動作高，那麼要如何解釋汽車裝配線為什麼能達到這麼高的效率和生產力？只要「一個動作、一項工作」的觀念一直在底特律發揮顯著的功效，那麼本書提到的經驗就被當成例外。

機器的工作與人的工作

不過我們現在知道，汽車裝配線並非人類工作的完美設計，反而是不完善而且沒有效率的機械工程設計。福特公司在克里夫蘭建造的新廠就充分證明了這一點。他們把傳統的裝配線作業流程完全機械化，大幅提升了效率和產出。所有的材料處理、機器維護和例行檢查都改成自動化作業，雖然總雇用人數並沒有比傳統工廠少很多，但是員工不再從事生產線工作，而是負責設計、建造、維修、控制自動化設備。

換句話說，今天我們知道，只要「一個動作，一項工作」原則能充分發揮效益的地方，生產作業就能夠、也應該自動化。在這樣的作業中，裝配線概念對人類的工作而言，可能是最有效的原則，但在這樣的作業中，人類本身的工作卻錯漏百出。因此這類工作原本就應該設計為機器的工作，而不是人的工作。

對於其他所有工作而言——包括今天製造業大多數的工作和自動化所創造的所有工作，

組織工作的原則在於要將一系列的動作或作業整合成一個整體。

因此，我們有兩個原則。針對機械性工作，以機械化為原則；針對人的工作，則以整合為原則。兩者都從系統化的將工作分解為個別動作開始，都依照邏輯順序來安排工作，也都把注意力的焦點放在每個動作上，設法讓每個動作變得更容易、更快速、更不費力氣；要提升工廠整體產出，就得先改善生產作業中包含的各項個別動作。但是前者機械化地組織各個動作，以充分發揮機器的特性，也就是機器能夠快速且毫無瑕疵地完成一件事情的能力；後者則整合各項作業，以充分發揮人類的特性，也就是能夠將許多動作組合為整體的能力，以及判斷、規劃及改變的能力。

目前發生的技術改變不但有助於實踐正確的原則，而且也迫使我們應用這些原則。過去有許多工作把人當成機器工具的附屬品，如今我們可以藉由新技術將這些工作機械化。但是其他無法機械化的工作——尤其是推動和支援新科技所需的工作——在自動化之下，唯有根據整合的原則來加以組織，否則根本不可能完成這些工作。因此唯有充分了解和應用這兩個原則，才能提升生產力。

究竟要自動化到什麼程度、發展得多快，在哪些地方應用自動化，以及如何應用自動化，都屬於工程問題，而且也已經在其他地方討論過了。在這裡，我們要說的只是，只要工作能依照「一個動作，一項工作」原則來有效組織，就有初步的證據顯示我們能將這類工作機械化，並能因此導致效率和生產力提升。如果未能將這類工作完全機械化，應該把它看成權宜之計，是工程設計不完善的結果，而不是人類工作組織的範例。汽車裝配線上的工人不是人類工作的典範，而代表了已經落伍的機械化工作形態。

但是，我們真的知道該如何組織人的工作嗎？我們知道整合代表什麼意義，有哪些規則嗎？我們能夠分辨有效和無效的整合嗎？換句話說，我們知道人類要如何工作，才能達到巔峰績效嗎？

外科醫生的工作模式

關於這些問題，我們還無法有完整的答案，但我們確實知道其中的基本規則是什麼，我們甚至知道要採取哪些工作模式，來取代汽車裝配線工人的工作方式。或許最好的例子是外科醫生的工作模式。

外科醫生的工作基本上詳細分割為許多細微的局部動作。年輕的外科醫生要花好幾個月的時間來練習如何在有限的空間內將縫線打結、改變握工具的方式、或縫合傷口。他們不斷努力改進每個動作，加快不到一秒鐘的速度都好，把動作變得更簡單，或刪除一個動作等等。外科醫生藉著改進這些個別、局部的動作，來提升手術的整體績效。他們嚴謹地依照預先規定的順序執行這些動作。事實上，手術小組的每一個人，不管是外科醫生、他的助手或麻醉師、護士，都經過無數次的練習，因此都很清楚下一步該怎麼做。外科手術實際上應用了科學管理的原則，儘管醫生不一定了解這點，但是出於必要性，外科手術其實是經過整合的工作。當外科醫生要為病人割除扁桃腺的時候，並不是由一位醫生拿鉗子夾住血管，另外一位醫生劃下第一刀，第三位醫生切除左扁桃腺——以此類推，直到最後一位醫生把夾鉗拔掉，而是由一位醫生從頭到尾負責整個手術。

外科醫生是很好的例子，顯示了整合的基本規則，以及組織人類工作時，應該遵循的方向。即使工商業的工作在技巧、速度、判斷或責任等層面上與外科醫生的工作仍有一段差距，如果能夠採用外科手術的原則，生產力一定能大幅提升，工作也將更適合人的本性。

第一個規則是應用科學管理方法來分析和組織工作。的確，這類工作分析的範圍比一般人所了解的廣泛許多，不只能應用在勞力或事務性工作上，也適用於勞心的工作。正如同外科醫生的例子所顯示，這種方法不但適用於泥水匠的工作，也能應用在需要高度技巧和判斷的工作上，就好像動物學的分類原則能同時應用在人類與變形蟲的分類上。即使是最高主管的工作也需要這樣的分析。

第二個規則是：提高工作績效最快的方法是改善個別動作或局部工作的績效。唯有改善局部績效，才能系統化地提升整體績效。

第三個規則（仍然是科學管理的一部分）是，這些動作的順序必須經過系統化的設計，根據合乎邏輯的工作流程來安排。就拿之前提過的例子來解釋吧：如果想讓非技術性黑人女工達到與訓練有素的技工同樣高的工作效率，必須明確指示她們動作的正確順序。而工作順序安排也正是整個過程中最困難、花最多時間、修改最多次的步驟，甚至比教女工認字還要困難許多（剛來上工時，有三分之一的女工完全不識字）。

然而，當牽涉到職務本身時，問題不再是如何把工作分解成局部或動作，而是將工作組合成整體。這又是截然不同的任務。

我們對於這方面，已經有相當的了解。首先我們知道職務應該是工作流程中一個獨特的階段。擔任這項職務的人應該要看得到工作的成果，或許他的職務不見得是完整的部分，但卻必須自成一個完整的步驟。舉例來說，金屬零件最後的熱處理就是這類步驟。這個步驟能夠產生明顯、重要、而且不可改變的貢獻。負責熱處理設備的員工提到這套設備時，會稱之為「我的設備」——就好像郵購公司裡負責處理某一群顧客來函的職員會稱這些顧客為「我的客戶」一樣。

而且履行職務的速度和步調也應該因人而異，而不應該完全仰賴之前或之後職務的工作速度。員工應該有時候能做得快一點，有時候做得慢一點，而在他下游的員工應該不必完全受制於他的工作速度與步調，不應該因為他有時做得快一點，而感受到壓力，或是因為他偶爾放慢速度，就變得無事可做。

最後，IBM的故事顯示，每個職務都應該具備某種挑戰，包含某些技巧或判斷。對飛機工廠的女工而言，這代表她們在工作前必須先看懂操作圖；在郵購公司的例子裡，女職員必須做三個決定——在三十九種標準格式的回函中，應該採用哪一種，哪些顧客來函不適合用標準回函回信，應該建議上級如何回答這些信件。無論看懂操作圖或選擇回函格式，都不要求員工具備特殊的聰明才智、高教育水準或重要技能（雖然他們仍然要求員工懂得讀寫，能適應工業文明）。對於上述員工而言，這些都代表真正的挑戰。他們不斷地說：「這個工作總是會不停冒出新的情況。」嚴格說起來，真實狀況絕非如此，但他們真正想說的是：「在這個職位上，我經常需要思考應該怎麼做。」這是每個職務都應該具備的要素。

低階和高階工作或低薪和高薪的工作，主要的差別應該在於例行、重複性事務與需要技巧或判斷的工作各佔多少比例，要求具備的技能和判斷力有多高，以及承擔的職責有什麼不同，也就是說，如果缺乏必要的技能或判斷錯誤的話，會對組織整體績效產生多大的影響。但是和機械化工作不同的是，絕對不應該有任何工作完全不需要任何技巧或判斷。即使是最低階的人類工作都應該需要一些規劃，只不過需要的是比較簡單的規劃罷了。

在實務上則會有很大的差異。有的工作比其他工作需要整合更多簡單的作業，才能構成一個完整的職務，不同的工作也需要不同程度的技巧和判斷，但一般而言，我們可以說，工作中需要愈多人工作業技巧，那麼就應該把愈少的基本步驟整合為一項職務；需要的判斷愈多，就需要把較多的基本步驟組合在一起。

組織人力來完成工作

到目前為止，我們一直都在討論如何設計工作，讓人力達到最佳績效。當然，這只反映了一半的問題，我們也必須組織人力來完成工作。

一般所理解的科學管理理論的假設是，當我們安排人的工作時，把人力當成機器一樣，也就是把每個人的工作以序列方式相連結，就能發揮最大的工作績效。我們現在知道這種說法並不正確。員工在獨立作業或團隊合作時，工作績效都很好。

只要能夠將整合好的工作組織成為一個人的工作，那麼就很容易發揮良好的效能。

電話安裝人員是最好的例子。安裝電話是一項獨力進行、經過整合的職務，不需要高度技巧或判斷，說明書幾乎詳述了安裝人員可能遭遇的所有狀況，但一位資深電話安裝人員曾經告訴我，其中所涉及的技能和判斷已經足以讓「每一次電話安裝作業都是一項挑戰」。不過電話公司從來都不須打電話問我滿不滿意電話安裝服務，也從來不曾聽說電話公司必須督導或檢查電話安裝人員的工作。

未來的技術變化將大幅增加個人工作——例如維修工作，但是絕大多數工作仍然需要兩人或多人共同合作。團隊工作仍然會是常態。

幸運的是，關於團隊運作方式，我們已經具備了許多知識。以下是幾個例子：

包裝巧克力糖的時候，女工兩人一組，面對面坐著，一起把巧克力盒裝滿。幾年前，糖果公司推出獎勵措施，凡是超過標準產量的女工，酬勞將大幅提高。例如，每小時包裝三十盒巧克力的女工拿到的工資將比只能包裝二十盒巧克力的女工整整多一倍。結果完全出乎大家意料之外。幾個星期內，女工就形成自己的「史塔克漢諾維特制度」（Stakhanovite system，蘇俄鼓勵員工以競爭方式提高工作效率的獎勵制度）。舉例來說，星期一由第一組女工超越所有生產標準，領到了高額獎金。其他四組都把產量維持在標準產量（這是很容易達到的目標），把多出來的時間拿來協助「突擊隊」達到最大產量，拿到最高的酬勞。星期二，則由另外一組女工擔任「突擊隊」，其他女工則組織起來協助她們達到最大產量，以此類推。採用這種方式，所有女工都能拿到最高的酬勞，比任何一組獨立作業所獲得的酬勞都多，即使她們可能總是超出標準產量二五％。（令人感到意外的是，結果公司也以最低的單位成本，獲得最大的產出。）

另外一個可以媲美ＩＢＭ團隊經驗的例子，是二次大戰的飛機引擎工廠。這座工廠由四到六人一組負責安裝汽缸頭和活塞。由於時間的壓力，工程師來不及規劃出每個人工作的所有細節。結果令他們大吃一驚的是，每個小組都自行規劃工作組織和工作步調、節奏，並且設計團隊架構。小組之間開始互相競爭，看看誰做得最快，不合格的件數最少。而小組自行發展出來的生產標準也遠高於工業工程師心目中的生產標準。

當職務變得太龐大、太負責、也太繁重，以至於個人無法負荷時，就應由一群人以有組織的團隊形態來完成工作，而不是用機械化的方式把一群個人串聯在一起。一起工作的一群人形成了一個社會團體，在工作關係之外，也建立起人與人之間的關係。當工作組織阻礙或抵觸了這類群體組織及其社會需求時，受害的總是工作。

因此，有效組織工作的第一要件是，應該設法運用群體的力量和社會凝聚力，提升工作績效，或至少應該避免兩者彼此衝突。

為了達到這個目的，必須有工作讓群體來完成，也就是說，以團隊方式工作的一群人，他們的任務必須是整合了許多動作之後的完整任務，在生產流程中自成一個特定的階段，而且包含了某些技能或判斷上的挑戰。

更重要的是，個人必須組織成真正的團隊，目的是為了一起工作，而不是彼此對抗；企業獎勵團隊共同努力的同時，也獎勵個人的努力；團隊成員認為自己和周遭的夥伴同屬於一個有凝聚力的社會單位，他們為自己感到自豪，對於夥伴和團隊的表現，也深深引以為傲。組織工作時，應該設法讓個人的能力和表現無論對自己或整個團體都有所助益，同時提升個人和團體績效。雖然個人的動作及其順序早已透過工作分析而預先設定，應該也要從團體的角度加以考慮——團隊成員在安排動作時，應該儘量符合團隊需求——例如改變位置，把原先為一個人設計的動作改成兩人的作業形態。

即使在汽車裝配線上（有效群體組織的反面），能夠從一項作業轉換到另外一項作業的能力也能提高績效和員工的滿足感。克萊斯勒的實驗就證明了這點。一九三〇年代，克萊斯勒曾經進行一連串實驗，讓作業員隨著他們所組裝的汽車移動，從一項作業轉換到另外一項作業。十年後，華克（Charles R. Walker）在《裝配線上的員工》（*The Man on the Assembly Line*, Cambridge, Mass., Harvard University Press, 1952）中指出，在新英格蘭一家新的組裝廠中，專門負責在裝配線上臨時補位的「機動人員」反而工作滿足感較高，倦怠感較低，同時也有強力證據顯示，他們的工作表現也比較好。

把人放在對的位置上

但是組織人力完成工作也意味著必須把人放在最適合他的職位上。

我們投入大量時間和金錢來篩選員工，然而，篩選只是消極的過程，我們透過這個過程，淘汰掉不適合的應徵者。但是企業需要的絕不僅僅是還過得去的績效，企業需要員工充分發揮潛能，達成最佳績效。員工需要的也不僅僅是能有所表現的職務，他需要的工作必須能為他的能力和才華，提供最大的發揮空間，給予他最大的機會持續成長和表現卓越。

ＩＢＭ的做法導致工廠領班和員工努力把每個人放在最適合的位置上，ＩＢＭ高階主管認為這是ＩＢＭ最有價值的成就之一。

在任何特定時間內，如何分配員工的工作，以及把哪個員工放在哪個位置上，決定了他是否能成為有生產力的員工，也決定了他究竟能為企業的經濟和社會優勢帶來加分，還是反而減分，以及他是否能從工作中獲得滿足，實現自我。而這一切有很大部分都取決於企業是否能好好管理員工。

幾年前，通用汽車公司針對工廠領班做了一次調查，主題是：「什麼時候九十天才會等於三十年？」通用汽車指出，通過九十天試用期考驗的員工很可能此後三十年都會留在公司。因此當上司決定最初三個月要分派新人做什麼工作時，他做的其實是攸關一生的決定。

通用汽車強調這個決定的重要性，儘管他們的觀點沒錯，卻只說明了目前企業在分派員工職務時，做法是多麼短視，因為我們不可能在九十天內決定員工最適合的職位。

許多人都自有一套決定職務的小技巧。我們經驗是，很多裝配線上的員工最後都留在他們覺得有歸屬感的職位上。但是他們通常都先花了多年的時間在不同的工作崗位遊走，這是個散漫、耗時、令人深感挫敗的過程。華克在前面提到的研究中調查了一家才創辦了四、五年的汽車組裝廠，他發現沒有幾個裝配線上的工人真正適合現在的位置。

因此在管理員工和工作時，最重要的任務之一，是把安排員工職務視為持續性且系統化的努力。不能在新人剛來就決定，必須等他花時間了解工作、公司也對他有更多了解後，才真正指派他工作；而且也不是一旦做了決定就絕不更改，必須不斷檢討工作分派是否適當。

許多證據都顯示，即使是最低層次、完全非技術性、而且非常重複性的工作，甚至即使是完全機械化的作業，員工的情緒、能力、態度和技巧上的差異仍然會影響到產出和績效。我們也知道，過去假設員工不想工作，其實完全不正確。人類不但在精神和心理層面需要工作，而且每個人通常都想做一點事情。我們的經驗顯示，一個人擅長的事情，通常就是他想從事的工作；工作意願通常都奠基於工作能力。

因此所有企業都應該把員工職務安排當作頭等大事。但是無論企業把先進技術用在什麼地方，職務安排仍然非常重要。過去有的人認為，企業可以把工作組織得完全不受個人的貢獻、技能、判斷所影響。在新科技下，這樣的觀念再也站不住腳，因為這類工作不應該由人來做，而應該交由機器來完成。現在愈來愈多人獨自工作，不需要密切督導，他們或是採取獨立作業方式，或是組成工作小組，擔任維修人員、修理工、查帳員等，他們能否達到高產出和高績效，完全要視他們的工作意願，尤其是把工作做好的意願而定——換言之，是否適當安排員工職務非常重要。

我知道，在美國典型的中型企業中，為了維持人力資源部門的活動，平均每年每位員工的平均成本是六十七美元。許多人力資源主管認為這個數字實在太小了，還不到工資總額的二%，或是遠低於處理物料資源的成本。但是只要把這個金額的四分之一真正用在合理安排員工職務上，我相信，我們的員工績效和工作動機都會突飛猛進。

23 激勵員工創造最佳績效

在辦公室中消除恐懼是件好事，但是單單消除恐懼還不夠，我們需要更積極的激勵措施——包括慎重的職務安排，高績效標準，提供員工自我控制的充足資訊，以及員工能像負責任的公民一般，參與工廠社群的事務。

員工需要什麼樣的動機才能達到最佳績效？今天美國工業界的答案往往是：「員工滿意度」，但是這個概念可以說毫無意義。就算它具有某種意義，「員工滿意度」仍然不足以激勵員工充分滿足企業的需求。

一個人很滿意他的工作，可能是因為他能從工作中獲得真正的滿足，也可能是因為這份工作足以讓他養家餬口。一個人不滿意他的工作，可能是因為他無法從工作中獲得滿足，也可能是因為他想要有所長進，想要改善他和所屬團隊的表現，想要完成更大更好的任務。而這種不滿其實是公司能在員工身上找到的最寶貴的態度，是員工對於工作的榮譽感和責任感最真實的表達。然而，我們無法分辨員工之所以感到滿意是出於工作上的滿足感，還是因為對工作漠不關心；也無法分辨員工不滿意是因為工作上得不到滿足，還是因為希望把工作做得更好。

究竟多高的滿意度才能算是滿意，我們也沒有固定的衡量標準。如果問員工：「你認為這裡是適合工作的好地方嗎？」七〇%員工回答「是」，這究竟代表「高滿意度」、「低滿意度」，還是有其他意義？而這個問題又代表什麼意義？每一位管理者都能以「是」或「否」來回答這個問題嗎？我們能衡量公司的具體政策是否有效。如果問：「你覺得在目前的時間規劃下，你能夠有效率地工作嗎？還是常常需要等候零件？」這就是個有意義的問題。「停車位夠不夠？」也是個有意義的問題。但是「滿意」卻是無法衡量、沒意義的用語。

沒有人知道我們試圖從滿不滿意的角度來衡量的事情，有哪些對於我們的行為和績效有任何影響，以及影響有多大。從激勵員工的角度來看，對同事的滿意度會比對工作環境的滿意度還重要嗎？還是兩者都重要？我們其實並不清楚。

但是更重要的是，滿意並不是充分的工作動機，只能算消極默許。對公司極度不滿的員工可能選擇辭職，或即使他留下來，很可能心懷怨恨，處處和公司及主管唱反調。但是覺得滿意的員工又會怎麼做呢？畢竟企業一定會要求員工心甘情願地投入某項工作，必須展現績效，而不是默許而已。

目前企業之所以關心滿意度的問題，是因為他們領悟到在工業社會中，恐懼不再是員工的工作動機。但是他們不直接面對恐懼不再是工作動機後所製造的問題，反而將焦點轉移到員工滿意度上。我們需要採取的做法是以追求績效的內在自我動機，取代由外部施加的恐懼。唯一有效的方法是加強員工的責任感，而非滿意度。

我們無法用金錢買到責任感。金錢上的獎賞和誘因當然很重要，但大半只會帶來反效果。對獎金不滿會變成負面的工作誘因，削弱了員工對績效的責任感。證據顯示，對獎金感到滿意未必足以形成正面的工作動機。唯有當員工出於其他動機而願意承擔責任時，金錢上的獎賞才能發揮激勵作用。當我們研究工作量增加的獎金時，就可以清楚看到這點。當員工已經有意願要追求更高績效時，發獎金才能導致更高的產出，否則反而有破壞力。

人們究竟想不想承擔責任的問題，過去已經討論了幾千年，今天產業界又把它提出來討論。一方面，人群關係團體一直告訴我們，人們想承擔責任；的確，他們必須負責任；但另一方面，管理者卻又告訴我們，人們害怕負責任，簡直避之唯恐不及。

兩方面的證據都不太有說服力，但是所有的討論也都文不對題。員工想不想承擔責任根本無關緊要，重要的是企業必須要求員工負起責任。企業需要看到績效；既然企業不能再利用恐懼來驅策員工，唯有靠鼓勵、誘導，甚至必要時靠逼迫員工負起責任來。

負責任的員工

我們可以藉由四種方式來造就負責任的員工，這四種方式包括：慎重安排員工職務、設定高績效標準、提供員工自我控制所需的資訊、提供員工參與的機會以培養經理人的願景。

四種方式都非常必要。

有系統而慎重地持續安排員工到適當的職位上，從來都是激發員工幹勁的先決條件。最能有效刺激員工改善工作績效、帶給他工作上的自豪與成就感的，莫過於分派他高要求的職務。只求過關就好，往往消磨掉員工的幹勁；透過努力不懈和發揮能力，專注於達到最高要求，總是能激發員工的幹勁。這並不表示我們不應該驅策員工工作，相反的，我們應該讓他們自我鞭策。但唯一的辦法是提升他們的願景，把焦點放在更高的目標上。

一般員工的產出標準通常必然都是最低標準，因此不可避免的，會誤導了員工。企業甚至不應該公布這個最低標準（而且超過標準的人甚至還可以獲得額外獎賞），以免員工會認為這個標準代表常態。的確，這樣做很可能反而對輕易就能「超越標準」的優秀員工產生負面效應。他要不然就會刻意壓低產出，以免凸顯同事能力不足；要不然就會失去了對主管的敬意，因為他們居然如此無知，以至於訂出這麼荒謬的低標準。每當管理階層試圖提高標準時，他會第一個站出來抱怨。

IBM決定取消通行標準，讓員工決定自己的工作標準，是很正確的做法——而結果也證實了這點。IBM的成功顯示產業界應該更進一步，為員工設定真正的工作目標，而不是設定產出標準。我們或許應該從員工需要有什麼貢獻著手，而不是從員工實際上能做什麼著手。針對每一個職務，我們都應該有辦法說明這個職務對於達成部門、工廠、公司的目標應該有什麼貢獻。因為新技術帶來的新工作，必須以目標來取代最低生產標準。但是即使是今天組裝廠中的機械性工作，如果我們在工作中加上一些技能和判斷上的挑戰，仍然可以設定有意義的目標。

要激勵員工達成最高績效，同樣重要的是，經理人也必須針對決定員工表現能力的各種管理功能，設定高績效標準。

最打擊員工士氣的事情莫過於，經理人像無頭蒼蠅般瞎忙時，卻讓員工閒在那兒無所事事——無論員工表面上多麼慶幸可以領乾薪不做事。在他們眼中，這充分顯現了經理人的無能。妥善擬訂進度，讓員工隨時都有事可做，可不是一件小事；讓設備保持在一流狀態，勤於保養，或在機器故障時，能立刻修好，也不是小事。最能激勵員工績效的就是把內部管理事務辦得無懈可擊，藉著這些活動向員工展現經理人的才幹和他看待工作的認真態度，也直接反映出經理人的能力和標準。

這個原則無論對銷售人員或機器操作人員，對辦公室職員或工程師都一體適用。管理能力的第一個考驗，就是經理人是否有能力讓員工在干擾最小的情況下，發揮工作最大的效益。最浪費成本的莫過於辦公室主管一早上班後，讓部屬等著他看完所有的信件，並且加以分類，到了下午才拚命壓迫屬下趕工，以彌補上午損失的時間。如果工廠領班只顧著自己在工具房找替換零件（他早在一個星期前就應該採購的零件），讓其他工人站在一旁無事可做，他對削減產出的影響將更甚於工會的呼籲。而如果總工程師儲存了一批「備用」人手，把他們放在虛設的職位上，也會嚴重打擊士氣。這類規劃不良的狀況會降低員工對管理階層的尊敬，讓員工認為公司並不是真的在意他們的表現，因此也降低了他們為公司打拚的意願。當有人說，這好比「犯了謀殺罪以後，居然還能若無其事地走開」，已經夠糟了，但是拿下一句話來形容公司的狀況，殺傷力更強：「就好像在軍隊裡一樣，先催促你快一點、快一點，然後又要你等半天。」

一位聰明的工廠主管有一次告訴我，他只想讓領班做好幾件事情：保持部門和機器一塵不染，總是在三天前就把該做的工作規劃好，確保工廠擁有最新的設備，以及適時汰換老舊的工具，除此之外，其他什麼事都不必管。他的繼任者引進了一大堆人力資源管理的技巧和花招，花了很多時間和金錢來篩選領班、訓練領班，向他們發表一堆人群關係的談話。然而，卻從來無法追上前任所創下的生產紀錄。

提供員工資訊

要根據目標來衡量績效，需要有充足的資訊。問題不在於：員工需要多少資訊？而是：企業為了自身利益，必須讓員工吸收多少資訊？員工必須獲得多少資訊，才能承擔起企業要求他的績效？還有，應該什麼時候獲得這些資訊？

員工必須有能力控制、衡量和引導自己的表現，應該知道自己的表現如何，而不須等別人來告訴他。有關工作程序和資訊流通的規則既適用於經理人，也適用於一般員工。

但是企業也必須設法讓員工為行為的後果自行負責。他應該知道自己的工作和整體有何關聯，他也應該知道他對於企業有何貢獻，以及透過企業，對社會有何貢獻。

我明白要提供員工工作所需的資訊並不容易，需要新的技術。數字本身通常都有完整的記錄，但是要快速把資訊傳遞給員工，就需要借助新工具。如果缺乏資訊，員工就沒有足夠的誘因和方法來提升績效。

要提供員工關於企業、以及他對於企業有何貢獻的資訊，就更困難了。傳統數據對他而言，大半都毫無意義，尤其是如果資訊還是以傳統形式呈現，又加上一貫的時間延滯的話，就更加沒有意義。不過經理人仍然應該儘量提供資訊——不是因為員工要求看到這些數據，而是因為這麼做才符合公司最大利益。即使盡了最大的努力，或許還是不可能把資訊傳遞給大多數員工，但是當經理人努力把資訊傳達給每位員工時，他才有可能接觸到在每個工廠、辦公室或分店中影響公眾意見和態度的一小撮人。

經理人的願景

職務安排、績效標準和資訊是激發員工責任感的條件，但是它們本身並不會提供這個動機。唯有當員工擁有經理人的願景時，也就是說，如果員工能站在經理人的角度來看待企業，認為自己的績效將影響企業的興衰存亡，那麼他才會承擔起達到最高績效的責任。

今天，許多人經常談到如何「賦予」員工對工作的自豪感、成就感，以及受重視的感覺。但是別人無法「給」你榮譽感、成就感和受重視感。員工不會因為公司總裁在信中稱呼他們「親愛的同仁」而感到更受重視，總裁只是凸顯了自己的愚蠢罷了。然而自豪感和成就感都必須源自於工作本身，無法衍生自工作以外的事物。員工或許極為珍視公司為了感謝他二十五年來忠誠的服務而頒發的紀念章，但是唯有當紀念章確實象徵了他在工作上的實際成就時，員工才會感激公司的安排，否則就只會把當看成虛情假意，反而容易招致不滿。

當員工確實做了值得驕傲的事情時，他們才會感到驕傲，否則就是不誠實，反而有殺傷力。唯有當員工確實有所成就時，他們才會有成就感。也唯有當他們承擔了重要的任務時，他們才會覺得自己重要。真正的自豪感、成就感和受重視感是奠基於積極、負責地參與有關自己工作和工廠社群管理的決策。

最近，契薩皮克俄亥俄鐵路公司（Chesapeake &ohio Ry.）的員工提供了一個令人印象深刻的例子。一九五三年十一月十四日出刊的美國《商業周刊》報導了這個故事：

本週一批契薩皮克俄亥俄鐵路公司的員工走進董事會的豪華辦公室中，展示他們的驕傲與喜悅：他們為重建亨廷頓工廠所構思的模型。

這個模型是由六十位鐵匠、電工、木匠、引擎技工和學徒出於對工作的熱愛，經過六星期馬不停蹄的努力（而且大半利用公餘之暇）完成的。契薩皮克俄亥俄鐵路公司高層估計，類似的規劃可能要花三十個月到三年才能完成，由此可見這次集體努力的規模多麼龐大。

最初之所以會引發這個想法，是因為契薩皮克俄亥俄鐵路公司領悟到亨廷頓這座佔地六十英畝的工廠必須重建，才有辦法維修柴油引擎火車頭。於是，在十一英畝的廠房中上班的員工（包括輪子、電力、車廂、鑄鐵、電池及相關部門）開始在午餐時間討論重建計畫。

根據督導人員史萊克的說法，一九二八年建的舊廠房設計得很糟，早就讓員工受不了。舉例來說：車輪廠竟然離最適合的設廠地點足足有半哩之遙，只好大老遠把輪子運過來。

那天中午，談話內容很快就落實為具體方案，每個人都提議如何解決自己廠房現有設計上的問題。他們的上司史萊克仔細聆聽各種建議，並且詳做筆記。他找了繪圖員把構想畫成藍圖，然後邀請所有人參與整個規劃工作。最後的成品就是本週在董事會中展示的模型。

整個計畫除了讓員工開心之外，還有幾個極具說服力的優點：整個重建工程預估成本大約兩百五十萬美元，遠低於管理階層原本預期的一千萬到一千五百萬美元，真是大快人心。

當然，需要重建整個廠房的機會並不多，但是經理人不停地會碰到需要設計個人職務或團隊工作的問題。

我們總是要設法把工作分解為小單位，依照邏輯順序安排工作流程，但是卻沒有理由一定要由工程師來為員工分析工作，安排流程，這種做法無非是迷信應該區分計畫和執行罷了。我們有充分證據顯示，如果負責執行工作的人能預先參與工作的規劃，那麼計畫將會更加完善。這正是「工作簡化」技術的精髓所在，而三十年來，這種做法顯然非常成功，無論應用在什麼地方，都產生一致的成效：工作的規劃更加完善、績效更高，員工也不再抗拒改變。難怪契薩皮克俄亥俄鐵路公司早在員工主動參與廠房重建計畫之前多年，就已經開始在工廠推動工作簡化計畫了。

工廠中的社群活動

但是參與規劃自己的工作並不是培養經理人願景的唯一方法。員工還必須有機會在工廠社群中擔當領導責任，這是獲得實際管理經驗的最佳途徑。

一個人能在工廠社群中挑起領導重擔並贏得尊敬的特質，通常不見得符合管理職位所需要的特質。然而，企業肯定和獎勵員工的唯一方式通常都是升遷。無論升遷機會是多麼豐富，升遷制度是多麼公平，員工中總是會有一些廣受尊重的領導人物沒能更上一層樓，他們因為失望而開始和公司唱反調，以繼續發揮他們的領導才能。難怪有這麼多工會領袖選擇工會為他們事業發展的舞台，因為企業無法藉由升遷制度，肯定他們的領導才能。

著名的工會領袖魯瑟正是其中一個傑出的例子。毋庸置疑，魯瑟深信自由企業制度不是那麼理想，他的想法主要是根據一個前提——好的制度應該早就發掘並且重用像他這樣的領導人才。但是我也認識許多不管在氣質或外表上都極端保守的工會幹部，他們對工會活動發生興趣，主要肇因於一直無法獲得上司賞識，在公司裡老是當不上主管。

在每個企業中，員工都有機會培養經理人的願景。在每個企業中，也都有許多活動不屬於企業經營的範疇，而是工廠社群活動。這些活動必須有人負責，但這些活動通常又和企業經營沒有直接的關係，對於企業成敗的影響也微乎其微，因此不需要由管理階層來主其事。例如，這些活動可能包括紅十字會的捐血活動、聖誕晚會、排輪班表，或安全措施、員工餐廳或員工出版品的設計規劃。每一項活動本身似乎都不是那麼重要，但是加總起來又是個龐大的責任和負荷。對員工而言，這些活動非常重要，因為會直接影響到他們的社交生活。

資訊服務領域也是員工可以自行規劃推動的部分。例如，發行員工年報，為新進人員撰寫員工手冊，規劃有關新技術、新技巧、顧客服務，或如何答覆顧客來電的訓練課程。

如果交由管理階層負責這些計畫，而不是迫使員工自行負起責任，公司就喪失了培養員工經理人願景的大好機會，而且對企業經營也沒有好處。經理人需要忙的事情已經夠多了，不需要在營運重任之外，還負責規劃其他非經營性質的活動。更何況要辦好社群活動，需要花費許多時間和人力，如果全部由經理人操控，而不是讓員工充分發揮熱情和才幹，將會格外招致批評與不滿。例如，由企業主管負責的公司餐廳不就老是令員工怨聲載道嗎？

我要聲明一點：我相信在企業經營的領域，員工不能享有同樣的參與度。由於員工不須擔負「責任」，自然也就沒有「權力」。我也不願意看到一般企業中出現更多的社群活動──事實上，我認為在許多企業中，還應該減少這類活動。我並不主張企業有更多的幕僚人員、更頻繁的開會，以及其他組織虛胖的症狀。我只是主張反正都要做的事，就應該以合情合理的方式把它做好，但是用較少的人力來做，而且由工廠中的社群自行負責。

應該要以高標準來要求這些活動的品質，的確，這些活動提供了絕佳的機會來展現績效標準的真正意義。但是應該由工廠社群來負起實際的責任，員工可以藉此培養經理人的願景，並且因此深受激勵，努力追求最高績效。

要發展出足以取代恐懼的工作動機並不容易，但是卻非這樣做不可。今天，我們擁有充足的工程知識，能夠有效設計個人和團隊職務，以達成最高績效。我們也擁有社會知識，知道如何組織人力來達到工作效益。在新科技之下，我們還有一套生產和銷售系統，可以提供員工發揮才幹、滿足成就動機的空間。如果員工本身沒有表現的欲望，那麼即使有這些機會，終究無法開花結果。在辦公室中消除恐懼是件好事，但是單單消除恐懼還不夠，我們需要更積極的激勵措施——包括慎重的職務安排，高績效標準，提供員工自我控制的充足資訊，以及員工能像負責任的公民一般，參與工廠社群的事務。

我稱前一章為「宣言」，本章其實也一樣。這兩章雖然只提綱挈領地針對如何管理員工和工作，舉出部分成功的案例，不過就我所知，還沒有任何企業全面推動這方面的嘗試。

到目前為止，我們已經了解很多。我們知道應該做什麼，至少知道比起目前的進展，還有許多應該做的事情。當然我們很有理由期望二十年後，今天的目標變成已經達到的成就，而今天的宣言也將成為歷史。

24 經濟層面

員工必須了解，他們的工作完全繫於企業的利潤，企業有利可圖時，員工的工作才會更好、更有保障、更愉快。然而工作才是員工在企業中真正擁有的東西，利潤分享或股權分享都不是核心，只是附加品而已。

我刻意延後討論企業和員工之間的經濟關係，並不是因為這件事情不重要，而是因為正如前面所說，在現代工業社會中，金錢報酬不再是重要的激勵員工手段，儘管對金錢報酬的不滿，將會降低工作績效。但是經濟報酬再高，都無法取代責任感或慎重的職務安排。反之，非經濟性誘因也無法彌補員工對經濟報酬的不滿。

在這方面，我們可能要面臨最嚴肅而迫切的決定。即使單單是工會要求企業實施「保障年薪」這樣一個因素，都將決定美國是否有辦法解決經濟衝突，為企業、員工和社會都帶來長期利益，還是問題在未來幾年反而更加惡化。儘管企業員工對於「錯誤」的薪資差距表達了強烈的不滿，但主要的問題不在於薪資高低，甚至不是薪資差距的問題。真正的問題其實隱藏在更深層。

首先是企業將薪資看作成本，要求薪資必須有彈性，而員工將薪資看作收入，要求薪資穩定，兩者之間有很大的分歧。唯有透過可預測的薪資和雇用計畫，才能解決這個衝突。

要求企業給予員工絕對的工作保障——例如工會所宣傳的「保障年薪」制——就好像承諾一個人可以長生不老一樣瘋狂。這種承諾根本毫無價值，因為在經濟蕭條的時候，根本無法兌現這張支票。如果普遍實施保障年薪，整個經濟體系將變得僵硬而沒有彈性，經濟蕭條將無法避免，而且加倍嚴重。義大利承諾「保障就業」的例子正充分證明了其中蘊含的危險。在二次大戰後義大利經濟崩潰的那段黑暗日子裡，共產黨似乎勝利在望，義大利政府頒布了一項法令，規定除非企業面臨嚴重的經濟困境，否則嚴禁雇主解雇正式員工。結果在義大利沒有人敢雇用員工，因為一旦雇用了任何人，他們立刻就變成正式員工，必須終身雇用，不得任意解雇。因此，企業寧可放棄擴張計畫，也不敢雇用更多的人。儘管當時北義大利的工業區電力嚴重不足，電力公司寧可延長原本的建廠計畫，也不願意雇用更多建築工人，以免五年後就沒有工作給這批人做。通過這項法案的原意是為了預防失業問題——就一九四五或一九四六年的情況，這樣做或許有其必要性——但結果卻成為義大利人大量失業的主要原因。然而沒有人敢公開表達反對意見，更遑論提議修法或廢除這項法令了。由於這個法案已經貼上了「保障就業」的標籤，早已變成工會中最神聖不可侵犯的聖地。

我們需要的不是長生不老的保證——工會傳統的「保障年薪」訴求。我們需要的是壽險計畫，這是企業做得到的。

大多數公司都可以根據過去經驗，預估雇用人數在一年內大幅滑落的可能性。（對大多數美國企業而言，一九三七到一九三八年是企業雇用人數降幅最大的時期。）根據這些經驗可以推算出今天的員工可能面臨的最惡劣情況，如此預估的雇用人力和收入狀況將遠超出員工的預期。只有一小部分企業曾經碰過一年內工時下降三分之一的情況；而即使是工時滑落了三分之一的情況下，仍然意味著有八成員工未來十二個月的工作時數仍然有目前的八〇％。而能夠預期未來能拿到目前收入的八成，已經足以讓員工規劃未來的預算。

一旦有了這樣的預期，企業和員工的風險就有了限制。當然天有不測風雲，如果公司破產或整個產業崩盤，即使預估了雇用人力和收入狀況，也無法保障工作。但是這就好比因為火險不能賠償龍捲風造成的損失，就說火險不好一樣的荒謬。

到目前為止，我們已經累積了充足的經驗，因此知道只要妥善執行，企業將能直接受益於穩定的雇用和薪資政策，並且削減營運成本。這不是慈善活動，也不應該把它當成慈善活動。的確，能夠穩定營運，削減成本，才能發展出成功的可預測薪資與雇用計畫。

其中一個例子是鐵路的維修作業。過去維修工作都是根據目前營收狀況來進行。然而，這表示大多數的維修都是在交通最繁忙的時候進行，也就是說，維修工人花在等候火車通過的時間總是比實際工作的時間還要多。後來鐵路公司固定編列預算來進行鐵路維修，同時在交通離峰時間進行密集維修，結果成本降低了三分之一。他們在十二個月內一直維持穩定的雇用人力，波動幅度不超過百分之十。

新技術將迫使企業實施穩定的雇用政策。一方面自動化設備需要以穩定的速率持續運轉，訓練有素、具專業技能的員工也是企業幾乎無法替代的投資。無論景氣好壞，企業為了自身利益，都必須盡一切努力留住人才。

在現代經濟體系中，人類有史以來首度有機會解決經濟彈性和經濟保障之間的長久衝突。一旦解決這問題，將大幅強化企業實力，減少經濟負擔。IBM的例子就是明證。但如果企業經營者不了解這道理，並以此為行動的原則，將被迫採取「保障年薪」之類的政策。

持平而論，現代工業社會中，員工已經是「中產階級」，但象徵中產階級地位的向來是穩定且可預期的週薪或月薪，而「無產階級」最顯著的象徵則是按時或按件計酬的工資。

我們也明白，對大多數員工而言，最重要的是保障他們持續工作。相較之下，例如養老金或醫療照護等其他保障反而變得無關緊要。不管我們的工會將在今年或明年提出保障工作的要求，這個問題遲早都會出現，因為它呼應了社會現實。經營階層唯有在能兼顧企業與員工利益的雇用人力與薪資預測計畫，以及對兩者都造成傷害的「保障年薪」之間做選擇；選擇究竟要解決長期以來的衝突，以強化企業體質，還是寧可相信經濟永保繁榮的虛假承諾，結果反而製造了新的痛苦和更多衝突。

對利潤的抗拒

要克服員工對利潤根深柢固的抗拒，可預測收入和雇用計畫或許也是關鍵。對自由經濟為害最烈的莫過於員工對利潤的敵意。到目前為止，我們採用的療法都只是治標而不治本。

表面看來，利潤分享顯然是個解方。從一百年前開始，企業界已經在嘗試推行利潤分享制度，然而結果並不太振奮人心，大企業的施行效果尤其不理想。當企業獲利高，員工也分得多時，這個計畫廣受員工歡迎。但是真正困難的是，必須說服員工企業隨時都可能面臨虧損的危險，因此必須把利潤拿來發展他們未來的工作，強化未來的生計，而這是利潤分享計畫所做不到的。相反的，依照一貫的利潤分享方式（員工年終分紅），員工認為企業輕而易舉就可以獲利（高利潤），他們因此可能覺得公司獲利是一件好事，甚至相信他們的工作績效關係到年終可以拿到多大面額的支票（儘管實際狀況可能連最大力支持利潤分享制的員工都難以打動）。不過，員工並不會因為利潤分享制而了解利潤的功能，不會明白對企業而言，利潤是絕對必要的，否則就會面臨虧損和經濟衰退。利潤分享也許緩和了原本的問題，而只要能緩和這個問題的方案，都會受到歡迎。但至少就目前的形式而言，利潤分享制還不能提供我們需要的解答（階級鬥爭嚴重的歐陸國家比美國更需要這種制度）。

同樣的，雖然普及股權分享制符合企業和社會的利益，但是認為員工只不過因為擁有公司十股、二十五股，或一百股的股份，就會改變對利潤的態度，也未免太天真了。員工之所以反對利潤，在經濟利益之下還有更深層的原因——乃是根源於員工對於個人目標必須屈從於企業缺乏人性的目標和規定所產生的反感。如果就員工擁有百分之百股權的公司及國營企業的經驗看來，即使完全讓員工分享股權，也不是辦法。十年、二十年後，美國上市公司大半的股份將直接或間接落入企業員工或他們的退休信託基金、投資信託基金、保險基金手中，但即使如此，也不會改變企業員工對於利潤原則的抗拒。

這些立意良善的認真嘗試之所以無法奏效，可能是因為焦點偏離了員工的工作，然而在企業中，最與員工利害相關的還是工作。所以員工必須了解，他們的工作完全繫於企業的利潤，企業有利可圖時，員工的工作才會更好、更有保障、更愉快。這些計畫的目的都是希望藉著讓員工感覺像個「所有者」而接受利潤的觀念。然而工作才是員工在企業中真正擁有的東西，利潤分享或股權分享都不是核心，只是附加品而已。

只要員工把獲利當成企業的目的，他就會認為自己的利益和企業利益之間有基本的分歧，而且更加迷信「生產會創造利潤」的傳統說法，換言之，他堅信自己創造了利潤。任何論點都無法讓他看清「為使用而生產」及「為利潤而生產」這種古老對比的謬誤。但是如果企業的目的是創造顧客，那麼兩者應該協調一致，毫無衝突。因為如果企業不銷售產品，就不能提供工作機會。⓫或許在一九三〇年代，當IBM經營團隊有感於應該負責維護員工的工作機會，而決定開發新市場時，他們提供了解決這個問題的線索。因為這個決定把利潤從由員工供應、但被公司奪走的東西，轉變為由市場供應、且公司和員工都同樣需要的東西。

員工因此體認到自己與公司其實休戚相關，雙方都同樣需要利潤。

企業或許能充分運用利潤分享制來加強有關雇用人力和收入的預測。的確，根據過往經驗，我認為在運用利潤的所有方式中，員工可能最想要這種方式。但是在任何與員工分享利潤的嘗試中，這些都還是次要，或許更重要的是，經營者對維護員工的工作機會必須許下堅定承諾，並且必須設法讓企業的成功與員工的工作保障之間，建立直接而明顯的關係。

但基本上，這種方式健全而有效，顯示出企業利益與員工利益其實是一體的，經營階層在追求企業利益時，同時也滿足了員工的利益；經營階層自認是為員工創造就業機會和捍衛工作的人。更重要的是，這種方式顯示對員工和他的工作而言，利潤都是絕對必要的。

顯然我們還缺乏這方面的知識和經驗。到目前為止，我們只能描繪出一些粗略的方法，但還不是很清楚究竟應該怎麼做。畢竟直到最近幾年，我們才在經濟上有了基本的領悟，曉得員工應該看清楚，為了自身利益著想，他們不該問：「利潤是不是太高了？」而應該問：「利潤夠高了嗎？」員工無法從「經濟教育」中學到這個觀念——即使是真正的經濟教育，而不僅僅是宣傳，也無法教導他們這點。必須由經營者採取明確的行動，讓企業的目的和員工的目的趨於一致，同時建立起雙方互惠的關係和對充足利潤的共同依賴，才是根本之道。

⓫ 克羅恩柴勒巴克公司副總裁赫隆（Alexanden R. Heron）在他的著作《沒有銷售，就沒有工作》（*No sale, No Job*, New York: Harper & Brothers, 1954）中提出相同的論點。

25 督導人員

過去，督導人員的工作內容可以說是一盤大雜燴，幾十年來一直變來變去。他應該負責收發文件、填寫表格；也應該在工作團隊中擔任技術高手或師傅，或對工具和設備瞭若指掌的專家；他還應該扮演領導人的角色。而且上述的每一項工作，他都應該做得盡善盡美，而他的年薪只有四千美元。

第一線督導人員並非「管理員工的主管」。無論是設計工作、組織人力來完成工作、適當的激勵措施、員工與企業的經濟關係，或組織的精神、原則和實務，都不是由督導人員決定的，甚至也不太受督導人員的影響，而是由公司高層所發動的，同時員工很清楚這個狀況。即使是最優秀的督導人員都無法取代糟糕的員工管理原則和實際做法。今天許多經理人喜歡在口頭上過度強調督導人員的重要性，這種做法可能有害，因為有時候管理階層誤以為他們因此可以卸下管理員工的責任，只要張口督促督導人員把工作做好就成了。

不過，第一線督導人員（不管稱他們為「領班」、「組長」或「科長」都好）能幫助管理階層了解員工的需求，以創造最高績效。員工的工作能力取決於督導人員的規劃能力，員工的工作績效究竟是卓越還是平庸，也要視督導人員在訓練員工和安排職務上的表現而定。

第一線督導人員必須好好安排工作進度，讓工作能夠平穩地進行。他必須確保員工有完成工作所需的設備，工作環境合理，同時也能和同事一起在有組織的團隊中工作。他也須負責讓員工具有工作意願和能力。他必須為自己所督導的小組設定工作目標，但目標必須以企業整體目標為依歸，同時根據小組目標，和每位小組成員一起發展出各自的績效目標。他還必須承擔起安排職務的主要責任，並且應該負責在第一線發掘團隊成員的領導潛力。

今天的混亂狀況

以上所述遠比今天企業賦予督導人員的職責要節制多了——企業的種種要求唯有無所不能的天才才辦得到。我們甚至還沒有提到輔導員工、傳授經濟觀念，或代表管理階層向員工說明事情等事項，這些事情應該是由位居要津的幹才來負責的重要職務。

督導人員的職務設計多半不符合這些要求，因為在過去，督導人員的工作內容並沒有經過合理的設計，甚至沒有經過周詳的思考。至少在美國企業，督導人員的工作內容可以說是一盤大雜燴，幾十年來一直變來變去。每個人都知道，或自稱他知道督導人員應該做哪些工作。他應該負責收發文件、填寫表格；也應該在工作團隊中擔任技術高手或師傅，或對工具和設備瞭若指掌的專家；他還應該扮演領導人的角色。而且上述的每一項工作，他都應該做得盡善盡美，而他的年薪只有四千美元。

更糟的是，管理階層一方面宣揚督導人員的首要職責是人群關係，另一方面卻看他們有沒有保持良好的工作紀錄來決定升遷。難怪當少數學者試圖研究督導人員的工作內容時，發現督導人員總是忙得團團轉，手上同時在處理四、五十件毫不相干的不同事情，不知道該以哪一件事情為重。我們可能高談督導人員是管理團隊的一分子，拚命誇耀這個職位的重要性，然而在極端現實的工會領導人眼中，督導人員只是為管理階層跑腿的小弟，他們做不了什麼決定，老是挨罵，想要把事情辦好，就得繞過他們，直接和上面的人溝通，而實際狀況也八、九不離十。

這種混亂的狀況，有一部分從這個職位設立之初就埋下了種子。督導人員就好像混血兒一樣，一部分源自於「師傅」兼老闆的古老傳統。一八八〇年，在新英格蘭擔任第一線督導人員的是真正的創業家，他們標下生產工作後，自行雇用工人，按照自己認為適合的方式安排工作。把承包的價格扣掉實際成本，就是他們賺得的收入。但另一方面，督導工作也有一部分源自於以前帶隊挖水溝的工頭，或是拉縴人的領隊，因為他總是負責在隊伍最前面帶頭高喊：「一、二、三，拉——」設定工作的步調。（德文的「vorabeiter」或英文的「charge hand」都比「工頭」或「領班」更清楚說明了督導工作的起源。）今天，大家對於督導人員的期許主要沿襲了古代社會對工匠師傅的期許。但是，督導人員的實際職位則主要承襲自挖溝人或拉縴人的領隊。

多年來，我們已經系統化地把所有非固定性工作排除在督導人員的工作之外。組織人力變成工業工程師的職責；人力資源部門接掌了愈來愈多的員工管理事務，例如員工的篩選、職務安排、訓練、敘薪等；檢驗、品管、成本會計等部門也侵佔了督導人員管轄的領域；工會的興起，更剝奪了督導人員維持紀律的角色。最後只剩下一大堆五顏六色的破布，永遠也拼湊不成一件完整的衣服。

從一九二〇年代中期以來，由於體認到督導工作面臨的問題，我們試圖削減督導人員負責管理的員工人數，以增進督導工作的成效。三十年前，製造業一般督導人員要負責管理六十名以上的員工，到了今天，每位生產線領班幾乎都只需要帶二十到二十五個人。

毋庸置疑，我們必須設法讓督導工作發揮功效，但是削減工作小組的人數卻無法達到這個目的。首先，督導人員的問題不在於他們需要管的人太多了，而是手上有太多事情要做，分不清哪些事情比較重要。其次，削減組員人數等於削減了督導工作的重要性，結果根本不可能有人為督導人員分勞，讓他能擺脫紀錄和存檔等不重要的雜務。更重要的是，這樣做削弱了督導人員在面對管理階層時代表員工的能力。

換句話說，問題不在於督導人員的控制幅度，而在於管理責任的幅度。他要負責太多事情了（根據美國陸軍最近的研究，一般生產線的領班要負責四十一件不同的事情）。同時，他既沒有權威，也沒有地位，更沒有時間來承擔責任。

縮小督導人員負責的單位規模不但沒有辦法解決問題，反而會令問題更加惡化。唯一解決問題的方法是合理規範職務內容。

督導人員需要什麼？

督導人員在履行職責時首先需要的是為自己的活動訂定明確的目標，而且目標必須直接聚焦於企業的經營目標。和所有真正的目標一樣，督導人員的目標一方面需要涵蓋從經營成果出發的目標，另一方面則必須能實踐基本信念和原則。因此他們必須在立即的需求和未來的長程需求之間有所權衡。

為了達到這些目標，督導人員除了承擔責任，也必須有相對的權力。他需要了解公司的營運、結構、目標和經營績效，否則他自己的目標必然缺乏意義。他需要掌握能達到目標的方法，同時根據達成目標的狀況來衡量他的績效。事實上，達到部門目標所需的一切都應該由他來掌控，否則他就無法承擔督導的責任。

其次，企業必須提供督導人員充足的升遷機會，並且根據明確的績效標準，訂定的合理升遷制度。

督導人員最嚴重的不滿大概莫過於缺乏升遷機會了，而且也難怪他們會抱怨。有幾項調查顯示，高達七成的督導人員坦承，無論他們在工作上表現得多麼出色，都完全看不到任何升遷機會。

剝奪督導人員應有的升遷機會嚴重浪費了人力資源。督導人員已經證明了他們很清楚應該怎麼做事，才符合公司需求，例如應該如何規劃工作、安排進度、領導和訓練員工、安排職務等。然而就我所知，每家公司都拚命抱怨他們找不到具有這些特質的人才。不斷在督導人員中搜尋能夠成為經理人或技術專家的人才，顯然非常必要。

如果希望督導人員在員工管理上有好的表現，升遷機會就非常重要。升遷機會的多寡決定了企業能否激勵督導人員追求最佳績效，還是督導人員都只求明哲保身，過關就好。企業不見得需要把每一位督導人員都升上去當主管，無論我們怎麼做，真正能升上去的比例總是有限。但重要的是，必須讓督導人員知道，表現好的人總是有機會升遷，不要讓他們覺得無論在目前的崗位上表現是好是壞，都不會影響到未來前途（而今天至少在美國製造業中，大多數督導人員似乎都有這種感覺）。

不提供督導人員充足的升遷機會，不但破壞了自由社會的基礎，同時也不啻否定了企業的社會責任。因為自由社會的團結和力量乃奠基於對機會均等的承諾上。在工業社會中，機會均等就代表能夠憑自己的能力、績效和努力，從員工晉升到管理階層。而在美國，督導人員的職位既代表了員工的升遷機會，代表他們已經踏出了晉升到管理階層的第一步，同時也說明了企業中沒有階級之分，也沒有階級鬥爭。

正因為如此，企業應該拔擢基層員工成為督導人員，如果不讓基層員工有機會升為督導人員，將嚴重打擊士氣，就好像不提供督導人員升遷機會一樣，違背了社會基本信念。培養督導人員最好的方法，莫過於在團隊中工作的實際經驗。今天的企業很喜歡招募初出茅廬的大學畢業生來擔任督導工作，基本上，這是不負責任而違反社會信念的做法。把較高階的管理和專業職位保留給以「儲備幹部」的名義招募來的大學畢業生，也同樣不合理。在這方面，我是個保守的反對派，因為我認為教育應該賦予我們責任，而非特權。我反對有些學校大肆宣揚教育提供了一條不需靠工作表現，就可以直接獲得高地位和高收入的捷徑。這種政策不但和企業的社會責任背道而馳，也無法達到人盡其才的目的，更無法滿足企業對於高效能督導人員的需求，這完全是偷懶的招數，而且偷懶的招數照例在最後只會帶來更多的麻煩，需要花更多心力來收拾殘局。

因此主管培育應該從督導人員著手。當中階主管職位和技術職位出缺時，必須充分考慮以督導人員替補的可能性。想要培養工業工程、品管和生產規劃方面的專才，最好先看他們在第一線督導工作上能否展現卓越的績效。能幹的督導人員可以從訓練課程中獲得所需的一切專業技術知識，但是對這些工作而言，最重要的知識——了解組織，了解員工、督導人員和營運主管的需求，以及了解在整體營運中技術工作所扮演的角色等——唯有藉著擔任第一線督導人員，才能學到最多。

最後，督導人員需要擁有經理人的地位。他的職務本身必須深具意義，也必須有足夠的重要性，因此他能代表屬下在上司面前發言，同時管理階層也願意聆聽他的意見，並且重視他的話。如果必須經過特殊安排，才能讓管理階層聽到他的聲音，就顯示督導人員的職務可能缺乏適當的組織。

督導人員應該做什麼？

ＩＢＭ的例子說明了督導人員的職務內容。的確，在企業管理員工和工作的做法上，最值得學習的大概就是ＩＢＭ安排督導職務的經驗了。

我們學到的第一課是，督導工作必須是真正的管理工作，督導人員必須擔負起大部分的管理責任。ＩＢＭ的督導人員身為專案經理，必須負責讓新的產品設計上線生產。他必須和部屬一起訂定標準產量，並負責規劃工具、材料和零件的供應。一般而言，大家都公認督導人員不是「技工」，許多工會合約中都明定除了修理機器外，督導人員不能親自操作機器。但是，大家還沒有充分明瞭的是，督導人員還必須是個真正的經理人，必須擔負起規劃和決策的重責大任。的確，他們的工作目標必須直接源自企業目標，同時必須根據他們對於企業績效和成果的貢獻來衡量他們的績效和成果。

我們學到的第二課是，督導人員必須能夠控制履行職責時所需的活動，也必須有充足的人力來處理相關事務。即使在最佳狀況下，督導人員的一天總是排得滿滿的，但是如果他真的善盡職責的話，他根本不可能抽得出時間來填一大堆印好的表格，然而今天大多數督導人員卻把三分之一左右的時間花在填表格上。公司需要找個職員來幫督導人員填表，ＩＢＭ就為督導人員配了這樣的幫手，他們稱之為「收發員」。

督導人員也沒有什麼時間為屬下進行例行訓練，傳授老手的工作經驗。單單規劃工作、安排進度、保持物料供應順暢和設備狀態良好，就已經忙不完了（根據前面提到的美國陸軍的研究，對成功的生產線督導人員而言，這些工作佔了一半以上的工作量），其餘的時間則幾乎都用在個別輔導屬下解決問題，或教導他們新技術或新製程等等。換句話說，他需要一位或多位訓練員的協助——也就是IBM的「工作指導員」。

但是督導人員也需要技術服務。他可能需要工業工程、工作方法與成本會計方面的協助，可能也需要有人幫他追蹤進度，了解工具供應或機器維修狀況。這些都是督導人員需要的服務功能，應該由自己的屬下來承擔這部分的責任，因為督導人員是需要為最後績效負責的人。

從IBM學到的第三課是，我們必須設法扭轉趨勢，不再削減督導人員的權限。IBM的督導人員負責雇用、推薦、解雇、訓練、擢升人員及規劃進度，同時負責處理他的單位和公司之間的所有關係，例如與人力資源部門之間的關係。當然，所有關於人的決策都應該先經過上司核定——這個規定適用於每一位經理人所做的人事決策，而且屬下必須有申訴的權利。但是，決策本身卻必須由督導人員來做，否則就是有責無權了。

我們還有許多證據顯示，企業需要擴大督導人員的管理權限，以及這樣做將影響他的工作效能：

一家大型汽車組裝廠最近把員工雇用權從中央掌控，改為由督導人員掌控。聘雇部門仍然負責面談、篩選和測驗應徵者，但是由督導人員決定是否聘用，而且職位出缺時，聘雇部門都會提出幾個候選人供督導人員考量，結果產量明顯提升了許多。督導人員認為改進生產績效的第一個原因是職務安排比過去理想，「我可以挑選最適合這個職位的人」是他們典型的答案。其次，他們覺得，當督導人員負責決定聘用什麼人時，員工比較清楚上司對他的期望。一位工會幹部表示：「聘雇部門總是告訴應徵者公司會提供多棒的發展機會，以及我們有完善的退休金制度和醫療保險，但是他們不會和應徵者討論職務內容——他們根本對職務內容一無所悉。督導人員則會實事求是地告訴應徵者公司期望他做什麼，工作內容是什麼。因此，我們不會找個聰明傢伙進來，結果他從上班第一天開始就不斷嫌東嫌西，也不會有人上班後才發現，自己不可能在六個星期內升為工廠經理，因為幻想破滅而另謀高就。」最後，公司和工會的關係大為改善。多年來，這座工廠一直不斷和工會起衝突，現在儘管高層與工會的關係仍然不佳，但是在工廠的層次，督導人員現在不至於每個動作都招致工會不滿，這在過去屢見不鮮，是導致怠工的重要原因。

最後，督導人員的單位規模應該要比目前大。當然，實際的規模會隨著職務狀況有所不同，但是整體而言，我們應該把目標放在將督導單位的規模比目前擴大至少兩、三倍。如此一來，督導人員才有充分的分量在面對經營階層時，代表員工發言，也防止督導人員只是一味「督導」屬下，而必須實施目標管理，透過慎重安排職務、員工訓練、工作規劃來管理屬下。企業因此能付給督導人員比較像樣的主管薪資，而不要老是像今天這樣，付給他「比最高薪的基層員工高出一〇%」的薪水。這種說法本身充分反映了在管理員工時，督導工作的現實面和虛幻面之間的鴻溝。（付給少數幾位督導人員高薪，即使連為督導人員請助手的薪資都包括在內，仍然比今天以低薪雇用太多督導人員的做法節省成本。）

如果督導人員負責真正的管理工作，如果他能有助手分勞，如果他真的能掌握實權，如果他的單位規模夠大，那麼督導工作將再度變得可以管理。他也將有更充裕的時間和員工一起工作，更清楚自己的工作重點。

如此一來，督導工作將如同美國過去的傳統，再度成為開創新機會的主要途徑。「工作指導員」的職位可以訓練員工擔任督導工作，並且從實際表現中檢驗他的能力。難怪ＩＢＭ不太擔心如何挑選督導人員的問題，但幾乎每一家製造公司都深受這個問題困擾。也難怪ＩＢＭ不須擔心員工會排斥新上任的督導人員，因為這些人昨天還是他們的同事，擔任「工作指導員」時的表現好壞被視為合理的升遷標準。最後，ＩＢＭ很少會因為督導人員績效不佳而將他降級。然而在其他公司常見的狀況是，幾乎每四位新進的督導人員中，就有兩位做不好，儘管在他們升遷之前和到任後，公司都提供了密集訓練課程。

或許更重要的是，只要合理安排督導人員的職務，讓督導人員晉升到負更大責任的管理職位就變得順理成章了。今天的督導人員在與屬下面對面相處時，是個卓越的經理人。但是他還不懂得如何藉由設定目標、透過組織工作和職務，以及透過完善的規劃來管理，換句話說，透過構成管理的要素來管理員工，而不再透過人群關係來管理員工。然而一旦升上負更大責任的管理職位，他就必須有能力管理這些要素，具備設定目標、組織和規劃的能力。即使是規劃完善的督導職務，重心仍會放在與員工面對面的關係上，但是其中依然會包含充分的概念性、分析性、整合性的管理工作，可以訓練督導人員為擔負更大責任預做準備，並且檢驗他的實際績效。

如果有人認為，我表面上似乎要把督導工作變得更容易管理，也更有意義，但實際上是要「廢除」督導職務，那麼我的回答是，我的本意確實是如此。當企業希望促使員工達到最高績效時，他們需要的是經理人，而非督導人員。

我不喜歡為了這類名詞而爭辯不休。但是「督導人員」這個名詞所代表的意義恰好和督導工作應該具備的內容背道而馳。我認為，這個名詞本身構成了一大障礙，乾脆把它直接改成「經理人」還好一點。（ＩＢＭ已經這麼做了，而奇異公司也在考慮跟進。）否則，「工頭」這類舊觀念仍然會繼續誤導我們。

無論我們用的是哪個名詞，職務本身應該毫無疑義，擔任這項職務的人承接了早年工匠師傅的古老傳統，然而他們不再擔任鞋匠或石匠，而是從事管理實務。

26 專業人員

專業人員必須自行決定他的工作內容為何，做到什麼地步才稱得上表現優異，別人無法替他決定他應該做什麼，以及工作標準為何。專業人員的工作也不能受別人「監督」，他可以接受別人的指引、教導和協助，但是專業人員不能受別人指揮或控制。

除了督導人員之外，許多人也常常主張，專業人員是管理階層的一分子。而且和督導人員的情形一樣，必須明白宣示這個主張，正顯示許多人對於專業人員的職務安排以及管理專業人員的方式日益感到不安。

專業人員是企業成長最快的工作人口。在第二次世界大戰結束時，美國七十五家工業公司的研究實驗室各自雇用了一百多位專業人員。當時許多人認為這是戰時的特殊現象，是因為美國對企業獲利徵稅過高而導致的大手筆。但是五年後韓戰爆發時，美國工業界這類大型研究實驗室的數字幾乎加倍成長，如果不論規模大小，全都計算在內，如今美國從事科學研究的工業實驗室已經有三千多家。

專業人員的數目一直穩定成長。對外行人和大多數生意人而言，所謂「專業人員」，就是研究工程師或化學家。過去十年來，物理學家大批湧入工業界，到了今天，企業界已經雇用了數千名地質學家、生物學家和其他自然科學家，還有至少數百位經濟學家、統計學家、有證照的會計師和心理學家，更遑論律師了。

新科技更推波助瀾，擴大了專業人員的雇用範圍。除了開創研發工程的新領域之外，許多研究市場和收入形態的數學經濟學家和邏輯方法專家、數學家都紛紛進入企業界工作。無論到哪裡，我發現如何規劃這些專業和技術人才的職務都是一大問題。

例如，我針對這個題目所發表的文章（一九五二年五月／六月號《哈佛商業評論》，〈管理階層和專業人員〉）要求抽印本的讀者人數之多，遠超過我所撰寫的其他管理文章。我每一次向企業界人士演講，演講結束後，總是有人問：「我們應該如何管理專業人才？」幾乎我所知道的每家大企業都在研究這個問題，而且在非商業性組織中（例如陸軍）問題似乎也同樣嚴重。

然而由於這個現象才剛發生不久，我們甚至不知道應該如何稱呼專業人員。只有奇異公司自創了一個名詞，他們稱這些人為「個別的專業貢獻者」。儘管這個名詞很值得爭議（因為這些人通常都不是單獨工作，而採團隊工作方式），但是直到更好的稱呼出現以前，只好將就一下了。

即使找到了稱呼專業人員的最佳名詞，都無法告訴我們問題出在哪裡，應該怎麼解決；只顯示了問題確實存在。

既不屬於管理階層，也非一般員工

每當有人主張專業人員也是「管理階層的一分子」時，他們的目的都是要強調，專業人員不是「員工」。如果經理人抱持著這種主張，那麼他通常是要表明，專業人員不能參加工會。如果專業人員自己也這麼主張，他往往在表示，他們的升遷機會、待遇和地位都應該和經理人相當，而不只是個高技能的員工。

當然，本書其中一個重要觀點就是，根本沒有「勞工」這回事，所謂「勞工」，是把人看成純粹的物質資源。在這樣的論點之下，管理員工和工作的最終目標，是要為企業的所有成員實現管理願景，而主要的方法是讓每位員工承擔重要的責任和掌握決策權。

由此可見，把工業社會區分為經理人和員工，假定一個人如果不是經理人，就一定是員工，反之亦然，其實邏輯根本錯誤。首先，我們應該了解，在企業中每個人都是員工，而管理本身是一種獨特的工作，企業的每一分子無論擔任什麼工作，都必須有經理人的願景。其次，每個人也應該了解，專業人員代表一個獨特的團體，儘管他們兼具經理人和員工的特質，但他們也擁有自己的特性。唯有了解專業人員是什麼，我們才能適當地安排他們的職務，並且進行適當地管理。

事實上，現在大家愈來愈清楚，現代企業至少需要三種類型的員工：企業需要經理人，也需要一般員工，無論他們是技術或非技術性員工，從事體力勞動或事務性工作。最後，企業愈來愈需要個別的專業貢獻者。

那麼，專業人員和管理人員究竟有何不同呢？不同之處並不在於專業人員不和別人一起共事。例如，市場研究人員或許除了自己的祕書之外，不需要管理任何人。然而，儘管他的工作要求高度技能，仍然可能屬於管理工作，應該採取功能性分權的方式來組織工作。冶金實驗室主持人可能需要帶領五十個人工作，不過雖然他的職務要求具備行政能力，卻仍然屬於個人的專業工作。

換句話說，專業人員和經理人一樣，同時肩負「工作」和「團隊運作」的責任。還有其他差別。經理人必須為成果負責，因此他必須為別人的工作負責。個別專業貢獻者無論採取單獨工作方式，或是團隊的一分子，都為自己的貢獻負責。

由於經理人必須為單位的工作成果負責，因此他必須有權安排、調動其他單位員工的職務，並指導他們工作；他必須規劃他們的職務內容，將他們在工作上付出的心力組織起來，把他們整合為一個團隊，同時評估他們的工作成果。

個別的貢獻者也為成果負責，但只為自己的工作成果負責。唯有當其他人了解他的工作成果，並且能運用他的工作成果時，他的工作才能發揮功效。這意味著個別貢獻者對於其他人也有應負的權責，但是這些權責不同於經理人的權責，反而比較像是老師的權責。

第二個不同之處在於專業人員的工作和企業的績效目標及經營成果之間的關係。設定職務目標時，如果直接以企業的經營目標為依歸，那麼這必然是管理性職務，可以直接依照這個職務對企業成功的貢獻來衡量其績效。只要依照正確的結構原則來組織職務內容，就能符合組織精神的要求。但是如果無法直接從企業經營目標發展出職務的目標，這就不是一項管理性的職務，它的目標可能是專業上的目標，而不是以企業成功為目的，績效衡量時根據的是專業標準，而非對企業經營績效和成果有多少貢獻。

經理人也有其專業上的標準，但是這些標準不會決定經理人的工作內容——經理人應該做什麼完全取決於企業的目標為何。專業標準只會影響他達到目標時會採取什麼經營管理方式，以及不會採取什麼方式。另一方面，專業人員根據專業目標而發展出個人目標。企業的經營目標只會影響他把重心放在哪裡，如何調整專業工作來順應企業的需求，如何安排優先順序等等。如果公司破產的話，稱讚銷售部門表現優異，根本毫無意義。但是無論公司經營績效如何，稱讚公司聘請的化學家、地質學家、稅務律師、專利律師或成本會計師在專業上表現卓越，卻完全無妨。

那麼，究竟專業與非專業人員，技術或非技術性員工真正的差別何在呢？身為專業人員，他的工作內容、工作標準、目標和願景都完全要根據某個專業的標準、目標和願景來訂定，換句話說，主要取決於企業外部的因素。專業人員必須自行決定他的工作內容為何，做到什麼地步才稱得上表現優異，別人無法替他決定他應該做什麼，以及工作標準為何。專業人員的工作也不能受別人「監督」，他可以接受別人的指引、教導和協助——就好像經理人也會接受指引、教導和協助一樣，但是專業人員不能受別人指揮或控制。

當然，這些界線都很模糊。許多專業人員十分近似於經理人，許多專業人員則比較像非專業性的員工，也就是單純的技術人員。今天，許多企業員工的工作方式和行為模式都類似專業人員，在自動化作業下，技術性員工、技師和專業人員的界線有時候十分模糊，不過根本差異主要在於，專業人員有其自身的問題，單單主張專業人員是管理階層的一分子，無法解決這些問題，反而會因為挑起了專業人員和管理階層不切實際的期望，讓問題變得更嚴重。傳統的人事行政觀念更加無助於解決或減緩這些問題，企業硬要把人事行政的傳統做法套用在專業人員身上，正是今天專業人員之所以如此不滿和不安的主因。

專業人員的特殊需求

要讓專業人員在企業中發揮效能和生產力，必須滿足五個特殊需求：（一）他必須是專業人員，但也必須對企業有所貢獻，而且知道自己有何貢獻；（二）他必須享有專業人員和個別貢獻者的升遷機會；（三）當他改善績效和提高個人貢獻時，企業必須提供金錢上的獎勵；（四）他的職務必須屬於專業工作；（五）他需要在企業內部和更廣大的社群中獲得專業上的肯定。

一、專業性職務的目標必須是專業上的目標。不過，設定這些目標時也必須儘可能將企業目標涵蓋在內，儘可能為專業人員提供經理人的願景，讓他們了解專業工作對於企業整體的影響。

要達到這個目標，其中一個方法是在正常的專業工作之外，指派專業人員特殊任務，讓他有機會參與管理階層的運作。例如，有一家公司指派原本只負責長期基礎研究的資深化學家參與公司的預算委員會。這位化學家對財務一竅不通，也漠不關心，但這卻不構成反對他參與財務管理的理由，反而變成支持他加入的有力論點。

另外一家大藥廠以不同的方式來解決同樣的問題，他們面對的問題是，必須讓專利律師融入企業營運，但又不能削弱他們的專業能力或破壞他們在專利領域中的誠實正直形象。

專利部門面對一個特別困難的問題，就是如何在企業經營目標和專業標準之間有所取捨。高級專利律師很容易從「毫無瑕疵的專利工作」的角度來思考問題，而不會為公司的需求著想。然而如果從全球的角度來看，專利不只是一項重大的資本支出，專利策略對於製藥業的成功有決定性的影響。

這家製藥公司解決問題的方法是，由三位專利部門的資深人員和行銷、研究、財務和生產部門的高階人員一起組成專利委員會。他們每兩個月開一次會議，每次會議歷時三天，由小組成員一起討論公司的專利需求，擬訂專利策略。在會議之後，專利律師仍舊秉持自己的專業來工作，不會受到經營階層任何干擾。製藥公司的執行副總裁說：「我們花了十年時間，才想出這個顯而易見的解決辦法。在這十年中，經營階層和專利人員經常發生摩擦，互控對方固執短視。現在，我們在專利上表現得比過去出色多了，卻只要花過去一半的成本。」

為了讓專業人員了解企業的經營目標，必須讓他們了解身為員工，公司對他們的要求是什麼。

讓個別貢獻者更了解企業營運和其中的問題，也是避免「專案主義」的唯一辦法——這種常見的企業病往往肇因於經營階層試圖掌控他們毫不了解的專業工作。他們希望看到績效，往往出於眼前急迫性的需求，推動各種「專案」，卻缺乏長遠的考慮。但是要讓高級專業人員發揮實質效益，唯一的辦法就是網羅優秀的人才，然後讓他們做好自己的工作。不過，必須先讓專業人員了解企業和企業的目標，因此他們可以自己想清楚怎麼做才能為公司帶來最大的貢獻。

二、工業社會劃分勞工階層和管理階層這種似是而非的做法，對於專業人員的升遷機會造成莫大的傷害。結果，一般企業只懂得一種升遷制度：升到管理職位，擔負起管理他人工作的責任。

但是，優秀的專業人員往往不是傑出的管理人才。原因不見得在於專業人員寧可獨自工作，而是他們通常很厭煩行政作業。優秀的專業人員往往對行政管理人員缺乏敬意，他敬佩的是在專業領域中表現比他優秀的人。拔擢表現優異的專業人員到管理職位上，常常毀掉了出色的專業人才，卻沒有培養出優秀的管理人才。但是在專業人員眼中，如果公司只拔擢優秀的行政管理人才——而且這類人通常不是卓越的專業人才——實在很不合理，簡直是在偏袒行政管理人員，獎勵平庸之輩。如果公司除了行政管理職位以外，一直不提供其他升遷機會，那麼就只能被迫兩害相權取其輕了。

企業需要的是為個別貢獻者提供一條與管理職位平行的升遷管道（奇異公司目前就在設法建構這樣的升遷管道）。除了「冶金研究部門經理」這樣的職稱之外，還需要如「資深冶金專家」、「總顧問」之類的職位。這些新升遷機會的聲望、重要性和地位應該和傳統管理職位沒有兩樣。

三、專業人才應該和經理人同樣享有金錢上的獎勵。主要因為傳統企業對經理人和員工採取二分法，專業人員往往在升到管理職位時，才能獲得薪酬上的獎勵。但是，公司給員工的待遇應該根據他們對公司的貢獻來決定，而不是根據管理職位高低來決定。我們必須肯定專業人員對公司的貢獻絕對不遜於經理人的貢獻。

四、企業必須具備兩個條件，才能讓專業人員的工作真正專業化。首先，企業不應該「監督」專業人員的工作。專業人員需要嚴謹的績效標準和設定高目標，公司應該對專業人員提出許多要求，絕對不接受、也不寬容拙劣和平庸的表現。但是，究竟專業人員如何完成工作，則必須交由他自行負責，也自行決定。換句話說，專業人員的職務安排方式以及和上司的關係，都應該和經理人一樣。專業人員的上司應該有能力協助、教導、指引屬下，他和專業人員的關係應該好像大學的資深教授與年輕教授之間的關係，而不是從屬關係。

其次，我們需要持續付出特別的努力來安排專業人員的職務。有的人希望終身都致力於在小小的專業領域中不斷精進，只想成為全球頂尖的變阻器專家，我們必須為這類人安排適合他的職務；有的人希望成為整個領域的大師級人物，以及希望從變阻器專家轉換到電機工程的領域，從稅法轉換到公司法的領域，我們也必須為他們安排適當的職務。不過，他們需要的是不同的職務、不同的挑戰，和不同的機會。學術生涯容許這兩種人發揮所長，因此對專業人員很有吸引力。企業需要給予稀有而寶貴的專業人才——能啟發同事的教師，充分的肯定、地位和獎勵。

五、最後，專業人才需要在企業內外都獲得專業上的肯定。企業需要賦予傑出的資深專業人員特殊的地位，以象徵公司非常珍視專業人員的貢獻。年輕人需要有機會從專業領域中學習，在大學或專科兼任教職，不斷進修，增進自己的技能。今天的企業通常都容許專業人員從事這些活動，不過這些活動對企業而言十分重要，即使企業不獎勵，至少也應該鼓勵員工參與這類活動。能在專業上獲得肯定的專業人員通常都會在自己的領域中不斷精進，追求完美，或至少始終在專業領域中保持領先地位。他很可能吸引到最有潛力的新一代專業人才進入公司，當專業人才愈來愈炙手可熱時，這方面的效應可不能等閒視之。

今天關於專業人才的社會責任，引起很多討論，許多人談到專業人才應該變成「更寬廣的人文主義者」，而不要只是「狹隘的專家」。由於今天在我們的社會中，愈來愈多的專業人才進入企業中工作，因此專業人才愈來愈需要透過對企業有所貢獻，而履行他們的社會責任，也必須了解自己在企業的社會結構中佔據什麼樣的位置，以及與企業目標、企業績效和企業組織之間的關係，從而成為視野更寬廣的人文主義者。

如何管理專業人才，是今天企業所面臨的嚴重問題之一。我們不能靠主張專業人員也是管理階層的一部分，來迴避這個問題；傳統的社會主義說法，將專業人員視為技術人員或無產階級的夥伴，也解決不了問題。要管理專業人員，首先必須肯定專業職務的獨特性。專業人員必須具備經理人的願景，但是他的主要功能卻非管理。他是企業的員工，但是他必須自行決定工作內容，自己設定目標，同時在財務獎勵和升遷機會上又比照管理人員的待遇。我們還需要更多的研究和實驗，才會知道應該如何解決這個問題。但是基本而言，問題和解決辦法已經呼之欲出。在解決這個問題的時候，企業不但解決了自己最重要的問題，同時也對於解決現代社會的核心問題有所貢獻。

第五篇

經理人的意涵

27 經理人與其工作

經理人有兩項特殊任務，企業中其他人都不須擔負這兩項任務，而且凡是必須承擔這兩項任務的人都是經理人。經理人的第一項任務是創造出大於各部分總和的真正整體，第二項任務是調和每個決策和行動的長程需求和眼前立即的需要。

我記得俾斯麥曾經說過：「要找到教育部長很容易，只需找個白鬍子老頭就成了。但是大廚師就不同了，必須是無所不能的天才。」

到目前為止，本書討論的都是經理人的職務——從前面的討論可以清楚看出，做好經理人的職務需要的不只是長長的白鬍子而已。顯然擔任經理人，僅僅有漂亮頭銜、大辦公室和其他階級象徵都還不夠，必須展現卓越的能力和績效。那麼，必須是無所不能的天才，才有資格擔任經理人嗎？管理工作仰賴的是方法，還是直覺？經理人如何完成他的工作？經理人的職務與企業中其他非管理性職務，有哪些不同？

經理人有兩項特殊任務，企業中其他人都不須擔負這兩項任務，而且凡是必須承擔這兩項任務的人都是經理人。

經理人的第一項任務是創造出大於各部分總和的真正整體，創造出有生產力的實體，而且其產出將大於所有投入資源的總和。經理人就好比交響樂團的指揮家，透過他的努力、想像力和領導力，個別發出各種聲響的樂器組合起來變成富生命力的和諧音樂。但是交響樂指揮手上掌握了作曲者的作品，他只負責詮釋作品。經理人則既要扮演作曲家的角色，也要充當指揮家。

為了達成任務，經理人必須善於發揮資源優勢——尤其是人力資源方面的長處，以中和其短處。要創造真正的整體，唯有採取這個辦法。

因此，經理人必須能平衡調和三種企業的主要功能：管理企業，管理「經理人」，以及管理員工和工作。任何決策或行動如果為了滿足某個功能的需求，而削弱其他功能，那麼將削弱了整個企業的實力。企業的決策和行動必須能兼顧這三個領域的需求。

要創造真正的整體，經理人還必須在採取每個行動時，同時考慮企業的整體績效，以及需要哪些不同的活動來達成一致的績效。最佳的比喻仍然是交響樂團的指揮家，交響樂指揮家必須同時聆聽整個樂團和第二雙簧管奏出的樂音。同樣的，經理人也必須同時考慮企業整體績效和所需的市場研究活動，企業整體績效提升時，也為市場研究創造了更大的空間和挑戰，而透過改善市場研究的績效，企業同時也改善了企業整體績效。經理人必須隨時思考兩個問題：企業需要達到什麼樣的績效，並因此需要什麼樣的活動？這些活動能夠如何改善績效和成果？

經理人的第二項任務是調和每個決策和行動的長程需求和眼前立即的需要。無論犧牲長期或短期利益，都會危及整個企業。換句話說，他必須一方面埋頭苦幹，另一方面卻放寬視野，高瞻遠矚，簡直好像表演特技一樣困難。或者我們換一種比喻方式，經理人既不能說：「船到橋頭自然直。」也不能說：「真正重要的是百年大計。」面對遠方的橋，他不僅必須預先做好過橋的準備，還必須在抵達橋頭之前，先把橋造好。如果經理人不能處理好未來一百天可能遭遇的問題，公司或許根本看不到百年後的未來，說不定五年後公司已經不在了。經理人無論做什麼事情，應該一方面是短期的權宜之計，另一方面也符合長期的基本目標和原則。當他無法完全調和長短期的考量時，至少要設法在中間取得平衡，他必須審慎評估為了保護眼前的利益，將犧牲哪些長期利益，或為了明天的發展，今天需付出多大的代價。無論是哪一種狀況，他都必須有所節制，儘可能將必要的犧牲降到最低，同時儘快修補帶來的傷害。他穿梭於兩種時間範圍內，為企業整體績效和自己部門的績效負責。

經理人的五項工作

每位經理人都要做許多非管理性質的工作，可能把大半的工作時間都花在上面。例如銷售經理要做統計分析或安撫重要客戶；工廠領班得修理機具或填寫生產報表；製造經理需要設計新工廠配置圖，檢驗新材料；公司總裁需要處理銀行貸款細節或談判重要合約，或花幾個小時主持晚宴，表揚資深員工。這些事情都具備特殊功能，也有其必要性，而且必須把它做好。

但是，這些工作內容卻有別於所有經理人共通且獨有的工作，而無論經理人負責的功能和活動為何，層級和地位多高，都必須完成這些工作。我們能夠把科學管理中的系統分析應用在經理人的職務上，就是最好的證明。我們可以把經理人的工作獨立出來，將這些工作區分為五項基本作業內容。經理人可以藉著改善這幾部分的績效，提升管理績效。

經理人的工作中包含了五種基本任務，這五項任務共同將所有資源整合成生氣蓬勃、不斷成長的組織。

首先，經理人設定目標，決定目標應該是什麼，也決定應該採取哪些行動，以達到目標。他將目標有效傳達給部門員工，並透過這些員工來達成目標。

其次，經理人從事組織的工作。他分析達成目標所需的活動、決策和關係，將工作分門別類，並且分割為可以管理的職務，將這些單位和職務組織成適當的結構，選擇對的人來管理這些單位，也管理需要完成的工作。

接下來，經理人還必須激勵員工，和員工溝通。他透過管理，透過與屬下的關係，透過獎勵措施和升遷政策，以及不斷的雙向溝通，把負責不同職務的人變成一個團隊。

第四個管理工作的基本要素是衡量標準。經理人必須為工作建立衡量標準——這是關乎組織績效和每位成員最重要的因素之一。他必須確立組織中每個人都有適用的衡量標準，衡量標準把重心放在整個組織的績效，同時也放在個人工作績效，並協助個人達到績效。他分析員工表現，也評估及詮釋他們的表現。同時，和其他方面的工作一樣，他和屬下、也和上司溝通這些衡量標準的意義及衡量結果。

最後，經理人必須培養人才。經理人可以透過管理方式，讓員工更容易或更難以自我發展。他可能引導屬下朝正確的方向發展，也可能誤導了他們；他可能激發他們的潛能或壓抑他們的發展；他可能強化了他們的操守，或令他們腐化；他訓練屬下站得直，行得正，或扭曲他們的性格。

無論經理人是否意識到這點，他們在管理的時候都會做這些事情。他可能做得很好，或做得很糟，但是他總是在做這些事情。

這些工作都可以再進一步分類，而這些分類都可以分別出書來深入討論。換句話說，經理人的工作很複雜，做好每個分類工作都需要不同的特質和條件。

舉例來說，設定目標是平衡的問題：在經營成果和實現信念之間求取平衡；在企業目前的需要和未來的需求之間求取平衡；也在想要達到的目標和可用的方法之間求取平衡。因此，設定目標需要有分析和綜合能力。

組織也需要分析能力，因為必須以最經濟的方式來運用稀少的資源。但是，組織的工作處理的是人的問題，因此必須遵循公正的原則。在培養人才的時候，同樣需要具備分析能力，秉持誠實正直的態度。

不過，激勵和溝通的技巧比較偏向社會性技巧，需要的不是分析能力，而是綜合的能力，必須把公平正義放在第一位，經濟考慮則在其次，誠實正直也比分析能力重要多了。

對績效評估而言，最重要的是分析能力，但採用的衡量方式必須有助於自我控制，而不是從外部或任由上級濫用衡量方式來控制員工，支配員工。由於企業經常違反這個原則，因此績效評估往往是管理工作中最弱的一環。只要企業繼續濫用績效評估，把衡量標準當作控制的工具（例如把績效評估拿來作為公司祕密政策的武器，直接把經理人的稽核和績效評估結果呈交給上級，而不給經理人一份副本），績效評估始終都會是管理工作中最弱的一環。

設定目標、組織、激勵和溝通、績效評估和培養人才，都是正式的管理工作項目。唯有靠經理人的經驗才能具體實踐這些工作內容，並且賦予意義。但是由於這些工作都是正式的管理工作，適用於每一位經理人，以及經理人所從事的每一件事情。因此，每一位經理人都可以藉由這些項目來評估自己的能力和績效，有系統地自我改善及提高管理績效。

一個人不會因為有能力設定目標，就成為經理人，就好像一個人不會只因為有辦法在狹小空間中打結，就是動外科手術的高手。外科醫生改善打結的技巧之後，可以變成更好的外科醫生；同理，經理人改善了五項管理任務的技巧和績效後，也會變成更卓越的經理人。

資訊：經理人的特殊工具

經理人有一個特殊工具：資訊。經理人不「操控」人，而是激勵、引導、組織他人做好自己的工作。而他做這一切事情的唯一工具是語言、文字或數據。無論經理人的職務屬於工程、會計或銷售領域，都必須仰賴聽、說、讀、寫的能力，來發揮工作效能。他必須懂得如何將自己的想法傳達給別人，同時也必須懂得如何掌握別人的需求。

今天的經理人在所有必需的技能中，至少掌握了讀、寫、說和計算的能力。只要看看大公司裡的「政策語言」，就會明白自己是多麼無知。這不是單單靠學習速讀或練習公開演講，就能有所改善，經理人必須學習了解語言，了解每個字的意義。或許最重要的是，他們必須尊重語言，把語言當作人類最寶貴的天賦與遺產。經理人必須了解修辭學的傳統定義乃是：「促使人類的心靈去熱愛真實知識的藝術。」經理人如果不能透過書寫和口語文字或明確的數據來激勵部屬，就不能算是成功的經理人。

善用時間

每個人都有時間的問題，因為時間是最稀有、最昂貴、也最難以掌握的資源。但是，經理人必須運用特殊方法，解決這個普遍的問題。

經理人永遠都在為時間不夠用的問題尋找神奇的萬靈丹：上速讀課、規定員工呈交上來的報告不能超過一頁、機械化地限定面談時間一律不能超過十五分鐘。這些辦法根本沒有用，最後只是浪費時間罷了。不過經理人卻有可能聰明地分配時間。

懂得善用時間的經理人藉著良好的規劃，達成績效。他們願意先思考，再行動，花很多時間徹底思考應該設定目標的領域，花更多時間有系統地思考如何解決一再出現的老問題。

大多數的經理人零零碎碎加起來，都花很多時間來評估部屬的工作績效與工作品質。然而善用時間的人卻不會如此，他們每年對屬下做一次系統化的評估。只需要工作幾個小時，許多需要判斷的決策——包括部屬的薪資、升遷或工作分派等問題——就能獲得解答。

善用時間的人也不會花大量時間修改產品的工程設計。他們每年一度——或許花幾天的時間，和生產及行銷部門一起坐下來討論必須修改的基本政策、目標和規定，同時也決定修改幅度，並預先指派工程人員負責這項工作。在他們眼中，下面這段話並不值得稱許：「多虧了去年的經驗，今年我們設法度過了庫存危機。」如果公司一再發生同樣的危機，他們應該花時間找出問題的根源，防止危機一再發生。這樣做或許會耗掉很多時間，但是長遠來看，將省下更多時間。

善用時間的經理人花在和上司溝通的時間遠多於和屬下溝通的時間。他們希望和部屬保持良好的溝通，但是似乎不費吹灰之力就自然得到這個副產品。他們不和屬下討論自己的問題，但是卻懂得如何讓屬下主動談論他們的問題。例如，他們每隔半年都花很多時間閱讀「給上司的一封信」，每位屬下都在信中設定自己的目標、計畫，並說明上司所做的事情中，哪些會提供助力，哪些會形成阻力。他們可能每半年都和每位屬下花一整天的時間，仔細溝通「給上司的一封信」中所討論的內容。結果，他們在其他時候就不需要經常擔心和屬下溝通的問題。

善用時間的經理人也花很多時間思考上司的問題，以及思考他對上司、對整個企業的成功，可以有什麼貢獻。換句話說，他願意為上司的工作負起責任——認為這是經理人的分內之事。所以，他似乎不需要花額外的時間釐清目標和觀點。

經理人必備的特質

經理人手中掌握的資源——人，非常特殊。由於人是特殊的資源，因此運用這個特殊資源時，也需要某些特質。

因為人（也唯有人）不能「被操控」。兩人之間的關係總是雙向的關係，和人與一般資源的關係很不一樣。無論是夫妻、父子，或主管和部屬，這種相互關係的特質往往對雙方都帶來影響。

培養人才的方向決定了員工（無論把他當成「人」或當成「資源」）究竟會更能發揮生產力，還是最後變得百無一用。我們再三強調，這個原則不但適用於被管理者，也適用於管理者。經理人培養部屬時，方向是否正確，能否協助部屬成長為更重要、更豐富的人，將直接決定了經理人自己能否成長、發展，還是逐漸凋零；內涵愈來愈豐富，還是每況愈下；不斷進步，還是日趨墮落。

經理人能從管理工作中，學到一些技巧，例如主持會議的技巧或面談的技巧。他可以規劃一些有助於人才培育的做法——例如經理人及部屬的關係結構、升遷制度、組織的獎勵措施等方面。但是當所有該說的都說了，該做的都做了，經理人還需要一種基本特質，才能做好人才培育的工作，我們無法靠提供人才培育的技能或強調人才培育的重要，創造出這種特質，必須經理人原本就具備誠實正直的品格。

近來，許多人極力強調喜歡人、樂於助人和能夠與別人相處融洽的重要性，認為這是經理人的重要條件。但是單靠這些特質絕對不夠。每一個成功的組織，都有不喜歡別人、不幫助別人、很難相處的上司。但是儘管這類上司冷酷、不討人喜歡、要求嚴苛，但是經由他調教成器的人才總是特別多。他也比其他人緣好的上司贏得更多尊敬。他要求屬下一絲不苟，也嚴格要求自己；他建立高標準，期望屬下能夠始終維護高標準；他只考慮怎麼做才正確，絕不因人而異。雖然這些經理人通常才華洋溢，但是在評價屬下時，絕對不會把聰明才智看得比品格操守還重要。缺乏這些品格特質的經理人，無論他多麼討人喜歡、樂於助人、和藹可親，甚至才智過人，能力高強，都是危險人物，應該列為「不適合擔任經理人」。

或許有人會爭辯，無論從事哪個職業——醫生、律師、雜貨店老闆，都需要有正直的品格，但是其中還是有差別。經理人和他所管理的員工生活在一起，決定他們應該做什麼工作，指揮和訓練他們達成任務，評估他們的工作績效，並且往往決定了他們的前途。商人和顧客、或專業人員與客戶之間要求的都是買賣公正。然而經理人的角色卻比較像父母或教師，在這類關係中，單單公平對待還不夠，誠實正直的操守才是關鍵。

我們現在可以回答這個問題：唯有天才，或至少具備特殊才華的人，才能擔任經理人嗎？管理究竟是藝術，還是直覺？我的答案是：「不對。」我們可以系統化地分析管理工作，也可以學會經理人必須做的工作（儘管不見得總是有人教）。不過，有一種無法學會的特質，一種經理人無法獲取、卻必備的條件，我說的不是天分，而是品格。

願景和道德責任

標準定義是，如果一個人要為他人和他人的工作承擔責任，那麼他就是一位經理人。但是這個定義太過狹隘，經理人的首要職責是向上負責：對企業負責。他和上司及其他主管的關係，與他和屬下的關係同樣重要。

另外一個定義（雖然通常都沒有明說）是根據重要性來定義員工算不算經理人。但是，在現代企業中，沒有任何團隊比其他團隊更重要。機器操作員、實驗室的專業人員或繪圖員，都和經理人同樣重要。這是為什麼企業的每一分子都必須具備經理人的願景。企業的不同團體之間最大的差別不在於重要性，而在於不同的功能。

關於經理人的定義，最通行的觀念是根據階級和待遇來決定。這種觀念不但錯誤，而且具有破壞力。即使到了今天，我們仍然不時會發現有些所謂基層員工的人收入比大多數經理人都還高。舉例來說，在汽車公司製作模型的技術員年收入超過一萬五千美元，但是大家仍然視他們為技術員，讓他們參與工會的勞資談判。除非我們能付專業貢獻者足夠的薪水，讓個人貢獻者也有充足的升遷機會，賦予他們專業人員的地位、尊嚴和價值，我們將無法管理這批日益增長的人力。

總而言之，以階級和待遇來決定一個人是否為經理人的觀念，就好像把現代的企業主管當成過去做生意的老闆一樣荒謬。

我們只能以一個人的功能和企業期望他發揮的貢獻，來定義他是不是經理人。而經理人有別於其他員工的獨特功能乃是教育的功能。企業期望他發揮的獨特貢獻，則是賦予他人達成績效的能力和願景。最後，是道德責任和願景決定了一個人究竟算不算經理人。

28 做決策

管理決策中最常發生的錯誤是只強調找到正確的答案，而不重視提出正確的問題。決策包含了五個不同的階段：界定問題、分析問題、發展各種可行的替代方案、決定最適合的方案、把決策轉化為有效的行動。每個階段又包含了好幾個步驟。

無論經理人做什麼，他都透過決策來完成工作。這些決策可能是例行工作，他甚至沒有意識到自己做了決策。這些決策也可能影響公司的未來，需要經過多年系統化的分析，才有辦法做決定。但管理就是決策的過程。

一般人都承認決策在管理中的重要性，但是這方面的討論大都把焦點放在解決問題上，換句話說，強調「找出解答」。這是錯誤的。管理決策中最常發生的錯誤是只強調找到正確的答案，而不重視提出正確的問題。

唯有不重要的、例行的、屬於戰術層次的決策才會把重心放在解決問題上面。如果解答必須滿足的條件和要求都是簡單和已知的，那麼只需要解決問題就好。在這種情況下，需要做的只是在幾個明顯的方案中做選擇，通常依據的都是經濟上的選擇標準：哪個方案能以最小的投入和最少的干擾，達到渴望的目標。

舉個最簡單的例子。要決定每天早上應該由哪一位祕書下樓準備咖啡，問題應該是：怎麼做才合乎一般文化常規和社會禮俗？辦公室應該在早上也訂個「咖啡時間」嗎？於是又出現兩個問題：咖啡時間對於工作而言，是得是失？也就是說，從提振工作精神得到的產出能不能超越時間上的損失？如果得不償失的話，值不值得為了區區幾分鐘而推翻辦公室行之已久的習慣？

當然，大多數的戰術決策都更複雜，也更重要，但通常總是單向思考，也就是說：在既定的情況和明確的要求下做的決策。唯一的問題只是要找到最符合經濟效益的方式，來運用已知的資源就好。但是真正重要的決策，都是策略性決策，必須設法釐清情勢或改變情勢，找出可用的資源或應該採用的資源。這些都屬於管理決策。任何經理人都必須制定這類策略性決策，經理人的層級愈高，則需要制定的策略性決策就愈多。

凡是與企業目標及達成目標的手段有關的決策都屬於此類，與生產力相關的所有決策也屬於此類，因為總是把目標放在改變整體情勢。此外，策略性決策還包括所有的組織決策和所有的重大資本支出決策。大多數的經營決策在本質上也屬於策略性決策：例如規劃銷售地區或訓練推銷員；工廠配置或原料庫存；預防性維修或薪資發放流程。

策略性決策無論幅度、複雜度或重要性如何，都不應該透過問題解決方式來制定。的確，這些特殊管理決策最重要而困難的部分，從來都不在於能否找到正確答案，而在於能否提出正確的問題。因為最徒勞無功的做法（即使不是最危險的做法），莫過於為錯誤的問題，尋找正確的答案。

單單找到正確的答案還不夠，更重要、也更困難的是，一旦做了決定，如何有效採取行動。經理人關心的不是知識，而是績效。最沒用的做法就是找到了正確答案後，卻將之束諸高閣；或決定了正確的解決方案後，負責推動方案的人卻默默抵制這項決策。決策過程中最重要的工作是確定企業中不同部門、不同層級所制定的決策必須彼此相容，都能與企業整體目標相呼應。

決策包含了五個不同的階段：界定問題、分析問題、發展各種可行的替代方案、決定最適合的方案、把決策轉化為有效的行動。每個階段又包含了好幾個步驟。

做決策可能很浪費時間，但卻可能是經理人解決時間運用問題的最佳工具。經理人應該把時間花在界定問題、分析問題和發展可行的替代方案上，要有效實施解決方案，也需要投入相當的時間。但是，經理人不應該花太多時間來尋找正確的解決方案。一旦做了決策，再花任何時間來推銷決策都純粹是浪費時間，只證明了沒有在最初幾個階段，好好運用時間。

界定問題

現實人生中沒有任何問題（無論在企業經營或其他領域）呈現的面貌可以讓我們直接據以做決定。許多問題，我們乍看之下，以為找到了關鍵因子，實際上這些因素卻多半既不重要，也不相干，充其量只是症狀而已。而且最顯而易見的症狀往往透露不出任何重要線索。

經理人看到的可能是個性上的衝突，而真正的問題卻出在組織架構不良。經理人看到的可能是生產成本過高的問題，於是大力削減成本，但實際問題可能出在工程設計或銷售規劃不佳。經理人看到的可能是組織的問題，實際問題卻可能出在缺乏明確的目標。因此，決策的首要之務是找出真正的問題是什麼，並且界定問題。在這個階段，花再多的時間都不為過。許多關於領導力的著作和文章都充斥著各種忠告，建議讀者如何迅速果決地做決定。但是最愚蠢而浪費時間的建議，莫過於勸讀者趕快決定問題到底出在哪裡。

大多數經理人採用的症狀診斷方式，其實不是解決之道。這個方法仰賴的是經驗，而不是分析，因此不能以系統化方式獲取經驗的企業經理人就無法採取這方法。我們不能像醫院治療病人一樣把生了病的企業送入病房，向學生展示治療方式；我們也無法先測試經理人是否已有足夠的經驗做正確診斷，然後才放手讓他解決實際問題。我們可以利用不同案例，協助經理人為制定決策做準備，但即使最好的案例，充其量都只是泡在酒精裡的死標本罷了，無法取代企業面臨的真實問題，就好像人體解剖標本無法取代病房中活生生的病人一樣。

更重要的是，唯有當我們找到確切的症狀，能假定某些顯而易見的表象與特定疾病相關時，才能採用症狀診斷的方法。醫生診斷病人的症狀時，可以假定這些症狀大體而言，應該不會撒謊（雖然今天醫生仍然試圖以更嚴格的分析，取代症狀診斷方式）。然而經理人卻必須假定症狀確實可能撒謊，了解截然不同的問題可能產生相同的症狀，同樣的問題也可能呈現出無數種不同的面貌，因此經理人必須分析問題，而不是診斷問題。

要明確界定問題，經理人必須先找到「關鍵因子」，也就是在進行任何改變或採取任何行動之前，必須先改變的要素。

有一家規模頗大的廚具製造商，十年來把所有的經營心力都投注於削減成本上。他們的成本的確降低了，但獲利率沒有提升。關鍵因子分析顯示真正的問題出在產品組合。他們的銷售人員大力推廣最容易賣出去的產品，極力強調最明顯的銷售訴求：價錢便宜。結果利潤最低、競爭者最不花力氣的產品愈賣愈多，而且每次只要成本一降低，產品就跟著降價。因此儘管銷售量大增，卻只是虛胖而已，沒有實質成長。事實上，廚具公司的品質反而變得更差，更容易受到市場波動的影響。唯有釐清問題，把問題界定在產品組合上，才有可能解決問題。唯有當他們問：「就目前情況而言，關鍵因子是什麼？」才能找到真正的問題。

要透過分析問題，找到關鍵因子，並非易事，通常必須採取兩種輔助的做法，兩種方法都應用到十八世紀物理學家用來分離出關鍵因子的「虛擬運轉」（virtual motion）原理。第一種方法先假定一切條件都不變，然後問：未來將發生什麼狀況？第二種方法回顧過去，然後問：當初發生這個問題的時候，如果採取了什麼行動，或不曾採取什麼行動，將會影響到目前的狀況？

有一家化學公司由於執行副總裁驟逝，而必須尋找替代人選，這正是運用上述兩種方法的好例子。每個人都認為已逝的前副總裁對公司貢獻卓著，但是他們同時也同意，由於他霸道專制，公司裡比較有主見的人才全都被他趕跑了。在管理階層眼中，問題似乎是，要不然就是根本不找人來填補他的空缺，要不然就是找另外一個強人來當執行副總裁。但是，如果是第一種情況的話，公司要靠誰來經營呢？如果是第二種情況，會不會又出現另一個暴君？

第一個問題：「如果什麼都不做，會發生什麼狀況？」透露出公司需要高階經營團隊，而且應該立刻採取行動。如果不採取任何行動，公司缺乏經營團隊，將會日漸衰敗。

第二個問題：「十年前，如果採取什麼行動，可以改變目前的狀況？」顯示執行副總裁的功能和性格其實都不是問題，真正的問題在於公司名義上的總裁實際上卻沒有發揮總裁的功能。因此，執行副總裁必須制定所有的決策，承擔所有的責任，然而總裁仍然掌握最後的權力，也是最高權位的象徵，他滿懷妒意地捍衛自己的權力，但事實上已經形同罷黜。十年前，如果公司能明快確立這位已逝主管身為公司最高經營者的權威和責任，讓他權責相符，那麼這位已逝執行副總裁將能充分發揮長才，令公司獲益，同時又可防止他的缺點對公司帶來傷害。在體制上建立預防措施，組成高階經營團隊；指派副總裁組成企劃委員會，負責目標設定的工作，或採取聯邦分權制，成立產品事業部。以上分析顯示，撤換總裁應該是他們第一個必須採取的行動，一旦這麼做了，問題也就迎刃而解。

第二個步驟是決定解決問題需要什麼條件，同時徹底想清楚解決方案的目標為何。

要找人來填補執行副總裁的空缺，解決方案的目標很明顯，必須讓公司的最高經營階層發揮效能，避免再度發生一人獨裁的狀況，同時為了預防領導空窗期一再出現，必須培養未來的高層主管。

第一個目標排除了某些副總裁偏愛的解決方案：由各部門副總裁組成非正式的委員會，與名義上的總裁維持鬆散的合作關係。第二個目標則排除了董事長偏好的解決方案：聘用新的執行副總裁。第三個目標要求的是，無論未來最高經營階層的組織架構如何，都必須建立聯邦分權式的產品事業部，以訓練並檢驗未來的最高主管。

解決方案的目標必須反映企業目標，聚焦於經營績效和經營成果上，在立即的未來和長遠的未來之間取得平衡，並且將企業整體以及經營企業所需的活動一起納入考慮。

同時，必須深思熟慮限制解決方案的各種規定。解決問題時，必須遵循哪些原則、政策和行為準則？公司可能規定，借貸金額絕對不能超過資本需求的一半；公司用人的原則可能是，必須審慎考慮過所有內部主管後，才能從外部引進空降部隊；公司可能認為，好的主管培育計畫的必要條件是不能有內定的當然人選；公司也可能制定一項政策：工程部門更改任何產品設計時，都必須先徵詢製造部門和行銷部門的意見後，才能生效。清楚說明這些規定是非常必要的，因為在許多情況下，必須改變既有政策或做法，才能做正確的決定。除非經理人徹底想清楚他想改變什麼，以及為什麼要改變，否則他可能陷入既試圖改變、同時又維護既有做法的危險之中。

事實上，這類規定代表了決策所依循的價值體系。這些價值可能是道德的、文化的，也可能代表公司目標或公認的組織原則，整體構成了一個倫理體系。這個體系不會決定應該採取什麼行動，只會決定不應該採取哪些行動。管理人員經常想把「希望別人怎麼對待你，你先要這樣對待他」的金科玉律，當作行動準則。這是錯誤的想法，金科玉律只能決定不該採取哪些行動。決策的先決條件是先刪除根本無法接受的行動方案。如果沒有這個條件，過多的選擇將癱瘓了我們的行動能力。

分析問題

找到正確的問題，設定目標，以及確立規則等步驟，構成了決策的第一個階段。問題清楚界定之後，下一個階段是分析問題：將問題分類，並尋找事實。

為了了解誰是必須做決策的人，以及應該把決策內容傳達給哪些人，必須先將問題分類。如果沒有預先將問題分類，將嚴重危害最後的決策品質，因為問題分類後將能說明如果要將決策轉化為有效行動，應該由什麼人做什麼事情。

問題分類原則必須預先經過討論（參見第16章），有四個原則：決策的未來性（企業採取行動所承諾的時間長短，以及決策會多快改變）、決策對於其他領域和其他部門的影響、決策品質的考慮、決策的獨特性或週期性。這樣的分類能確保決策對於企業整體產生實質貢獻，而不是犧牲了整體利益，卻只解決了眼前或局部的問題。因為這個分類方式乃根據問題與企業整體目標，以及問題和個別單位目標之間的關聯性，來篩選問題。強迫經理人從整個企業的觀點來看自己的問題。

大多數有關決策的論述列出的第一條戒律都是「尋找事實」。但是唯有在問題已經界定清楚，完成分類後，才能開始尋找事實。在這之前，沒有人知道什麼是事實，每個人都只掌握了資料而已。定義和分類決定了哪些資料是相關的資料，也就是事實。經理人因此可以刪除有趣但毫不相干的資訊，知道哪些是有用的資訊，哪些是錯誤的訊息。

在獲取事實的過程中，經理人必須自問：我需要哪些資訊，才能做決定？他必須確定手邊的資料有多大的關聯性和能發揮多大的用處，他也必須確定還需要哪些額外資訊，並且盡最大的努力，得到這些資訊。

這些都不是機械性的工作。分析資訊需要熟練的技巧和豐富的想像力，必須詳細審查資訊，從中找出潛藏的形態。這些形態或許能說明問題根本定義錯誤或分類錯誤。換句話說，「尋找事實」只是一部分的工作而已。同樣重要的是，運用資訊來檢測整個做法是否有效。

有一本財經月刊陷入財務困境。他們把問題界定為廣告費率的問題。但是分析了事實和數據後，他們發現了雜誌社工作人員過去從來不曾懷疑過的事情：無論這份月刊過去多麼成功，對訂戶而言，它只是成功扮演了消息來源而已。市面上各種厚重的月刊已經供過於求，卻缺乏輕薄短小的新聞性刊物，因此這本財經月刊在形式和內容上愈接近新聞雜誌，就愈能獲得訂戶的肯定。結果，分析了讀者群之後，他們重新把問題定義為：我們要怎麼樣才能成為一份新聞雜誌？解決方案是：轉行為週刊。雜誌後來的成功顯示這是正確的解決方案。

經理人永遠都不可能獲得所有應該掌握到的事實。大多數決策的基礎都是不完整的知識——原因可能是無法獲得所需資訊，或要掌握完整資訊需要花太多的時間和太高的成本。我們不需要掌握所有事實之後，才能有好的決策；但是我們必須了解還欠缺哪些資訊，由此判斷決策的風險有多大，以及當建議採取某個行動方案時，其嚴謹度和準確度有多高。因為最大的騙局莫過於想要根據粗糙不足的資訊，來制定精確的決策，但這都是常見的現象。當我們無法獲得需要的資訊時，就必須倚賴推測，唯有決策的後果能告訴我們，原先的推測究竟是對還是錯。醫界有一句諺語：「最會診斷病情的醫生不是正確診斷次數最多的醫生，而是能及早發現自己誤診，並能立即修正錯誤的醫生。」這句諺語也適用於負責決策的經理人。然而要修正錯誤的判斷，經理人必須知道哪些部分是迫於資訊不足而做的推測，他必須先界定哪些是已知，哪些是未知，發展出各種可供選擇的替代方案。

發展可行的替代方案

有個不變的決策原則，就是必須針對每個問題，發展出各種選擇方案，否則很容易陷入：「非黑即白」的陷阱中。大多數人聽到以下的說法：「世間萬物不是綠的，就是紅的。」一定會提出抗議。但是多數人每天卻都接受同樣荒謬的論述。我們經常看到各種矛盾所產生的混亂；例如綠色和非綠色——這種說法涵蓋了所有的可能性，塑造了對比的情況；或例如紅色和綠色——這種說法只在無數種可能性中，列出兩種可能。而人類喜歡走極端的傾向更強化了其中的危險。然而當我們說「黑或白」時，只不過因為我們說出了顏色的兩種極端，我們還以為已經說出其中涵蓋的所有顏色。

有一家小型水管設施製造廠由於設備老舊，已經形同報廢，在高度競爭、價格意識高漲的行業中，這家公司快被市場淘汰出局了。經營者下了正確的結論——必須儘快把生產作業移出這座工廠。但是他們決定蓋新廠的時候，沒有逼自己發展出其他選擇的方向，結果蓋新廠的決定後來導致公司破產。事實上，發現廠房老舊過時後，他們除了決定工廠停產外，沒有任何動作。其實他們可以採行的替代方案還很多：例如外包生產、經銷其他廠商的產品。由於他們已經曉得蓋新廠所牽涉的風險，任何替代方案都會比蓋新廠的決定更好、更容易被大家接受。然而經營階層卻絲毫不曾思考過其他可能的解決方案，後悔已晚。

另外一個例子，是一家大型鐵路公司的例子。二次大戰後，鐵路運輸量急遽上升，這家鐵路公司很清楚他們必須擴充運輸設施，而擴充的瓶頸似乎是公司最大的調度場。調度場座落於兩個重要車站之間，負責調度所有的貨運列車，將所有的貨運車廂打散並重新編組。由於調度場塞車的情況日益嚴重，有時候火車得在調度場外倒車幾哩路，等候二十四小時，才有辦法開進調度場。最明顯的解決方案就是擴大調度場的規模，於是他們花了幾百萬美金的成本，來擴充調度場，但是卻從來都無法利用到擴充的設施。因為新設施一旦啟用，分別位於主調度場與兩個車站之間、一北一南的兩座輔助調度場將無法負荷增加的調度量。的確，情況很快就釐清了，一直以來，真正的問題都出在輔助場有限的調度能力上。如果輔助場的規模較大，處理速度更快的話，原本鐵路公司根本不需要擴充主調度場，也有能力處理龐大的運輸量，而擴充兩個輔助調度場的花費還不到擴充主調度場的五分之一，大筆的投資就這麼白白浪費掉了。

這些案例都顯示，大多數人的想像力是多麼有限。我們總是看到了一個形態之後，就以為那是正確的形態（即使不是唯一的形態）。由於公司總是自己製造產品，因此必須一直生產下去。由於利潤一向是銷售價格和生產成本之間的差距，因此要提高獲利率，唯有削減成本。我們完全沒有想到把生產工作外包或改變產品組合的可能性。

唯有提出各種可供選擇的替代方案，才能把基本假設提升到意識的層次，迫使自己檢視這些方案，測試其效能。替代方案不見得能保證我們的決定都是明智而正確的，但至少能防止我們在未經深思熟慮的情況下，做錯決策。

事實上，找出各種選擇方案，也是我們激發想像力、訓練想像力的不二法門，是「科學方法」的精髓所在，一流科學家都具備這樣的特質——無論他多麼熟悉觀察到的現象，他還是會把其他可能的解釋都納入考慮。

當然，缺乏想像力的人不會單靠尋找選擇方案和思考選擇方案，而變得富於想像力。但是大多數人所擁有的想像力，都遠遠超過我們真正用到的想像力。盲人當然沒有辦法學會看東西，但令人驚訝的是，視力正常的人也常常視而不見，透過系統化的訓練，每個人的視野可以變得寬廣許多。同樣的，我們也必須訓練和拓展心靈的視野，而方法就是有系統地尋找並發展各種可供選擇的解決方案。

選擇方案的內容因想要解決的問題而異，但是永遠都需要考慮一個可能的方案：根本不採取任何行動。

不採取行動和採取特定的行動都同樣算是完整的決策，不過真正了解這點的人寥寥無幾。他們認為什麼都不做，就可以避免不愉快的決定。要防止他們自我欺騙，唯有讓他們清楚看到，決定什麼都不做，將造成什麼後果。

企業採取行動就好像生物動手術一樣。也就是說，員工必須改變自己的習慣、做事方式、人際關係、目標或使用的工具。健康的生物會比有病的生物禁得起手術的煎熬；對於企業組織而言，「健康」的意思就是能夠輕鬆自在地接受改變，沒有任何痛苦。不過除非有必要，否則即使是優秀的外科醫生也不會隨便動刀。

認為碰到問題時，就必須採取行動，這種想法純屬迷信。

二十年來，一家大型航運公司一直找不到適當人選，來填補某個高階主管的空缺。好不容易找到人時，新人往往一上任就陷入麻煩和衝突之中。但是，二十年來，每當這個職位出缺，他們都立刻找人填補空缺。終於在第二十一年的時候，新任總裁問：如果我們不填補這個空缺，會發生什麼狀況？答案是：什麼也不會發生。結果，這個職位負責的根本是毫無必要的工作。

在所有的組織問題中，尤其重要的是必須考慮到不採取任何行動的選擇方案。傳統的做事方式，以及只反映了過去需求、卻不能反映目前需求的職位箝制了經理人的願景和想像力，除非我們在決定如何填補某個職位空缺時，將不填補空缺也納入選擇方案，否則就會面臨組織中的管理層級不斷增加的危險。

找到最適合的解決方案

唯有到了這個階段，經理人才應該決定什麼是最適合的解決方案。如果他之前做了完善的功課，那麼現在他的手上應該已經掌握了好幾個足以解決問題的替代方案，或是有好幾個不盡完美的選擇方案，每個方案各有缺點。只找到一個解決方案的情況可說是微乎其微。事實上，如果分析問題之後得到的是這個令人心安的結論時，我們可以合理懷疑，這個唯一的解決方案不過是為原本已有的定見背書罷了。

我們可以根據四個標準，在各種可能方案中，選出最適合的解決方案：

一、**風險**。管理者必須根據預期的收穫，來權衡每個行動的風險。任何行動都有風險，即使不採取任何行動，也有其風險。但最重要的既不是預期的收穫，也不是預期的風險，而是兩者的比率為何。因此每個選擇方案都應該包含對此比率的評估。

二、**投入的心力所達到的經濟效益**。哪些行動能花最小的力氣，得到最大的成果，能夠在受到組織最少干預的情況下，推動所需的變革？可惜的是，許多經理人偏偏喜歡用牛刀來殺雞，或試圖以螳臂擋車。

三、**考慮時機**。如果情況十分緊急的話，那麼寧可採取戲劇化的決策和行動來提醒整個組織，有大事發生了。另一方面，如果需要的是持續性的長期努力，那麼最好穩紮穩打，累積動能。有些情況下，解決方案必須是決定性的行動，而且必須能立刻將整個組織的注意力聚焦於新目標上。有些情況下，最重要的是踏出第一步，最後的目標可以暫時隱而未宣。

需要考慮時機的決策非常不容易系統化，難以分析，而需仰賴敏銳的洞察力。但是仍然有一個指導原則。當經理人必須完成新計畫時，最好雄心萬丈，有宏觀的願景、完整的規劃和遠大的目標。但是當他們必須改變慣常的做法時，剛開始最好一步一步慢慢來，寧可穩紮穩打，不要有不必要的動作。

四、**資源的限制**。執行決策的人是誰，是最需要納入考慮的資源限制。唯有找對了執行人選，才能有效執行決策。執行者的願景、能力、技巧和理解決定了他們能做什麼和不能做什麼。有的行動方案對於執行者的要求或許高於他們目前的能力，然而卻是唯一適當的解決方案，這時候，決策中就必須包含了提升執行人員能力和標準的計畫，否則就必須另覓合格人選來執行決策。聽起來似乎理所當然。然而今天許多經理人每天在制定決策、發展做法、推動政策的時候，都沒有先問：我們有沒有辦法將之付諸實施？我們有這樣的人才嗎？

經理人絕對不可因為找不到足以勝任的人才，而採取了錯誤的決策。制定決策時，必須在真正可行的各種替代方案中做選擇，也就是說，無論最後決定採取哪個行動，都足以解決問題。如果對現有人員的要求必須高於他們目前的能力，才能解決問題，那麼現有人員就必須學會做更多的事情，達到更高的要求，否則就必須找別人取而代之。只是因為找不到人來執行決策，或有能力的人才不在其位，就讓找到的解決方案淪為紙上談兵，無法付諸實行，根本完全解決不了問題。

有效的決策

最後，任何解決方案都必須有效實施。

今天，企業花了很多時間在「推銷」解決方案上，這根本是在浪費時間，似乎在暗示，只要員工「買帳」，一切都沒有問題。然而，管理決策的本質就在於，員工必須採行這項決策，讓決策發揮有效性。經理人制定的都是關於其他人應該怎麼做的決策。因此，員工單單肯買帳還不夠，他們必須把執行決策當成自己的工作才行。

「推銷」又意味著正確的決策應該要符合「顧客」的需求，但是這種說法是不實而有害的。決策正確與否要由問題的本質來決定，與「顧客」的期望和接受度沒有什麼關係。如果決策是正確的，無論他們最初喜不喜歡決策的內容，終究還是會接受這個決策。

如果經理人必須花時間來推銷決策，那麼這一定不是個適當的決策，也無法有效執行。不過，雖然不應該把報告最後的決議這件事情看得太嚴重，向員工傳達決策內容時，仍然應該用他們慣用而且容易理解的語言來說明。

儘管我對於強調「推銷」的用語很不以為然，不過這也點出了一個重要事實：管理決策的本質就是要透過他人的行動，來發揮決策的有效性。「做」決策的經理人其實沒有真的「做」了決策。他界定了問題，設定目標，說明規則。他還將決策分類，搜集資訊，尋找各種可行的選擇方案，並且發揮判斷力，從中選取最適合的解決方案。但是，決策必須仰賴行動，才能真正解決問題，而負責決策的經理人卻沒有做到這一點。他只能和屬下溝通他們應該做的事情，然後激勵他們把事情做好。唯有當屬下採取了正確的行動時，經理人才真的做了決策。

要把解決方案轉化為行動，必須讓員工了解他們和同事在行為上應該有哪些改變，也必須讓他們了解新的做事方式有什麼最低要求。不要把決策說得彷彿員工必須從頭學起或改頭換面。有效溝通的原則就是以清晰、精準而明確的形式溝通，只商討重大的偏差和例外。

但是，激勵是心理上的問題，因此有不同的規則。要激勵員工，必須讓每個決策在負責執行決策的員工心目中，變成「我們的決策」。也就是說，他們必須參與決策過程。

他們不應該參與界定問題的過程。經理人一開始並不清楚誰該參與，等到把問題清楚界定和分類以後，才知道決策將會對什麼人產生什麼影響。員工不需要、也不喜歡參與資訊搜集的階段。但是負責執行決策的人應該參與發展選擇方案的工作。他們可以提醒經理人疏漏之處，指出潛藏的困難，找出可以利用而未經利用的資源，因此改善最後的決策品質。

正因為決策會影響到其他人的工作，決策應該要幫助他們達到目標，並且展現更好的績效，發揮更高的工作效益，並且獲得更高的成就感。決策不應該只是為了協助經理人績效更好，工作更順利，以及從工作中得到更高的滿足感。

決策的新工具

到目前為止有關決策的討論內容一點都不新；相反的，我只不過把幾千年來大家早已知道的事情再重述一遍而已。但是，雖然許多經理人很懂得運用決策的方法，卻沒有幾個人真的清楚自己在做什麼。

由於近來的新發展，經理人了解決策過程變得非常重要。首先目前已經有一系列決策的輔助工具，這些工具都非常有用，但是經理人必須先了解工具的用途，才有辦法利用它。

其次，新科技正快速改變戰術性和策略性決策之間的平衡。許多決策在過去會被歸為戰術性決策，如今卻快速轉變為策略性決策，含有高度的未來性，重大的影響力，以及許多品質的考量；換句話說，這些決策逐漸變成高層次的決策。經理人必須很清楚自己所做的事情，而且能夠有系統地做決策，決策才會成功而有效。

這種新工具有個令人困惑的名稱「作業研究」（operations research，亦稱「營運研究」），但卻既非「作業」，也非「研究」，而是系統化的數學分析工具。事實上，我們甚至不應該說這是新工具，因為作業研究和中世紀高等數學家所用的工具沒有太大的差別，只是採用新的數學和邏輯技巧罷了。

因此單單訓練員工懂得運用新工具來做管理決策還不夠，管理決策終究要由經理人來制定，而且要以判斷力為決策的基礎。但是新工具對於某些決策階段，將帶來很大的幫助。

引進任何新工具的時候，很重要的是先說清楚新工具不能做哪些事情。作業研究和其中包含的技術（數學分析、現代符號邏輯、數學資訊理論、博弈理論、數學或然率等），都無助於界定問題，無法決定正確的問題是什麼，無法為解決方案設定目標，也不能建立規則。同樣的，新工具也無法代為決定哪個方案是最適合的解決方案，更無法獨力促使決策生效。而這些都是決策過程中最重要的階段。

但是，在中間的兩個階段——分析問題和發展可行的替代方案，新工具可以發揮很大的功效。新工具可以超越經理人有限的視野和想像力，找出企業和環境中潛藏的行為形態，因此導出更多可供選擇的行動方案。新工具可以顯示哪些是相關的因素（事實），哪些是不相干的因素（只是數據而已）；也能顯示手邊數據的可信度，以及還需要哪些額外數據，才能做正確判斷。新工具還能顯示每個行動方案需要哪些資源，每個單位或部門需要有何貢獻。我們也能運用新工具來顯示每個行動方案的限制、風險和可能性，某個特定方案對其他領域、單位或部門的影響，以及對於投入和產出之間的關係、瓶頸的位置和性質，又有何影響。新工具還能結合每個部門的工作與貢獻和其他部門的工作與貢獻，顯示對於企業整體的行為和成果有何影響。

然而，新工具當然也有其危險性。事實上，除非妥善運用，否則新工具也可能成為錯誤決策的重要幫凶。正因為新工具讓我們有辦法對過去面貌模糊的問題，進行具體而明確的分析，我們可能會濫用新工具來「解決」小小領域或單一部門的問題，卻犧牲了其他領域或部門的利益，甚至企業整體利益。正如技術人員所說，新工具可能遭到濫用而達到二流的結果。很重要的是我們必須強調，幾乎所有專業論述所引用的作業研究案例，解決問題的方式都不可避免的會導致二流的結果，因此根本不應該這樣解決問題。事實上，唯有當我們先用這些工具來分析和定義企業的特質時，才有可能妥善運用這些工具。如此一來，應用這些工具來分析個別問題，改善決策品質時，才能充分發揮效益。

最後，新工具希望能幫助大家了解必須採取什麼行動。數學資訊理論才剛萌芽，這個理論或許能發展出新的工具，來辨認行動模式中新的關聯偏差，並且以明確的符號加以定義。

事實上，歷代許多想像力豐富的人士都曾經發展出各種方法，而新工具則幫助每個人掌握到這些方法，讓每個人在適當工具的輔助下，能夠受到引導與激發，而充分發揮想像力。

這些工具在本質上屬於資訊處理的工具，而不是決策的工具。它們是最好的資訊工具。事實上，我預期一、二十年內，這些新的邏輯和數學工具很可能取代我們今天所熟悉的傳統財務會計方法。因為新工具不是單純描繪現象，而是針對現象背後的因素提出質疑，把焦點放在行動上，顯示出有哪些可以選擇的行動方案，每個方案各有何涵義。因此，在新工具輔助下，就有可能制定在未來性、風險和可能性方面，需要高度理性判斷的決策。這是每位經理人為了對企業產生最大貢獻時需要的資訊，也是他們為了自我控制而設定目標時需要的資訊。企業為了給股東的財務報告和稅務工作、監督功能的需求，仍然需要會計的功能。但是管理資訊將逐漸轉變為邏輯式和數學性的資訊。

經理人或許不需要親自運用這些工具（儘管今天許多的應用方式並不會比閱讀銷售圖表需要更高的數學能力），但很重要的是，經理人必須了解這些方法，知道什麼時候應該請專家協助運用這些工具，同時也知道應該對專家提出什麼要求。

但是，最重要的是，他必須了解制定決策的基本方式。否則他不是完全無法運用新工具，就是過度強調了新工具的貢獻，把新工具視為解決問題的關鍵，結果很容易在解決問題時，以訣竅取代了思考，技術取代了判斷。經理人如果不了解決策是一種界定、分析、判斷、承擔風險和有效行動的過程，不但無法從新工具中獲益，反而像魔法師的笨學徒一樣，施展法術時，未蒙其利，先受其害。

同時，無論經理人的功能或層級為何，他們都必須制定愈來愈多的策略性決策，愈來愈無法仰賴直覺來制定正確的戰術性決策。

當然，經理人仍然需要在戰術上有所調整，但是必須在基本的策略性決策架構下完成調整。對於未來的經理人而言，即使具備再多的戰術性決策技巧，他們仍然必須制定策略性決策。今天的經理人即使不懂決策方法，或許仍然能僥倖過關，但是到了明天，他們勢必要了解和運用決策方法。

29 未來的經理人

未來對經理人的要求會迫使我們回頭去重拾我們曾經擁有、卻早已失去的東西：通才教育。但是，今天所說的通才教育，將會和我們的祖父輩所認知的通才教育截然不同，仍然有嚴謹的方法和實質的標準，尤其強調自我紀律和倫理，是為成年後的工作和公民角色預做準備，而不只是「文化修養」而已。

過去五十年來，對於經理人的技能、知識、績效、責任感和誠實正直品格的要求可以說每個世代都提高一倍。我們現在期望剛出校門的年輕人做到的事情，是一九二〇年代只有少數開風氣之先的企業高階主管才懂得的事情。然而昨天的大膽創新——例如市場研究、產品規劃、人群關係或趨勢分析，今天大家早已司空見慣，作業研究很快也會變得平凡無奇。那麼，我們能期待對經理人急遽升高的要求仍會持續下去嗎？未來的經理人將會面對什麼樣的要求？

在本書的討論中，我們一再提及經理人面臨的新壓力和社會對經理人的新要求。我現在再一次扼要說明其中最重要的幾個要求：

新技術要求所有的經理人都必須了解生產的原則及其應用，必須把整個企業視為整合的流程來管理。即使產品的生產與銷售是分開的，由獨立的經銷商負責產品銷售，仍然必須把銷售視為流程中不可分割的一部分。同樣的，原料採購、顧客服務也都是流程的一部分。

這種流程要求高度的穩定性，而且必須有能力預測未來，未雨綢繆，因此必須在所有關鍵領域都有審慎的目標和長程的決策，同時又需要在內部有很大的彈性和自我引導的力量。不同層級的經理人都必須有能力在制定決策的時候，調整流程來適應新的情勢及環境的變動與干擾，但同時又保持流程持續進行而不中斷。

尤其是新技術要求經理人要創造市場。經理人再也不能滿足於既有市場，再也不能只把銷售當成努力為公司所生產的任何產品找到買主。他們必須透過有意識且系統化的努力，創造顧客和市場。更重要的是，他們必須持續致力於創造大眾購買力和購買習慣。

行銷本身也深受新技術的基本觀念所影響。整體而言，我們討論自動化的時候，彷彿自動化完全只是一種生產的原則。其實，自動化也是一般工作的原則。的確，新的大眾行銷方式儘管可能不會用到任何一部自動機器或電子裝置，卻可能比自動化的工廠更需要應用到自動化原則。行銷本身變成愈來愈整合的流程，需要和企業經營的其他階段有更密切的配合。行銷不再把重心放在向個別顧客推銷，而是愈來愈把重心放在商品和市場規劃、商品設計、商品發展和顧客服務上；得到的回報不是個別的銷售業績，而是創造了大眾的需求。換言之，電視廣告和機械化的機器進料方式一樣的自動化。新的銷售方式和行銷技術所造成的影響絕不遜於生產技術變革的影響。

因此，未來的經理人無論層級和功能為何，都必須了解行銷目標和公司政策，知道自己應該有何貢獻。企業經營者必須能深思熟慮長期的市場目標，規劃和建立長期的行銷組織。

新技術對於創新將會產生新的要求。不但化學家、設計師、工程師必須和生產人員、行銷人員密切合作，而且必須採取系統化的創新做法，例如施樂百公司用在商品規劃和培植供應商的做法。創新必須透過目標來加以管理，以反映長期的市場目標，同時也必須透過系統化的努力，預見未來科技的可能發展趨勢，並且據以制定生產和行銷政策。

新技術也會導致競爭愈來愈激烈。的確，新技術將擴大市場，提升生產與消費的水準，但是這些新機會也將要求企業和企業經理人持續不斷地努力。

一方面由於新技術的要求，另一方面則出於社會壓力，未來的經理人必須能預測雇用人力，並且儘可能維持穩定。同時，由於今天的半技術性機器操作人員將在未來成為訓練有素的維修人員，今天的技術性員工將在未來成為個別的專業貢獻者，人力將演變為更昂貴的資源——成為企業的資本支出，而不是經常費用。而人力運用的績效也將對整個企業有更重要的影響。

最後，經理人將會需要整套工具，而且將需要自行發展出其中的許多工具。經理人必須針對企業目標的關鍵領域，擬訂完整的績效標準，也必須掌握經濟工具，才能在今天為長遠的未來，制定有意義的決策。他還必須獲取各種決策的新工具。

經理人的新任務

總而言之，明天的經理人必須達成七項新任務：

一、他必須實施目標管理。

二、他必須為更長遠的未來，承擔更多的風險，而且必須由組織中較低的層級制定冒險的決策。因此，經理人必須有能力評估風險，選擇最有利的風險方案，為可能發生的情況預做準備，在面臨突發事件，或事情發展不如預期時，可以「控制」後續的行動。

三、他必須有能力制定策略性決策。

四、他必須有能力建立一支整合的團隊，每一位成員都具備管理能力，能根據共同目標，衡量自己的績效與成果。此外，還有一項重要任務是培養能滿足未來需求的經理人。

五、他必須有能力迅速清晰地溝通資訊，懂得激勵員工。換句話說，他必須有能力讓企業中其他經理人、專業人才和其他員工都願意共同參與，共同負責。

六、過去我們期望經理人能精通一種或多種企業功能，但未來單單這樣還不夠。未來的經理人必須能視企業為整體，並且將自己負責的領域融合到企業整體功能之中。

七、傳統的經理人只需要了解幾種產品或一種行業就夠了，但未來這樣也不夠。未來的經理人必須有能力找出自己的產品和產業與周遭環境的關聯性，找出哪些是重要的因素，並且在決策和行動時將之納入考慮。未來的經理人也愈來愈需要拓展自己的願景，關注其他市場和其他國家的發展，了解全球的政經社會發展趨勢，同時將世界趨勢融入決策的考慮中。

但是，我們缺乏新人來承擔這些艱鉅的任務。未來的經理人將不會比前輩更偉大。他們的天分不會比前輩高，也受制於同樣的弱點和限制。從過去的歷史軌跡來看，沒有任何證據顯示人類已經有了很大的改變，當然在智力水準和情緒成熟度上，也沒有太大的長進。《聖經》依然是人性的最高準則，艾斯奇勒斯和莎士比亞的經典依然是心理學和社會學的最佳教科書，而蘇格拉底和阿奎那也依然是人類才智的高標竿。

那麼，我們如何用同樣的人才來達成嶄新的任務呢？

只有一個答案：必須將任務簡單化。也只有一個工具能達成任務：將過去靠直覺完成的工作轉換為有系統化的工作方式，將憑經驗行事的方法歸納為原則和概念，以合乎邏輯、協調一致的形態來取代僥倖抓對重點。無論人類到目前為止進步了多少，達成新任務的能力增強了多少，這一切都是靠將事情有系統地簡單化而達成的。

未來的經理人不可能只是直覺型經理人，他必須精通系統和方法，構思形態，將個別元素整合為整體，他還必須能闡述概念，應用通則，否則就必敗無疑。無論在大企業或小公司，擔任高階主管或部門主管，經理人都必須為管理實務做好充分準備。

為未來的管理工作預做準備

透過概念、形態和原則，應用系統和方法來管理的人，可以預先為管理工作做準備。因為概念、原則和系統、方法、形態，都能經由教導而學習，而且最好的方法或許就是系統化學習。至少我從來沒有聽過任何人透過經驗而學習到基本形態、英文字母或乘法表的。

事實上，未來的經理人將需要兩種準備。有些事情是一個人在成為經理人之前，就可以學會的，而且可以在年輕的時候或在成長過程中學會。但有些事情則唯有在擔任經理人一段時間之後，才能學會，屬於成人教育。

我們不需要等到成為經理人，才學習閱讀和寫作。的確，一個人最好在年輕時期就獲得讀寫的能力。

我們可以毫不誇張地說，今天大學所開的一般課程，最接近職場培養經理人需求的是詩和短篇小說的寫作課程。這兩門課程教導學生如何自我表達，教導文字和文字的意義，更重要的是，給學生實際練習寫作的機會。我們也可以說，對有志成為經理人的年輕人而言，幫助最大的莫過於恢復為論文進行口頭答辯的做法，不過應該把它變成大學課程中經常而持續的練習，而不是在正式學校教育已近尾聲時，才獲得唯一的一次練習機會。

一個人在年輕時代，最容易了解邏輯，學會運用邏輯分析和數學工具。年輕人也比較有能力對科學和科學方法培養基本的理解，而這些都是未來的經理人需要的知識。年輕人還能培養了解環境的能力，並且透過歷史和政治科學來理解環境。年輕人也能學習經濟學，並且學會運用經濟學家的分析工具。

換句話說，要為未來的管理工作預做準備，年輕人必須接受通才教育。他可以透過正式的學校教育，獲得通才教育，也可以和許多出類拔萃的傑出人才一樣，進行自我教育。但是上述的項目構成了一般人公認的通才教育內容，也是受過教育的人應該具備的基本素養。

我的意思不是說，有志於管理工作的年輕人須做的準備，與商業及工程方面的訓練互不相容。相反的，商學院和工程科系的課程中也應該包含通才教育（而且工程科系也愈來愈體認到通才教育的重要性）。我的意思也不是要貶低商業或工程課程的價值。相反的，透過這些課程，學生才能具備一定程度的技能來承擔功能性工作。企業的每一分子都具備功能性工作的能力，仍然非常重要；而經理人因為他的技術或才藝而贏得尊敬，更是非常重要。不過，年輕人如果只學會功能性的技術，只懂得某些商業或工程科目，卻不算為管理工作做好了準備。他只不過準備好因應第一份工作而已。

的確，未來對經理人的要求會迫使我們回頭去重拾我們曾經擁有、卻早已失去的東西：

通才教育。但是，今天所說的通才教育，將會和我們的祖父輩所認知的通才教育截然不同，仍然有嚴謹的方法和實質的標準，尤其強調自我紀律和倫理，而不像今天所謂的「進步教育」，根本放棄了方法和標準。通才教育中仍然有統一的重心，不會支離破碎。今天的通才教育和過去一樣，是為成年後的工作和公民角色預做準備，而不只是「文化修養」而已。

要學習目標管理，能夠分析公司業務，學習設定目標和平衡目標，調和短期和長期的需求，除了需要管理經驗，也需要相當的成熟度。如果沒有管理經驗，一個人或許能把這些事情說得頭頭是道，卻不懂得實際上應該怎麼做。

我們也需要具備管理經驗，才懂得如何評估和承擔風險，知道如何發揮判斷力，制定決策，看清企業在社會上扮演的角色，懂得評估環境對企業的影響，決定經理人應該負什麼社會責任。

年輕人無法經由學習，了解管理「經理人」及管理員工和工作的意義何在。最可悲的事情莫過於年輕人在商學院中修了「人力資源管理」的課程以後，就自認具備了管理別人的資格，最有百害而無一利的事莫此為甚。

唯有具備了設定目標和組織、溝通、激勵員工，以及衡量績效及培植人才的經驗，管理的各項工作才有意義，否則這些就只是形式化、抽象而沉悶的工作。但是對於能以親身經驗充實這些骨架的經理人而言，這些專業名詞都非常有意義，分門別類之後，成為他組織工作的工具，能夠根據這些項目來檢視績效，改進工作成果。但這些分類對於缺乏管理經驗的年輕人而言，就好像鄉下學童看到法文中的不規則動詞一樣，只能靠機械化的學習來完成作業。他們只好像鸚鵡學舌一樣反覆背誦：「第十六個控制原則是……」或許他們因此可以在考試中拿高分，但是對於工作而言，這樣做卻毫無意義。有經驗的經理人運用這些工作分類的方式，則好像成熟的法國詩人運用不規則動詞的方式：把不規則動詞當成工具，用來提升他對於母語的洞察力，並增強寫作技巧和思想深度。

為了達成未來的管理任務，我們需要為今天的經理人提供進階教育。我們已經朝這個方向跨出了第一步，過去十年來美國企業界冒出了無數的「進階管理課程」。我們可以篤定地預測，管理教育的重心將逐漸轉移到為成年、有經驗的主管所規劃的進階課程。

企業主管需要有系統地規劃自己的進階教育，還是剛興起的新趨勢，但卻並非沒有前例。所有的軍隊都有類似美國「指揮與參謀學院」的機構，為高級軍官進行專業訓練。所有的軍隊也都曉得，這類訓練只適合實際指揮過軍事任務的資深軍官，不適用於年輕的儲備軍官。同樣的，最古老的宗教精英團體耶穌會的成員總是在研習醫學、社會學或氣象學多年，並且在教學或行政工作上累積了實際經驗後，才能接受高深的神學與哲學教育。他們發現，必須等到耶穌會成員具備了實際經驗後，最專業高級的訓練才能發揮效用，進階的學習也才能應用在工作的組織和評估上，並且讓工作變得有意義、有重點。也唯有到這個時候，他們才能成為真正的耶穌會會員。

事實上，經理人需要進階教育，也需要系統化的主管培育計畫，這表示今天的管理階層已經成為社會的重要機制。

誠實正直的品格最重要

不過，單靠智識和觀念教育，經理人無法建立起完成未來任務的能力。

未來的經理人在工作上愈成功，就愈需要具備誠實正直的人格。因為在新科技之下，經理人的決策、決策跨越的時間幅度，及其風險都會對企業產生嚴重的影響，因此經理人必須把企業整體的利益置於個人利益之上。經理人的決策對於員工的影響也非同小可，因此經理人必須把真正的原則置於權宜的考慮之上。經理人的決策對於經濟更會產生深遠的影響，因此社會將要求經理人負起應負的責任。的確，經理人的新任務要求未來經理人的每一項行動和決策都根植於原則上，經理人不只透過知識、能力和技巧來領導部屬，同時也藉由願景、勇氣、責任感和誠實正直的品格來領導。

無論經理人接受的是通才教育或管理教育，最重要的關鍵既不在於教育，也不是技能，而是誠實正直的品格。而且這個條件在未來將比過去更加重要。

管理階層的責任

經營管理企業的時候，必須設法讓公共利益也成為企業的自我利益，是二十世紀「美國革命」的真正意義。愈來愈多美國企業主管聲稱，他們有責任在日常活動中實現這個新原則，這將是美國社會，或許也是整個西方社會，未來最大的希望所在。

到目前為止，我們的討論都把企業視為單獨存在，而且會認為企業追求自我利益。的確，我們也強調了企業和外界的關係——包括企業與顧客及市場，與工會，與影響社會的各種社會、經濟和技術力量之間的關係。但是我們在某種程度上，把上述關係看成船隻和大海之間的關係，船隻受到浩瀚的大海所包圍、所承載，也受到暴風雨和船難的威脅，船隻必須橫越大海，然而大海仍然是不包容的，是外在的環境，而不是家。

但是，社會不只是企業所處的環境，即使最私人的私有企業仍然是社會的機制，擔負了社會功能。

的確，基於現代企業的本質，企業賦予經理人的責任和過去截然不同。

現代工業要求組織擁有的基本資源，完全不同於我們過去所知。首先，現代的生產和決策所涵蓋的時間很長，遠超過個人在經濟流程中扮演要角的時間；其次，組織必須統籌運用人力和物力資源，而且組織必須持久，才能發揮生產效率；第三，組織必須集中大量的人力和物力資源，雖然組織必然會面臨一個問題——究竟需要集中多少資源，才能獲得最佳經濟效益，以及究竟需要集中多少資源，才能達到最佳社會效益。另一方面，這意味著負責整合調度資源的經理人擁有高於他人的權力，他們的決策對社會有巨大的影響力，而且將影響未來經濟、社會和人民生活的面貌。換句話說，現代工業要求的企業是與過去不同的新企業。

在歷史上，社會一直都不容許權力像這樣永久集中（至少不能集中在私人手上），當然也不容許為了經濟目的而集中權力。然而現代企業如果不是如此集權，工業社會根本就不可能存在。因此，社會被迫推翻過去的堅持，賦予企業永久的特權（即使不是「法人」在理論上的不朽地位），其次是因應企業需求而賦予經理人某種程度的權力。

企業經理人的社會責任

然而，社會也因此要求企業及其管理階層負起責任，這種責任超越了任何管理私人財產的傳統責任，而且也和傳統責任截然不同，不再假定財產所有人在追求自我利益的同時，也促進了公共利益，或自我利益和公共利益能完全區隔開來，互不相干。相反的，企業經理人必須承擔起維護公共利益的責任，採取的行動必須符合道德標準。如果追求自我利益或行使權力時會危害公共利益或侵犯個人自由，就必須有所節制。

現代企業為了生存，必須延攬最能幹、教育水準最高、最能全力以赴的年輕人來為公司服務。為了吸引和留住優秀人才，企業只許諾他們前途、生計和經濟上的成功還不夠，必須給年輕人願景和使命感，滿足他們希望能對社會有所貢獻的願望。換句話說，企業經理人必須具備高度的社會責任感，才能達到未來經理人的自我要求。

因此，任何有關管理實務的討論都不應該忽略了企業的社會性和公共性，即使私人色彩濃厚的公司也不例外。

除此之外，企業必須要求經理人徹底思考企業的社會責任。公共政策和公共法律限定了企業行動和活動的範圍，決定了可以採取的組織方式及行銷、訂價、專利和勞工政策，也控制了企業獲取資本和價格的能力，更決定了私人企業是否仍然保持私有性質和自主管理方式，由自己挑選的經營團隊來負責經營公司。

在我們的社會中，企業經營管理階層的責任不但對於企業本身，而且對於經理人的社會地位、經濟和社會制度的未來，以及企業能否保持獨立自主，都有決定性的影響。因此，企業的所有行為都必須以經理人的社會責任為依歸。基本上，社會責任充實了管理的倫理觀。

今天，至少在美國，有關社會責任的討論從一開始就把企業經理人當作社會的領導團體。其實首先應該討論的是經理人對企業應負的責任，而且這份責任不容妥協或規避。因為經理人是受企業委託而負起管理企業的責任，其他的一切都源自於這種委託關係。

從輿論、政策和法律的角度而言，企業管理階層應負的第一個責任是，將社會對企業的要求（或可能在近期內對企業的要求）視為可能對企業能否達成目標有所影響。企業經理人的職責是設法讓這些要求不會威脅或限制了企業的行動自由，反而成為企業健全發展的契機，或至少以對企業危害最小的方式，來滿足這些要求。

即使最堅定擁護企業管理的人都不敢聲稱，目前企業管理已經完美無瑕，無須改善。

有一個例子足以說明我的意思。十年前，美國人口年齡結構正在改變，加上美元購買力下降，導致企業必須對年紀大的員工有所安排。有些企業主管早在多年以前，就已經碰到這個問題。美國從一九〇〇年開始，就已經出現很好的退休金計畫。但是許多企業主管拒絕正視這個不可避免的問題，結果他們不得不接受員工提出的退休金要求，以至於企業必須承擔最多的責任，卻不見得能解決問題。退休金無法解決高齡員工的問題，已經是愈來愈明顯的事實。如果有五分之一的員工已屆退休年齡（我們的社會很快就會出現這種現象），強迫老人退休將造成較年輕的員工無法承受的重擔。同時，許多員工的年齡儘管在過去會被視為老年，他們卻仍然體力充沛，可以繼續工作，也渴望繼續工作。企業主管必須做的是，好好規劃如何繼續雇用這批想工作、也能工作的資深員工，不能也不願意繼續工作的老年員工，則讓他們領退休金，可以有所依靠。同時，這些計畫還需要確保留下來工作的資深員工不會成為升遷瓶頸，擋住了年輕人晉升的機會或威脅到他們的工作保障。如果沒有深思熟慮這些問題，企業主管不可避免地將面對工會或政府提出的強迫雇用高齡勞工計畫，並因此增加額外的成本和新的限制。

美國管理界在穩定薪資和穩定就業方面，幾乎眼看就要犯同樣的錯誤。必須滿足這方面的需求，已經是不爭的事實。不但企業員工需要薪資保障，社會也需要把員工當作中產階級的象徵。同時，一九三〇年代遺留下來的「經濟蕭條恐懼症」也在背後蠢蠢欲動。之前我曾經試圖說明，我們能透過改善和強化企業，提高生產力和整體利潤，以滿足這方面的需求。不過，如果企業經營階層不肯面對責任，不肯設法將不可避免的問題轉為建設性的方案，那麼就只能接受保障年薪的做法，而這是滿足社會需求最昂貴而無效的方式。

企業經營階層也必須確保目前企業的行動和決策不會在未來創造出危害企業自由與繁榮的輿論、要求和政策。

過去幾年來，許多公司都分散在不同的地方設廠。在設廠的時候，許多公司只是在新的地點複製了一座原本的工廠，為同樣的市場生產同樣的產品。在許多情況下，老工廠和複製的新工廠都是當地社區最重要的雇主。類似的例子包括一家橡膠公司在艾克隆（Akron）有一座舊廠，在南方小鎮又蓋了新廠；一家滾珠軸承公司的舊廠設在新英格蘭的小鎮，新廠設在俄亥俄州的小鎮；一家襯衫製造商的舊廠在紐約州北部，新廠則設在田納西州的鄉下。

在經濟蕭條時期，這樣做將引發社會大眾強烈的反應。經營階層屆時將被迫決定要關掉哪一座工廠，保住哪一座工廠——是代表龐大的資本支出、高損益平衡點、因而營運必須獲利的新工廠，還是與整個社區共存共榮的舊工廠？但是無論有多麼渴望獲得新產業，任何社區會默默接受企業剝奪了他們主要的收入來源，以保住其他地方的就業機會嗎？因為市場因素和景氣循環而導致失業是一回事，但是企業經營階層單方面採取的行動，又是另外一回事了。因此，企業經理人在規劃新廠時的重責大任，就是必須讓新廠擁有自己的市場和產品，而不只是在地理上分散設廠而已。否則企業擴張只會引發經營階層和社區的衝突，以及企業需求和公共政策之間的矛盾。

其他引起輿論和公共政策對企業不滿的做法還包括：只任用大學畢業生來擔任管理職，因此扼殺了內部員工的機會；減少領班的升遷機會，因此阻斷了美國人傳統中邁向成功之路最重要的一步；或不雇用高齡或殘障人士的政策。為了善盡對企業的責任，經理人必須審慎思考這些做法，以及這些做法對公共福祉的影響。

簡單地說，針對每個政策和每個決定，企業經理人都應該自問：如果產業界每個人都這麼做，大眾會有什麼反應？如果這種行為代表一般的企業行為，會對社會大眾產生什麼影響？這個問題不只是針對大企業，小企業也會對輿論和政策產生相同的影響。而無論企業大小，所有的企業都應該切記，如果他們只挑容易的路來走，把問題丟給別人，那麼最後必定被迫接受政府的解決方案。

企業決策對社會的影響

本書的討論已經清楚闡明，管理決策對社會的影響不僅限於企業的「社會」責任而已，管理決策其實與管理階層對企業的責任緊密相關。不過，管理階層對於公共利益仍然有應負的責任，這份責任是基於一個事實：企業是社會的器官，企業的行動對於社會也會產生決定性的影響。

企業對社會的第一個責任是獲利，幾乎同等重要的是成長的必要性。企業是社會創造財富的機制。企業管理階層必須獲得充足的利潤，以抵消經濟活動的風險，保持生財資源完整無缺。此外，還必須增強資源的生財能力，從而增加社會的財富。

看起來似乎很弔詭的是，蘇聯人最能充分體認經理人在這方面的責任。在蘇聯經理人眼中，獲利能力是至高無上的企業經營法則，也是他們引以為傲的偉大經濟發現——「盧布管理」的精髓所在。但是克里姆林宮不太可能認同的權威也曾經說過類似的話，我指的是《聖經》馬太福音中的故事——金元寶的寓言。

這是絕對的責任，是經理人不能放棄、也不容推卸的責任。企業主管老愛把「我們有責任為股東賺錢」這句話掛在嘴邊，但是至少對上市公司而言，股東總是可以賣掉手上的股票，社會卻無法擺脫企業。如果企業無法獲得足夠的利潤，社會就必須承擔虧損，如果企業無法成功地創新和成長，社會也必須忍受匱乏。

同理，企業經理人還有一個社會責任，就是必須確保未來有良好的管理，否則資源將遭到誤用，喪失生財能力，並且終於把資源破壞殆盡。

企業經理人有責任引導企業不違反社會信念或破壞社會的凝聚力。這意味著企業有一種消極的責任——不可以對公民不當施壓，要求員工絕對的忠誠。如果企業忘掉了這個原則，社會將會強力反彈，藉著政府擴權，來約束企業。

今天許多大企業對管理人員施展大家長式的權威，要求他們忠貞不二，其實是缺乏社會責任感的侵權行為，從公共政策和企業自我利益的角度來看也站不住腳。公司不是、也絕對不應自稱為員工的家庭、親人、宗教、生活或命運。企業絕對不可以干涉員工的私生活或公民權。他和公司的關係乃建立在自願而且可以取消的雇用合約上，而不是建立在某種神祕不可解的約束力上。

企業善盡對社會信念和凝聚力的責任，有其正面的意義。至少在美國，企業主管因此有責任開放機會給所有的人，基層員工可以憑著能力和績效而崛起。如果企業沒有善盡這方面的責任，長此以往，企業所創造的財富將會製造社會階級、階級仇恨和階級戰爭，不但不能強化社會，反而削弱了我們的社會。

此外，企業經理人還有其他必須堅守的責任。例如，大企業的管理階層有責任制定與景氣循環逆向操作的資本支出政策（在自動化作業下，這樣的政策變得非常必要）。我也相信經理人有責任擬訂政策，消除員工對於利潤根深柢固的敵意，原因很簡單，仇視利潤的傾向對於我們的社會制度和經濟體系造成威脅。我還相信，在目前的世界局勢下，任何企業都有責任對於增強國家的國防實力做最大的貢獻。

但是，最重要的還是，經理人必須充分體認到，他們必須評估每個企業政策和行動帶給社會的衝擊。他們必須考量企業所採取的行動是否將促進公共利益，堅定社會的基本信念，並且對於社會的穩定、堅強與和諧有所貢獻。

權與責相互依存

唯有到了現在，我們才能探討企業經理人身為社會領導團體應負的責任——超越企業本身職責的責任。

企業發言人幾乎每天都主張一種新的社會責任。他們說，企業管理階層應該為文學院的生存、為員工的經濟教育、為宗教的包容、為新聞自由、為強化或廢除聯合國的功能、為廣義的文化和文化工作者，善盡責任。

毋庸置疑，領導團體肩負重責大任，而逃避責任將為社會帶來莫大的傷害。然而，危害更烈的是堅持為自己不須負責的團體負責，奪取不屬於自己的責任。目前的管理方式卻正好出現了上述兩種情況：一方面逃避既有的責任，另一方面又把根本不存在、也不應存在的責任攬在自己身上。

因為「責任」也代表「權力」，權與責相互依存，缺一不可。主張管理階層在某方面的責任，就必須賦予他相對的權力。我們有任何理由認為自由社會的企業管理階層對於大學、文化、藝術、新聞自由或外交政策等領域，應該擁有任何權力嗎？不用說，這樣的權力是社會所無法容忍的。即使依照社會慣例，貴賓在畢業典禮上演講或企業老闆在出席年度員工大會時，都要熱情洋溢發表一些廢話，不過仍然應該避免這樣越權的聲明。

身為社會領導團體，企業管理階層的社會責任應該侷限於他們能合法主張權力的領域。

根據「經驗法則」，我給企業經理人的建議是，凡是他們不想看到工會領袖或政府掌控的領域，他們自己也應該避免為這方面的活動承擔責任。這類活動應該是完全自由開放的，由當地公民自動自發地組織發起多元的活動，而不是由任何團體或統治機構來主導。如果企業經理人不想讓工會領袖控制活動，我們可以合理地假設，工會領袖（及眾多的追隨者）也不會想讓管理階層控制這些活動，而且社會也不會容許企業管理階層或工會領袖任何一方單獨掌控這類活動。因此為了確保這些領域不會遭到控制，明顯而單純的替代方案是由有組織的政府代表全民來掌握控制權。

如果企業出錢支持重要理想和制度（美國的稅法愈來愈鼓勵這種做法），管理階層必須小心翼翼，不要讓財務上的支持變成「責任」，不要因為受到誤導而侵佔了自己根本不應該擁有的權力。

但是，由於權與責必須相互配合，因此當企業經理人由於他所具備的特殊能力而擁有了權力時，就應該善盡社會責任。

其中一個相關領域是財政政策。儘管美國的稅制結構初建時，最高的所得稅率為四%（只有百萬富翁才適用這個稅率），直到一九五〇年代為止，美國的稅制一直沒有現代化，是不合邏輯、難以管理的，是不道德的制度，等於變相鼓勵企業和個人不負責任的行為和決策。企業經理人可以在這方面有所貢獻，因此這也是他們的重要責任，他們有責任採取積極的行動。

有些企業主管不斷高喊稅負太重，但是這樣做還不夠。我們需要的是能夠繼續維持政府的高額支出，同時又能兼顧社會和經濟需求的政策。如果管理階層只會不斷高喊「降低稅率」，他們就沒有善盡對財政政策的責任。事實上，呼籲降稅是沒有效果的，只會顯得非常不負責任。

當企業經理人藉由能力而擁有權力時，他們也相對承擔了責任，而且必須根據公共利益來履行責任。單單以「對企業有利的，必然也有益於整個國家」為出發點還不夠，雖然這種說法確實可能適用於超大型企業。因為當管理階層的權力是以能力為基礎時，唯有基於公共利益，才能行使這項權力，對企業是否有利（或甚至是否有利於所有企業）則毫不相干。

但是，考量企業經理人身為社會領導團體所應該承擔的社會責任之後，我們得到的最後一項結論，也是最重要的結論：設法讓能增進公共利益的事情也成為企業的自我利益。

對於社會的領導團體而言，單單大公無私還不夠，甚至把公共福祉置於自我利益之上，也都還不夠。企業必須能成功地調和公共利益和私人利益，讓公共利益和私人利益協調一致。「透過我們公司的經營管理方式，凡是能增強國力、促進經濟繁榮的事情，必然也同時能增強公司實力，促進公司繁榮。」這是美國最成功的公司之一——施樂百公司的經營管理原則。就經濟上的事實而言，「凡是對國家有利的，也設法讓它對施樂百有利」，這種做法或許和「對企業有利的，也必然對國家有利」沒有多大的不同，然而在精神上、本質上，和對責任的主張上，卻是截然不同。

施樂百的聲明並不代表私有利益和公共福祉之間已經協調一致，相反的，要讓對國家有益的也有利於企業，還需要艱苦的努力、卓越的管理技巧、高度的責任感和宏觀的願景。要完全實現這個理想，需要能將基本元素點化成金的點金石。但是如果企業管理階層仍然擔當領導的責任，繼續獨立自主地經營自由的企業，他們就必須把這個原則當作行為準則，努力達到這個目標，並且成功地實踐這個原則。

兩百五十年前，英國時事評論家曼德維爾（Mandeville）在著名的墓誌銘中歸納新商業時代的精神：「私人之惡乃是大眾之福。」意指自私的行為常不知不覺自動轉化為公眾的福祉。他可能說得對，而自亞當．史密斯起，經濟學家針對這點爭辯不休，沒有共識。

但是曼德維爾究竟是對是錯，其實都無關緊要，沒有任何社會能夠長期建立在這樣的信念上。因為在一個美好的、道德的、持久的社會中，公共利益必須奠基於良好的私德。沒有任何領導團體能夠基於曼德維爾的觀點，而為社會所接受，相反的，每個領導團體都必須聲稱公共利益決定了他們的自我利益。這樣的主張是領導地位的唯一合法基礎，而領導人的首要之務則是實現這樣的主張。

根據十九世紀的觀點，「資本主義」乃是奠基於曼德維爾的原則，或許這說明了資本主義為何在物質上如此成功，當然也解釋了為何過去百年來，反資本主義和反資本家的浪潮席捲西方世界。反資本主義分子的經濟理論往往十分幼稚而站不住腳，他們的政治信念隱含了專制的危險。但是這些說法都不足以平息批評資本主義的聲浪，而且批評者和一般民眾對於這些說法也毫不在意。因為許多人反對資本主義和資本家是基於倫理道德的因素，資本主義受到抨擊不是因為缺乏效率或管理不善，而是因為觀點太過憤世嫉俗。的確，無論曼德維爾的說法在邏輯上是多麼天衣無縫，能帶來多大的益處，主張私人之惡乃是大眾之福的社會很難長遠存續。

二十世紀初的美國人完全接受曼德維爾的原則。但是今天，美國人已經能提出相反的原則——經營管理企業的時候，必須設法讓公共利益也成為企業的自我利益，而這也是二十世紀「美國革命」的真正意義。愈來愈多美國企業主管聲稱，他們有責任在日常活動中實現這個新原則，這將是美國社會，或許也是整個西方社會，未來最大的希望所在。

管理階層無論對自己、對企業、對我們所遺留的傳統、我們的社會和我們的生活方式，都肩負了一個最重要的責任：確定這個主張不會流於紙上談兵，而會貫徹實施。

實戰智慧館 481

彼得・杜拉克的管理聖經

作　　者──彼得・杜拉克（Peter F. Drucker）
譯　　者──齊若蘭

主　　編──林孜懃
特約校對──金文蕙
封面設計──萬勝安
行銷企劃──鍾曼靈
出版一部總編輯暨總監──王明雪

發 行 人──王榮文
出版發行──遠流出版事業股份有限公司
地址：104005 台北市中山北路一段 11 號 13 樓
郵撥：0189456-1　電話：(02)2571-0297　傳真：(02)2571-0197
著作權顧問──蕭雄淋律師

2004 年 5 月 1 日初版一刷
2023 年 11 月 20 日二版四刷
定價──新台幣 520 元（缺頁或破損的書，請寄回更換）

ISBN 978-957-32-8779-7

遠流博識網 http：//www.ylib.com　E-mail：ylib@ylib.com
遠流粉絲團 http://www.facebook.com/ylibfans

國家圖書館出版品預行編目（CIP）資料

彼得・杜拉克的管理聖經／彼得・杜拉克（Peter F. Drucker）著；
齊若蘭譯 . -- 二版 . -- 臺北市：遠流，2020.06
面；　　公分（實戰智慧館；481）
譯自：The practice of management
ISBN 978-957-32-8779-7(平裝)

1. 企業管理

494　　109006137